科学出版社"十三五"普通高等教育本科规划教材

数学分析立体化教材/刘名生 冯伟贞 主编

数学分析(二)

(第二版)

徐志庭　刘名生　冯伟贞　编

科学出版社

北京

内 容 简 介

本书介绍了数学分析的基本概念、基本理论和方法,包括一元(多元)函数极限理论、一元函数微积分学、级数理论和多元函数微积分学等. 全书共分三册. 本册内容包括不定积分、定积分、定积分应用和反常积分、数项级数、函数项级数、幂级数与 Fourier 级数. 书中列举了大量例题来说明数学分析的定义、定理及方法,并提供了丰富的思考题和习题,便于教师教学与学生自学. 每章都有小结,对该章的主要内容作了归纳和总结,章末配有复习题,方便学生系统复习. 书中还配有 23 个关于主要概念和重要定理讲解的小视频,内容呈现得更加生动直观.

本书可作为高等师范院校数学各专业学生的教学用书,也可供相关专业的教师和科技工作者参考.

图书在版编目(CIP)数据

数学分析. 二/徐志庭,刘名生,冯伟贞编. —2 版. —北京: 科学出版社,2019.1

科学出版社"十三五"普通高等教育本科规划教材·数学分析立体化教材

ISBN 978-7-03-060221-3

Ⅰ.①数… Ⅱ.①徐… ②刘… ③冯… Ⅲ.①数学分析-高等学校-教材 Ⅳ.①O17

中国版本图书馆 CIP 数据核字(2018) 第 292737 号

责任编辑: 王胡权 姚莉丽 / 责任校对: 郭瑞芝
责任印制: 吴兆东 / 封面设计: 陈 敬

科学出版社 出版
北京东黄城根北街 16 号
邮政编码: 100717
http://www.sciencep.com

北京富资园科技发展有限公司印刷
科学出版社发行 各地新华书店经销
*
2009 年 6 月第 一 版 开本: 720×1000 1/16
2019 年 1 月第 二 版 印张: 16
2025 年 1 月第十五次印刷 字数: 323 000

定价: 45.00 元
(如有印装质量问题,我社负责调换)

《数学分析立体化教材》序言

  《数学分析立体化教材》通过提供多种教学资源给出数学分析课程的整体教学解决方案. 本立体化教材包括二维码新形态主教材三册:《数学分析 (一)》(第二版)、《数学分析 (二)》(第二版)、《数学分析 (三)》(第二版), 学习辅导书三册:《数学分析学习辅导 I —— 收敛与发散》《数学分析学习辅导 II —— 微分与积分》《数学分析学习辅导III—— 习题选解》; 另外, 本立体化教材还配有数学分析精品资源共享课一门.

  三册主教材的编写考虑不同教学基础的学校和不同层次的学生在教学方面的不同需求, 在较充分顾及系统的完整性的基础上, 特别标记了选学内容. 教师对教材中的选学内容可以作灵活取舍, 以及适当调整相关内容的讲授或阅读次序. 我们希望这种编排能更好地帮助教师落实分类、分层教学, 同时使学生获得合理的阅读指引. 主教材的编写力求在可读性、系统性和逻辑性上各具特色, 并将分层教学的理念贯穿全书. 主教材的建设, 在数字化资源配套方面做了一定的工作, 内容的呈现更加丰富、饱满, 呈现方式更加生动、直观. 我们对书中的许多概念、定理和方法配有小视频, 使在书中无法写出来的一些内容通过小视频提供给读者, 从而使得教材能更好地支持学生的自主学习.

  在数学分析学习过程中, 学生往往因为欠缺学习自主意识或基础能力薄弱, 难以驾驭一个较大数学知识体系的学习, 造成自我知识体系零碎、割裂, 这是数学分析教学中存在的主要问题及教学难点.《数学分析学习辅导 I —— 收敛与发散》《数学分析学习辅导 II——微分与积分》两册辅导书的编写均立足类比, 希望教学双方在求同存异思想的指引下, 打通知识点的关联, 在反复对比中深化对基本数学思想方法的理解及强化对问题解决技巧的掌握, 从而突破教学障碍. 我们力求在可读性和系统性上能够编出特色.《数学分析学习辅导 I —— 收敛与发散》主要解决数学分析中的收敛与发散及相关的一些问题, 包括点列的收敛与发散、函数极限的存在性、$\mathbb{R}^n$ 的完备性、反常积分的收敛与发散、数项级数的收敛与发散、函数项级数的收敛与一致收敛以及函数的展开与级数的求和.《数学分析学习辅导 II —— 微分与积分》主要研究数学分析中的微分与积分及相关的一些问题, 包括一元函数微分学、一元函数微分法的应用、一元函数积分学、多元函数及其微分学、多元函数微分法的应用、重积分、曲线积分和曲面积分以及各种积分之间的关系.

《数学分析学习辅导III——习题选解》对三册主教材中的大约一半的习题和复习题提供详细解答, 并在书末附录中提供了 2013~2017 年华南师范大学的数学分析考研真题, 希望对使用本教材的教师和学生有所帮助.

数学分析精品资源共享课由课程简介、课程学习、图形与课件、测试题库、方法论、拓展阅读及学习论坛和教学录像等模块构成. 在课程简介中提供了数学分析课程的教学日历、教学大纲和学习方法指引等课程资料, 在课程学习中提供了数学分析 (一)、数学分析 (二) 和数学分析 (三) 等课程的完整课件, 在测试题库中提供了华南师范大学数学科学学院 2004~2014 级本科生的数学分析期末考试题, 在教学录像中提供了 5 位教师多次数学分析课的教学录像, 为教学双方提供了丰富的教学资源. 我们希望这门精品资源共享课能成为实施数学分析混合学习的理想平台.

本立体化教材的编写得到"数学与应用数学国家特色专业"建设项目、"数学与应用数学广东省高等学校重点专业"建设项目及"数学与应用数学国家专业综合改革建设项目"的资助, 第一版在华南师范大学数学科学学院的 2008~2016 级及本科生综合班中使用, 也被多所兄弟院校作为数学系学生的数学分析课程的教材.

借此机会衷心感谢华南师范大学数学科学学院领导和科学出版社领导对本立体化教材编写的大力支持. 对编辑们付出的辛勤劳动, 在此表示诚挚的谢意. 希望广大读者批评指正, 以使本立体化教材得到进一步完善, 为数学分析课程建设和一流人才培养作出更大的贡献.

刘名生　冯伟贞

2018 年 1 月

华南师范大学

第二版说明

承蒙兄弟院校的厚爱, 数学分析立体化教材中的《数学分析 (二)》自 2009 年出版以来, 已经被全国近十所高等院校选为教材使用, 并被全国两百余所高等院校的图书馆作为教学参考资料使用, 这是对本教材的肯定, 让我们倍感鼓舞. 为了帮助教师们在教学过程中提高效率和增强大学生的学习兴趣, 根据 9 年来我们在华南师范大学的教学体会与学生反馈, 这次再版我们对本教材在信息技术与教学融合方面做了大胆的尝试, 通过二维码技术及移动互联网技术, 将纸质教材与包括重难点讲解、相关知识点讲解等数字化资源进行深度融合, 极大地丰富了教材的内容, 方便了师生们的教学. 关于具体内容, 这次再版主要作了如下修改:

1. 配置了 23 个二维码小视频, 读者可以通过扫描教材中相应位置的二维码, 便可直接看到教材编者对书中一些主要概念、定理和重要知识点的视频讲解.

2. 修改了第 7.1 节的例 1 的提法, 给出部分例题的解法 2.

3. 在第 9.4~9.5 节中, 将 "曲线" 改为 "简单曲线", 使得曲线弧长的定义和计算公式更加严密.

4. 在第 11.1 节补充了一个讨论分段函数列的一致收敛性的例题, 方便学生自习和教师教学.

5. 在 12.4.1 节增加一个**"注"**, 说明 "将 $f(x)$ 展开成 Fourier 级数" 与 "求 $f(x)$ 的 Fourier 展开式" 是同一个意思, 都是要利用定理 12.4.1, 将函数 $f(x)$ 在它的连续点用 "=" 表示为 Fourier 级数; 如果再加上 "并讨论其收敛性", 那么还要讨论 $f(x)$ 的 Fourier 级数在 $f(x)$ 的不连续点的收敛性."

由于不同院校的教学计划课时数可能存在差异, 教师在使用本教材时, 可以根据具体情况对内容进行取舍或重组, 教学时数可掌握在 72~90 学时范围内, 详细参见使用说明.

限于编者水平, 书中不足与疏漏之处在所难免, 敬请读者批评指正.

编 者

2018 年 9 月

华南师范大学

第一版前言

数学分析是数学各专业的学科基础课, 其重要性不言而喻. 我们根据多年的教学经验, 在吸取一些现有教材优点的基础上, 编写了本书.

现有的各种数学分析教材都有其优点和缺点. 本书力求在可读性、系统性和逻辑性上能具有特色, 并将分层教学的理念贯穿全书.

首先, 在可读性方面, 对于重要概念只给一种定义形式, 其他的等价定义一般放在思考题或习题中. 例如, 对数列极限, 本书只引入了 $\varepsilon\text{-}N$ 定义, 目的是希望学生能吃透这个概念; 数列极限的另一个等价定义放在习题中, 方便基础较好的学生学习. 对定理的证明, 尽量采用朴素的方法进行. 对书中的例题, 表达尽量详细, 让学生容易自学. 对某些定理采取先用后证的方法讲述. 例如, 在第 7 章, 先给出区间上的连续函数必定存在原函数这个结论, 这样就可以介绍求不定积分的各种方法; 在第 8 章, 先给出闭区间 $[a,b]$ 上的连续函数必定在 $[a,b]$ 上可积这个结论, 这样可以使定积分的计算提前, 然后在第 8 章后面再证明这两个存在性定理.

其次, 在系统性方面, 将关系较密切的内容放在一起. 例如, 将发散数列和子列的概念放在同一节, 将判别数列收敛的各种方法放在同一节, 将定积分的应用与反常积分放在同一章, 将各种情况下的 Fourier 级数和 Fourier 级数展开放在同一节, 将第一型曲线积分、曲面积分和第二型曲线积分、曲面积分放在同一章, 将各种积分之间的关系放在同一章等. 另外, 有理函数分解为部分分式的理论, 国内的数学分析教材几乎都将其证明归到高等代数课程中, 而高等代数教材也不写这部分内容. 为了弥补这一缺陷, 在本书的第 7 章中, 将给出有理函数分解为部分分式理论的详细证明, 方便教师教学与学生自学.

再次, 在逻辑性方面, 考虑到可读性的同时, 尽量在给出定理的同时也完成对定理的证明. 例如, 将致密性定理放在第 1 章, 这样数列的柯西收敛准则在第 1 章就可以证明, 使得第 1 章对数列有较完整的处理; 然后在第 3 章就可以完成闭区间上连续函数性质的证明; 第 6 章就只需讲区间套定理、有限覆盖定理及其应用等, 这样难点也分散了. 在导数与微分部分, 先讲微分, 后讲导数, 强调微分的作用, 这样在后面讲定积分的微元法时, 我们将给出微元法的理论依据.

考虑到不同教学基础的学校和不同层次的学生在教与学方面有不同的需求, 我们在较充分顾及系统的完整性的基础上, 通过小 5 号字和 "*" 标记本书中的选学内容. 对选学内容的处理可以很灵活, 如第 1 章中致密性定理内容可以留到第 6 章处理或只作简要介绍.

本书分三册出版.《数学分析 (一)》讲述一元函数极限理论和一元函数微分学, 它的内容包括: 数列极限与确界原理、函数的概念及其性质、函数极限与连续性、函数的导数与微分、微分中值定理及其应用、函数的极值和凸性及作图、实数集的稠密性与完备性.《数学分析 (二)》讲述一元函数积分学和级数理论, 它的内容包括: 不定积分和定积分、定积分的应用与反常积分、数项级数、函数项级数、幂级数和 Fourier 级数.《数学分析 (三)》讲述多元函数极限论和多元函数微积分学, 它的内容包括: 多元函数极限与连续性、多元函数微分学、隐函数理论、多元函数积分学.

《数学分析 (一)》的初稿由刘名生教授、冯伟贞副教授和韩彦昌副教授编写,《数学分析 (二)》的初稿由徐志庭教授、刘名生教授和冯伟贞副教授编写,《数学分析 (三)》的初稿由耿堤教授、易法槐教授和丁时进教授编写. 初稿完成后, 编写组全体成员多次仔细讨论、评阅和修改. 全书由刘名生教授和冯伟贞副教授负责编写组织工作.

中山大学林伟教授和福州大学朱玉灿教授审阅了本书并提出许多宝贵意见, 陈奇斌老师绘制了本册书的所有插图, 在此对他们表示衷心感谢.

本书在编写过程中得到华南师范大学数学科学学院许多同事的支持, 并得到广东省名牌专业建设专项经费、国家特色专业建设点专项经费及 2008 年度华南师范大学校级教改项目的资助. 我们在华南师范大学数学科学学院 08 级师范班的数学分析课程中试用了本书, 08 级师范班的学生为本书的完善提供了许多宝贵意见, 在此一并致谢.

作为新教材, 书中的疏漏和不足在所难免, 敬请读者批评指正.

编　者

2009 年 6 月

华南师范大学

使 用 说 明

1. 本书应用分层教学思想编写, 较难内容使用小 5 号字或用 "*" 号标注, 教师可根据不同层次的班级选讲部分小 5 号字或标 "*" 号的内容.

2. 讲授本书的建议最少教学学时是 80 学时, 最多教学学时是 94 学时. 具体地说, 第 7 章: 10 学时; 第 8 章: 16~18 学时; 第 9 章: 14~16 学时; 第 10 章: 12~16 学时; 第 11 章: 12~14 学时; 第 12 章: 16~20 学时.

3. 习题分三级配置:

第一级为思考题, 每节都有, 目的是让学生通过自己做思考题理解所学的概念和定理及方法;

第二级为作业题, 即每节后面的习题, 供老师布置作业用, 要求学生全部完成;

第三级为扩展题, 放在每章后面的复习题中, 中间用一条横线分为两部分, 横线上的题供学生复习使用, 横线下的题较难, 供学有余力的学生复习使用.

4. 每章后配有小结, 总结该章所学的知识点、概念和方法等, 方便学生复习.

目　　录

第7章 不定积分

7.1 原函数与不定积分的概念

7.1.1 原函数和不定积分的定义

如果函数 $f(x)$ 在某区间上可微, 根据第 4 章的知识, 它有微分 $f'(x)\mathrm{d}x$ 或导函数 $f'(x)$, 这是微分学解决的问题. 在科学实践中, 也常常遇到相反的问题, 即已知一个函数的微分或导函数, 要求出该函数, 这是积分学要解决的问题. 由此引入原函数与不定积分的概念.

定义 7.1.1 设 $f(x)$ 在区间 I 上有定义. 若存在 I 上的函数 $\varPhi(x)$, 使对任意 $x \in I$ 有

$$\varPhi'(x) = f(x),$$

则称 $\varPhi(x)$ 为 $f(x)$ 在区间 I 上的一个**原函数**. 函数 $f(x)$ 在区间 I 上的全体原函数称为 $f(x)$ 在 I 上的**不定积分**, 记作

$$\int f(x)\mathrm{d}x, \tag{7.1.1}$$

其中称 $f(x)$ 为**被积函数**, 称 $f(x)\mathrm{d}x$ 为**被积表达式**, 称 x 为积分变量.

例 1 试问: 函数 $\dfrac{1}{5}x^5, -\cos x, \mathrm{e}^x$ 分别是哪个函数在 $(-\infty, +\infty)$ 上的原函数?

解 因为对任意 $x \in (-\infty, +\infty)$ 有

$$\left(\frac{1}{5}x^5\right)' = x^4, \quad (-\cos x)' = \sin x, \quad (\mathrm{e}^x)' = \mathrm{e}^x,$$

所以根据定义 7.1.1 得, 函数 $\dfrac{1}{5}x^5, -\cos x, \mathrm{e}^x$ 分别是 $x^4, \sin x, \mathrm{e}^x$ 在 $(-\infty, +\infty)$ 上的原函数. □

注 由定义 7.1.1 知不定积分与原函数是总体与个体的关系. 于是存在原函数与存在不定积分是等价的说法.

关于原函数, 有如下两个理论问题:

(1) 原函数的存在性问题, 即满足什么条件的函数必定存在原函数? 这里先给出结论: 若 $f(x)$ 在区间 I 上连续, 则 $f(x)$ 在区间 I 上存在原函数. 其证明将在

8.2 节给出.

(2) 原函数的结构: 如果已知某个函数的原函数存在, 那么它的任何两个原函数之间有什么关系? 下面的定理回答了这个问题.

定理 7.1.1   设 $\Phi(x)$ 是 $f(x)$ 在区间 I 上的一个原函数, 则对于任意实常数 C, $\Phi(x)+C$ 也是 $f(x)$ 在 I 上的一个原函数, 并且 $\{\Phi(x)+C|C\in\mathbb{R}\}$ 就是 $f(x)$ 在 I 上的全部原函数.

证明   (1) 对于任意实常数 C, 因为

$$[\Phi(x)+C]' = \Phi'(x) = f(x), \quad x\in I,$$

所以 $\Phi(x)+C$ 也是 $f(x)$ 在 I 上的一个原函数.

(2) 设 $\Psi(x)$ 是 $f(x)$ 在 I 上的任一原函数, 则 $\Psi'(x) = f(x)\,(\forall x\in I)$, 于是

$$[\Psi(x)-\Phi(x)]' = \Psi'(x) - \Phi'(x) = f(x) - f(x) \equiv 0, \quad \forall x\in I.$$

根据推论 5.2.1 得

$$\Psi(x) - \Phi(x) \equiv C, \quad \forall x\in I,$$

故 $\Psi(x) \equiv \Phi(x)+C\ (x\in I)$, 从而 $\{\Phi(x)+C|C\in\mathbb{R}\}$ 就是 $f(x)$ 在 I 上的全部原函数.   □

注   定理 7.1.1 说明要求全体原函数, 只需求出任意一个原函数, 因此, 若 $\Phi(x)$ 是 $f(x)$ 的一个原函数, 则 $f(x)$ 的不定积分是一个函数族 $\{\Phi(x)+C|C\in\mathbb{R}\}$. 为方便起见, 写作

$$\int f(x)\mathrm{d}x = \Phi(x) + C. \tag{7.1.2}$$

这时又称 C 为**积分常数**. 由此可得导数 (或微分) 与不定积分的如下关系:

$$\mathrm{d}\int f(x)\mathrm{d}x = \mathrm{d}[\Phi(x)+C] = f(x)\mathrm{d}x, \tag{7.1.3}$$

$$\left[\int f(x)\mathrm{d}x\right]' = \left[\Phi(x)+C\right]' = f(x), \tag{7.1.4}$$

$$\int \Phi'(x)\mathrm{d}x = \Phi(x) + C. \tag{7.1.5}$$

这样由例 1 和 (7.1.2) 式可得

$$\int x^4\mathrm{d}x = \frac{1}{5}x^5 + C, \quad \int \sin x\mathrm{d}x = -\cos x + C, \quad \int \mathrm{e}^x\mathrm{d}x = \mathrm{e}^x + C.$$

下面讨论不定积分的**几何意义**. 函数 $f(x)$ 的原函数 $y = \Phi(x)$ 是那样的曲线, 在它上面任意一点 $(x, \Phi(x))$ 的切线的斜率等于 $f(x)$, 也称原函数 $y = \Phi(x)$ 的图像为 $f(x)$ 的一条**积分曲线**. 于是 $f(x)$ 的不定积分在几何上表示 $f(x)$ 的某一条积分曲线沿纵轴方向任意平移所得的一切积分曲线组成的**曲线族**, 如图 7.1 所示.

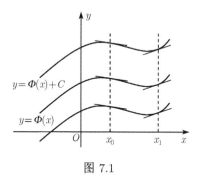

图 7.1

例 2 已知一物体自由下落, 时间 $t = 0$ 时的高度为 10m, 初速度为 0, 试求物体下落的规律.

解 取一条垂直向下的直线作 x 轴, 直线与地面的交点为坐标原点, 则 $v(0) = 0$, $s(0) = -10\text{m}$. 因为物体只受地球引力作用, 加速度为常数 $g = 9.81\text{m/s}^2$, 所以

$$\frac{\mathrm{d}v}{\mathrm{d}t} = g, \quad v(0) = 0,$$

因此 $v(t) = \int g\mathrm{d}t = gt + C$, 其中 C 不能任意取, 它由初始速度确定.

由 $v(0) = 0$ 得 $C = 0$, 故得物体自由下落的速度变化规律为 $v(t) = gt$.

又由于 $\dfrac{\mathrm{d}s}{\mathrm{d}t} = gt$, $s(0) = -10$, 所以

$$s(t) = \int gt\mathrm{d}t = \frac{1}{2}gt^2 + C'.$$

利用初始位置 $s(0) = -10$ 得 $C' = -10$, 故得物体自由下落的规律为

$$s(t) = \frac{1}{2}gt^2 - 10. \qquad \square$$

7.1.2 运算性质和基本积分公式

利用导数的线性运算性质及不定积分的定义, 易得不定积分的线性运算性质.

定理 7.1.2(线性性质) 若 $f(x)$ 与 $g(x)$ 在区间 I 上都存在原函数, α, β 为任意两个实常数, 则 $\alpha f(x) + \beta g(x)$ 在 I 上也存在原函数且

$$\int [\alpha f(x) + \beta g(x)]\mathrm{d}x = \alpha \int f(x)\mathrm{d}x + \beta \int g(x)\mathrm{d}x. \tag{7.1.6}$$

一般地, 若 $f_i(x)$ 在区间 I 上都存在原函数, α_i 为任意实常数, $i = 1, 2, \cdots, n$, 则 $\sum\limits_{i=1}^{n} \alpha_i f_i(x)$ 在 I 上也存在原函数且

$$\int \left[\sum_{i=1}^{n} \alpha_i f_i(x) \right] \mathrm{d}x = \sum_{i=1}^{n} \alpha_i \int f_i(x) \mathrm{d}x. \tag{7.1.7}$$

由基本导数公式可得如下的**基本积分公式**.

(1) $\displaystyle\int 0 \mathrm{d}x = C$;

(2) $\displaystyle\int 1 \mathrm{d}x = \int \mathrm{d}x = x + C$;

(3) $\displaystyle\int x^{\alpha} \mathrm{d}x = \frac{1}{\alpha + 1} x^{\alpha+1} + C \ (\alpha \neq -1, x > 0)$;

(4) $\displaystyle\int \frac{1}{x} \mathrm{d}x = \ln |x| + C \ (x \neq 0)$;

(5) $\displaystyle\int \mathrm{e}^x \mathrm{d}x = \mathrm{e}^x + C$;

(6) $\displaystyle\int a^x \mathrm{d}x = \frac{a^x}{\ln a} + C \ (a > 0, a \neq 1)$;

(7) $\displaystyle\int \cos x \mathrm{d}x = \sin x + C$;

(8) $\displaystyle\int \sin x \mathrm{d}x = -\cos x + C$;

(9) $\displaystyle\int \sec^2 x \mathrm{d}x = \tan x + C$;

(10) $\displaystyle\int \csc^2 x \mathrm{d}x = -\cot x + C$;

(11) $\displaystyle\int \sec x \cdot \tan x \mathrm{d}x = \sec x + C$;

(12) $\displaystyle\int \csc x \cdot \cot x \mathrm{d}x = -\csc x + C$;

(13) $\displaystyle\int \frac{\mathrm{d}x}{\sqrt{1 - x^2}} = \arcsin x + C = -\arccos x + C$;

(14) $\displaystyle\int \frac{\mathrm{d}x}{1 + x^2} = \arctan x + C = -\operatorname{arccot} x + C$.

例 3 计算 $\displaystyle\int (10^x + 3\cos x + \sqrt{x}) \mathrm{d}x$.

解 根据定理 7.1.2 和基本积分公式得

$$原式 = \int 10^x \mathrm{d}x + 3 \int \cos x \mathrm{d}x + \int x^{\frac{1}{2}} \mathrm{d}x$$

$$= \frac{10^x}{\ln 10} + 3\sin x + \frac{2}{3} x^{\frac{3}{2}} + C. \qquad \square$$

例 4 求下列不定积分:

(1) $\displaystyle\int \frac{7x + 2\sqrt{x} + 3}{\sqrt[4]{x}} \mathrm{d}x$;　(2) $\displaystyle\int \frac{2x^3 + 2x + 3}{x^2 + 1} \mathrm{d}x$;

(3) $\displaystyle\int \tan^2 x \mathrm{d}x$;　　　　(4) $\displaystyle\int \frac{1}{\sin^2 x \cdot \cos^2 x} \mathrm{d}x$.

解 根据定理 7.1.2 和基本积分公式得

(1) 原式 $= \displaystyle\int (7x^{\frac{3}{4}} + 2x^{\frac{1}{4}} + 3x^{-\frac{1}{4}})\mathrm{d}x = 4x^{\frac{7}{4}} + \frac{8}{5}x^{\frac{5}{4}} + 4x^{\frac{3}{4}} + C$.

(2) 原式 $= \displaystyle\int \frac{2x(x^2 + 1) + 3}{x^2 + 1}\mathrm{d}x = \int \left(2x + \frac{3}{x^2 + 1}\right)\mathrm{d}x$

$\quad\quad = x^2 + 3\arctan x + C$.

(3) 原式 $= \displaystyle\int (\sec^2 x - 1)\mathrm{d}x = \tan x - x + C$.

(4) 原式 $= \displaystyle\int \frac{\sin^2 x + \cos^2 x}{\sin^2 x \cdot \cos^2 x}\mathrm{d}x = \int (\sec^2 x + \csc^2 x)\mathrm{d}x$

$\quad\quad = \tan x - \cot x + C.$ □

不定积分的概念

思考题

公式 $\displaystyle\int \frac{\mathrm{d}x}{\sqrt{1 - x^2}} = \arcsin x + C = -\arccos x + C$ 有矛盾吗?

习　题　7.1

1. 求下列不定积分:

(1) $\displaystyle\int (x^5 + 2x^3 + 8)\mathrm{d}x$;　　(2) $\displaystyle\int \sin x \sin 3x \mathrm{d}x$;

(3) $\displaystyle\int \cos^2 x \mathrm{d}x$;　　　　(4) $\displaystyle\int \frac{x^4 + 3}{x^2 + 1}\mathrm{d}x$;

(5) $\displaystyle\int \cot^2 x \mathrm{d}x$;　　　　(6) $\displaystyle\int \frac{1}{\sec^2 x \cdot \tan^2 x}\mathrm{d}x$;

(7) $\displaystyle\int \frac{x - 2}{\sqrt[3]{x}}\mathrm{d}x$;　　　(8) $\displaystyle\int \frac{1 - x + x^2}{x + x^3}\mathrm{d}x$;

(9) $\displaystyle\int \sqrt{x\sqrt{x}}\mathrm{d}x$;　　　(10) $\displaystyle\int 5^x \mathrm{e}^x \mathrm{d}x$;

(11) $\displaystyle\int (2^x + 3^{-x})^2 \mathrm{d}x$;　(12) $\displaystyle\int (\sin x - \cos x)^2 \mathrm{d}x$.

2. 设曲线 $y = f(x)$ 上任一点 $(x, f(x))$ 处的切线的斜率为 e^{3x}, 并且曲线经过点 $(0,1)$, 求这条曲线的方程.

3. 设 $f(x) = \begin{cases} e^x, & x \leqslant 0, \\ 2x + 1, & x > 0, \end{cases}$ 试求 $\int f(x)\mathrm{d}x$.

7.2   不定积分的计算

7.1 节介绍了不定积分的概念, 并说明了不定积分存在的条件. 本节在不定积分存在的前提下, 介绍求不定积分的基本方法.

7.2.1   换元法求不定积分

1. 第一换元积分法 —— 凑微分法

求不定积分是求导的逆运算, 所以由求导公式可得到相应的积分公式. 首先由复合函数的求导法则可得

$$\mathrm{d}G(\varphi(x)) = G'(\varphi(x))\varphi'(x)\mathrm{d}x.$$

记 $u = \varphi(x), g(u) = G'(u)$, 则 $\mathrm{d}G(\varphi(x)) = g(\varphi(x))\varphi'(x)\mathrm{d}x$, 于是由 (7.1.5) 式和上式可得

$$\int g(\varphi(x))\varphi'(x)\mathrm{d}x = G(\varphi(x)) + C,$$

由此便得如下的定理:

定理 7.2.1(第一换元积分法)   设 $u = \varphi(x)$ 在 $[a, b]$ 上可导, $\alpha \leqslant \varphi(x) \leqslant \beta (x \in [a,b])$, 并且 $g(u)$ 在 $[\alpha, \beta]$ 上存在原函数 $G(u)$, 则 $f(x) = g(\varphi(x))\varphi'(x)$ 在 $[a,b]$ 上也存在原函数 $F(x)$ 且 $F(x) = G(\varphi(x)) + C$, 或

$$\int f(x)\mathrm{d}x = \int g(\varphi(x))\varphi'(x)\mathrm{d}x \xLeftarrow{u=\varphi(x)} \int g(u)\mathrm{d}u = G(u) + C = G(\varphi(x)) + C. \quad (7.2.1)$$

注   使用第一换元积分法的关键是设法把被积函数 $f(x)$ 凑成 $g(\varphi(x))\varphi'(x)$ 的形式, 以便选取变换 $u = \varphi(x)$, 化为容易求的积分 $\int g(u)\mathrm{d}u$(一般凑成基本积分公式中的形式), 所以也称为**凑微分法**. 不要忘记将 $u = \varphi(x)$ 代入最后的结果中.

例 1   求 $\int \sqrt[3]{x + 5}\mathrm{d}x$.

解   令 $u = x + 5$, 则

$$原式 = \int u^{\frac{1}{3}}\mathrm{d}u = \frac{3}{4}u^{\frac{4}{3}} + C = \frac{3}{4}(x+5)^{\frac{4}{3}} + C. \qquad \square$$

例 2　求 $\displaystyle\int \frac{\mathrm{d}x}{a^2+x^2}(a\neq 0)$.

解　令 $u=\dfrac{x}{a}$, 则

原式 $=\dfrac{1}{a^2}\displaystyle\int \dfrac{\mathrm{d}x}{1+(\frac{x}{a})^2}=\dfrac{1}{a}\displaystyle\int \dfrac{\mathrm{d}u}{1+u^2}=\dfrac{1}{a}\arctan u+C=\dfrac{1}{a}\arctan \dfrac{x}{a}+C.$　□

例 3　求 $\displaystyle\int x\sin x^2\mathrm{d}x$.

解　令 $u=x^2$, 则

原式 $=\dfrac{1}{2}\displaystyle\int \sin x^2\mathrm{d}(x^2)=\dfrac{1}{2}\displaystyle\int \sin u\mathrm{d}u=-\dfrac{1}{2}\cos u+C=-\dfrac{1}{2}\cos x^2+C.$　□

例 4　求 $\displaystyle\int \frac{\mathrm{d}x}{x^2-1}$.

解　原式 $=\dfrac{1}{2}\displaystyle\int \left(\dfrac{1}{x-1}-\dfrac{1}{x+1}\right)\mathrm{d}x=\dfrac{1}{2}(\ln|x-1|-\ln|x+1|)+C$

$\qquad\qquad =\dfrac{1}{2}\ln\left|\dfrac{x-1}{x+1}\right|+C.$　□

例 5　求 $\displaystyle\int \sin^5 x\mathrm{d}x$.

解　原式 $=\displaystyle\int \sin^4 x\cdot \sin x\mathrm{d}x=-\displaystyle\int(1-\cos^2 x)^2\mathrm{d}\cos x$

$\qquad\qquad =\displaystyle\int(-1+2\cos^2 x-\cos^4 x)\mathrm{d}\cos x$

$\qquad\qquad =-\cos x+\dfrac{2}{3}\cos^3 x-\dfrac{1}{5}\cos^5 x+C.$　□

例 6　求 $\displaystyle\int \frac{\mathrm{d}x}{\cos x}$.

解法 1　原式 $=\displaystyle\int \dfrac{\cos x}{\cos^2 x}\mathrm{d}x=\displaystyle\int \dfrac{\mathrm{d}\sin x}{1-\sin^2 x}$

$\qquad\qquad =\dfrac{1}{2}\displaystyle\int\left(\dfrac{1}{1+\sin x}+\dfrac{1}{1-\sin x}\right)\mathrm{d}\sin x$

$\qquad\qquad =\dfrac{1}{2}\ln\dfrac{1+\sin x}{1-\sin x}+C=\dfrac{1}{2}\ln\dfrac{(1+\sin x)^2}{\cos^2 x}+C$

$\qquad\qquad =\ln|\sec x+\tan x|+C.$

解法 2　原式 $=\displaystyle\int \sec x\mathrm{d}x=\displaystyle\int \dfrac{\sec x(\sec x+\tan x)}{\sec x+\tan x}\mathrm{d}x$

$\qquad\qquad =\displaystyle\int \dfrac{\mathrm{d}(\sec x+\tan x)}{\sec x+\tan x}\mathrm{d}x$

$\qquad\qquad =\ln|\sec x+\tan x|+C.$　□

不定积分的凑微分法

2. 第二换元积分法 —— 变量代换法

定理 7.2.2(第二换元积分法)　设 $x = \varphi(t)$ 在 $[a,\, b]$ 上可导, $\alpha \leqslant \varphi(t) \leqslant \beta$ $(t \in [a, b])$, $f(x)$ 在 $[\alpha, \beta]$ 上有定义. 若 $\varphi'(t) \neq 0\,(t \in [a, b])$ 且 $g(t) = f(\varphi(t))\varphi'(t)$ 在 $[a, b]$ 上存在原函数 $G(t)$, 则 $f(x)$ 在 $[\alpha, \beta]$ 上存在原函数 $F(x)$ 且 $F(x) = G(\varphi^{-1}(x)) + C$, 即

$$\int f(x)\mathrm{d}x = \int f(\varphi(t))\varphi'(t)\mathrm{d}t = \left[\int g(t)\mathrm{d}t\right]_{t = \varphi^{-1}(x)} = G(\varphi^{-1}(x)) + C. \qquad (7.2.2)$$

证明　由于 $\varphi'(t) \neq 0\,(t \in [a, b])$, 根据达布定理知 $\varphi'(t) > 0\,(t \in [a, b])$ 或 $\varphi'(t) < 0\,(t \in [a, b])$, 于是 $x = \varphi(t)$ 在 $[a, b]$ 上严格递增或严格递减, 所以 $x = \varphi(t)$ 存在反函数 $t = \varphi^{-1}(x)$ 且

$$\frac{\mathrm{d}t}{\mathrm{d}x} = \frac{1}{\varphi'(t)}\bigg|_{t = \varphi^{-1}(x)}.$$

要证明 (7.2.2) 式成立, 只需证明 $G(\varphi^{-1}(x))$ 是 $f(x)$ 的原函数. 因为 $G(t)$ 是 $g(t) = f(\varphi(t))\varphi'(t)$ 在 $[a, b]$ 上的原函数, 所以

$$\frac{\mathrm{d}G(\varphi^{-1}(x))}{\mathrm{d}x} = G'(t)\frac{\mathrm{d}t}{\mathrm{d}x} = g(t)\frac{1}{\varphi'(t)} = f(\varphi(t))\varphi'(t)\frac{1}{\varphi'(t)} = f(x),$$

因此, $G(\varphi^{-1}(x))$ 是 $f(x)$ 的原函数, 故 (7.2.2) 式成立. 　　　　　　　□

注　使用第二换元积分法的关键是作一个适当的变量代换 $x = \varphi(t)$, 使得被积函数 $f(x)$ 能化简 (若 $f(x)$ 有根号, 主要是消去根号), 变成容易求的积分, 所以第二换元积分法也称为**变量代换法**. 不要忘记将 $t = \varphi^{-1}(x)$ 代入最后的结果中.

例 7　求 $\displaystyle\int \frac{\mathrm{d}x}{\sqrt{x^2 + a^2}}\,(a > 0)$.

解　令 $x = a\tan t\left(|t| < \dfrac{\pi}{2}\right)$, 则 $t = \arctan\dfrac{x}{a}$, $\mathrm{d}x = a\sec^2 t\mathrm{d}t$, 于是

$$\int \frac{\mathrm{d}x}{\sqrt{x^2 + a^2}} = \int \frac{a\sec^2 t\mathrm{d}t}{a\sec t} = \int \frac{\mathrm{d}t}{\cos t} = \ln|\sec t + \tan t| + C'$$

$$= \ln\left|\sqrt{\tan^2 t + 1} + \tan t\right| + C' = \ln\left|\sqrt{\left(\frac{x}{a}\right)^2 + 1} + \frac{x}{a}\right| + C'$$

$$= \ln|x + \sqrt{x^2 + a^2}| + C. \qquad \square$$

例 8 求 $\displaystyle\int \sqrt{a^2 - x^2}\mathrm{d}x(a > 0)$.

解 令 $x = a\sin t\ \left(|t| < \dfrac{\pi}{2}\right)$, 则 $t = \arcsin\dfrac{x}{a}$, 于是

$$
\begin{aligned}
\int \sqrt{a^2 - x^2}\mathrm{d}x &= \int a|\cos t|\mathrm{d}(a\sin t) \\
&= \frac{a^2}{2}\int (1 + \cos 2t)\mathrm{d}t \\
&= \frac{a^2}{2}\left(t + \frac{1}{2}\sin 2t\right) + C \\
&= \frac{a^2}{2}t + \frac{1}{2}a\sin t \cdot a\cos t + C \\
&= \frac{a^2}{2}\arcsin\frac{x}{a} + \frac{x}{2}\sqrt{a^2 - x^2} + C,
\end{aligned}
$$

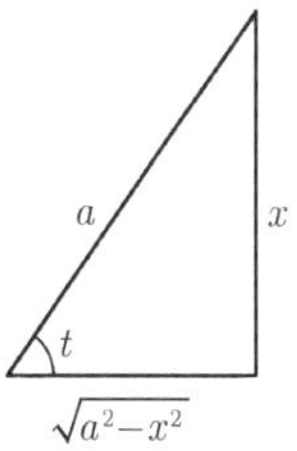

图 7.2

其中 $\sin t = \dfrac{x}{a}, \cos t = \dfrac{\sqrt{a^2 - x^2}}{a}$, 如图 7.2 所示. $\qquad \square$

例 9 求 $\displaystyle\int \dfrac{\mathrm{d}x}{x\sqrt{x^2 - 1}}$.

解法 1 当 $x > 1$ 时, 令 $x = \sec t\ \left(0 < t < \dfrac{\pi}{2}\right)$, 则 $\mathrm{d}x = \sec t \cdot \tan t\mathrm{d}t$, 于是

$$\int \frac{\mathrm{d}x}{x\sqrt{x^2 - 1}} = \int \frac{\sec t \cdot \tan t\mathrm{d}t}{\sec t \cdot \tan t} = \int \mathrm{d}t = t + C = \arccos\frac{1}{x} + C.$$

当 $x < -1$ 时, 令 $x = \sec t\ \left(\dfrac{\pi}{2} < t < \pi\right)$, 则 $\mathrm{d}x = \sec t \cdot \tan t\mathrm{d}t$, 于是

$$\int \frac{\mathrm{d}x}{x\sqrt{x^2 - 1}} = \int \frac{\sec t \cdot \tan t\mathrm{d}t}{-\sec t \cdot \tan t} = -\int \mathrm{d}t = -t + C = -\arccos\frac{1}{x} + C,$$

所以

$$\int \frac{\mathrm{d}x}{x\sqrt{x^2 - 1}} = \mathrm{sgn}x \cdot \arccos\frac{1}{x} + C. \qquad \square$$

解法 2 此题也可用凑微分法. 由于 $x = |x| \cdot \mathrm{sgn}x$, 所以

$$
\begin{aligned}
原式 &= \int \frac{\mathrm{d}x}{x|x|\sqrt{1 - x^{-2}}} = \mathrm{sgn}x \int \frac{\mathrm{d}x}{x^2\sqrt{1 - x^{-2}}} \\
&= \mathrm{sgn}x \int \frac{-\mathrm{d}(x^{-1})}{\sqrt{1 - x^{-2}}} = \mathrm{sgn}x \cdot \arccos\frac{1}{x} + C. \qquad \square
\end{aligned}
$$

例 10 求 $\displaystyle\int \dfrac{x + 1}{x\sqrt{x - 2}}\, \mathrm{d}x$.

解   令 $x = u^2 + 2\,(u > 0)$, 则 $u = \sqrt{x-2}$, 于是由定理 7.2.2 得

$$原式 = \int \frac{u^2+3}{(u^2+2)u}\,2u\mathrm{d}u = 2\int \left(1 + \frac{1}{u^2+2}\right)\mathrm{d}u$$

$$= 2u + \sqrt{2}\int \frac{1}{1 + \left(\dfrac{u}{\sqrt{2}}\right)^2}\,\mathrm{d}\left(\frac{u}{\sqrt{2}}\right)$$

$$= 2u + \sqrt{2}\arctan\frac{u}{\sqrt{2}} + C$$

$$= 2\sqrt{x-2} + \sqrt{2}\arctan\left(\sqrt{\frac{x-2}{2}}\right) + C. \qquad \square$$

例 11   求 $\displaystyle\int x(x+1)^n\mathrm{d}x\,(n \in \mathbb{N}_+)$.

解   令 $x = t - 1$, 则 $t = x + 1$, 于是由定理 7.2.2 得

$$原式 = \int (t-1)t^n\mathrm{d}t = \frac{t^{n+2}}{n+2} - \frac{t^{n+1}}{n+1} + C = \frac{(x+1)^{n+2}}{n+2} - \frac{(x+1)^{n+1}}{n+1} + C. \quad \square$$

7.2.2   分部法求不定积分

由求导法则可得

$$[u(x)v(x)]' = u'(x)v(x) + u(x)v'(x),$$

所以

$$u(x)v'(x) = [u(x)v(x)]' - u'(x)v(x),$$

因此

$$\int u(x)v'(x)\mathrm{d}x = u(x)v(x) - \int u'(x)v(x)\mathrm{d}x,$$

故有

定理 7.2.3(分部积分法)   若 $u(x)$ 与 $v(x)$ 都可导且 $\displaystyle\int u'(x)v(x)\mathrm{d}x$ 存在, 则 $\displaystyle\int u(x)v'(x)\mathrm{d}x$ 也存在且

$$\int u(x)v'(x)\mathrm{d}x = u(x)v(x) - \int u'(x)v(x)\mathrm{d}x \qquad (7.2.3)$$

或

$$\int u\mathrm{d}v = uv - \int v\mathrm{d}u. \qquad (7.2.4)$$

(7.2.3) 式或 (7.2.4) 式称为**分部积分公式**.

注 应用分部积分法的关键是恰当选择 u, v, 使 $\int u'(x)v(x)\mathrm{d}x$ 比 $\int u(x)v'(x)\mathrm{d}x$ 更易积分.

例 12 求 $\int x\ln x\mathrm{d}x$.

解 令 $u = \ln x, v = \dfrac{x^2}{2}$, 则 $\mathrm{d}u = \dfrac{\mathrm{d}x}{x}, \mathrm{d}v = x\mathrm{d}x$, 于是由定理 7.2.3 得

$$\text{原式} = \int u\mathrm{d}v = uv - \int v\mathrm{d}u = \frac{x^2}{2}\ln x - \int \frac{x^2}{2} \cdot \frac{\mathrm{d}x}{x} = \frac{x^2}{2}\ln x - \frac{x^2}{4} + C. \qquad \square$$

例 13 求 $\int x\arctan x\mathrm{d}x$.

解 令 $u = \arctan x, v = \dfrac{x^2}{2}$, 则 $\mathrm{d}u = \dfrac{\mathrm{d}x}{1+x^2}, \mathrm{d}v = x\mathrm{d}x$, 于是由定理 7.2.3 得

$$\begin{aligned}
\text{原式} &= \int \arctan x\, \mathrm{d}\left(\frac{x^2}{2}\right) = \frac{x^2}{2}\arctan x - \int \frac{x^2}{2}\frac{\mathrm{d}x}{1+x^2} \\
&= \frac{x^2}{2}\arctan x - \frac{1}{2}\int \mathrm{d}x + \frac{1}{2}\int \frac{\mathrm{d}x}{1+x^2} \\
&= \frac{x^2}{2}\arctan x - \frac{1}{2}x + \frac{1}{2}\arctan x + C. \qquad \square
\end{aligned}$$

例 14 求 $\int x\mathrm{e}^x\mathrm{d}x$.

解
$$\text{原式} = \int x\mathrm{d}\mathrm{e}^x = x\mathrm{e}^x - \int \mathrm{e}^x\mathrm{d}x = x\mathrm{e}^x - \mathrm{e}^x + C. \qquad \square$$

例 15 求 $\int \mathrm{e}^{ax}\sin bx\mathrm{d}x\ (ab \neq 0)$.

解 由于

$$\begin{aligned}
\int \mathrm{e}^{ax}\sin bx\mathrm{d}x &= \frac{1}{a}\int \sin bx\mathrm{d}\mathrm{e}^{ax} = \frac{\mathrm{e}^{ax}\sin bx}{a} - \frac{b}{a}\int \mathrm{e}^{ax}\cos bx\mathrm{d}x \\
&= \frac{\mathrm{e}^{ax}\sin bx}{a} - \frac{b}{a^2}\int \cos bx\mathrm{d}\mathrm{e}^{ax} \\
&= \frac{\mathrm{e}^{ax}\sin bx}{a} - \frac{b}{a^2}\mathrm{e}^{ax}\cos bx - \frac{b^2}{a^2}\int \mathrm{e}^{ax}\sin bx\mathrm{d}x,
\end{aligned}$$

所以

$$\int \mathrm{e}^{ax}\sin bx\mathrm{d}x = \frac{a\sin bx - b\cos bx}{a^2 + b^2}\mathrm{e}^{ax} + C. \qquad \square$$

例 16 求 $I_n = \int \cos^n x \mathrm{d}x$ 的递推公式.

解 由于当 $n \geqslant 2$ 时,

$$I_n = \int \cos^{n-1} x \mathrm{d}\sin x$$

$$= \sin x \cos^{n-1} x + \int (n-1)\sin^2 x \cos^{n-2} x \mathrm{d}x$$

$$= \sin x \cos^{n-1} x + (n-1)\int (1 - \cos^2 x)\cos^{n-2} x \mathrm{d}x$$

$$= \sin x \cos^{n-1} x + (n-1)I_{n-2} - (n-1)I_n,$$

因此, 所求的递推公式为

$$I_n = \frac{1}{n}\sin x \cos^{n-1} x + \frac{n-1}{n}I_{n-2}, \quad n \geqslant 2,$$

$$I_0 = \int \mathrm{d}x = x + C, \quad I_1 = \int \cos x \mathrm{d}x = \sin x + C. \qquad \square$$

一般地, 下述类型的不定积分:

$$\int x^k \log_a^l x \mathrm{d}x, \quad \int x^k \mathrm{e}^{ax} \mathrm{d}x, \quad \int x^k \sin ax \mathrm{d}x, \quad \int x^k \cos ax \mathrm{d}x, \quad \int x^k \arctan x \mathrm{d}x$$

等常用分部积分法来计算, 其中 $k, l \in \mathbb{N}_+$.

不定积分的分部积分法

思考题

1. 使用变量代换法计算不定积分, 常用的变量代换有哪些?

2. 使用分部积分法计算不定积分, 是否 u, v 可以随便取? 为什么?

3. 使用凑微分法计算不定积分, 是否 $\int g(u)\mathrm{d}u$ 一定要凑成基本积分公式中的形式才能积出来? 为什么?

习 题 7.2

1. 应用凑微分法求下列不定积分:

(1) $\displaystyle\int \tan x \mathrm{d}x$;   (2) $\displaystyle\int \frac{\mathrm{d}x}{\sin x}$;

(3) $\displaystyle\int \cot x \mathrm{d}x$;   (4) $\displaystyle\int \frac{\mathrm{d}x}{\sin 2x}$;

(5) $\displaystyle\int \sin 2x \mathrm{d}x$;   (6) $\displaystyle\int \frac{\mathrm{d}x}{4x+5}$;

(7) $\displaystyle\int \sin^2 x \mathrm{d}x$;   (8) $\displaystyle\int \frac{\mathrm{d}x}{x(\ln x + 3)}$;

(9) $\displaystyle\int x^2 \sin x^3 \mathrm{d}x$;   (10) $\displaystyle\int \frac{\mathrm{d}x}{1 - \cos x}$;

(11) $\displaystyle\int \frac{x^2}{3 + x^3} \mathrm{d}x$;   (12) $\displaystyle\int \frac{x \mathrm{d}x}{\sqrt{x^2+1}}$;

(13) $\displaystyle\int \sin 2x \cos 3x \mathrm{d}x$;   (14) $\displaystyle\int \frac{\mathrm{d}x}{\sin^3 x \cos x}$;

(15) $\displaystyle\int \frac{\mathrm{d}x}{\sqrt{x}\sqrt{1+\sqrt{x}}}$;   (16) $\displaystyle\int \frac{\mathrm{d}x}{\sqrt{\mathrm{e}^{2x}-1}}$.

2. 应用变量代换法求下列不定积分:

(1) $\displaystyle\int \frac{\sqrt{x-1}}{1+\sqrt[3]{x-1}} \mathrm{d}x$;   (2) $\displaystyle\int \frac{\mathrm{d}x}{(x^2+a^2)^{\frac{3}{2}}} \ (a \neq 0)$;

(3) $\displaystyle\int \frac{\mathrm{d}x}{\sqrt{x^2+2x-1}}$;   (4) $\displaystyle\int \frac{\mathrm{d}x}{\sqrt{a^2-x^2}} \ (a \neq 0)$;

(5) $\displaystyle\int \frac{\cos \sqrt{x}}{\sqrt{x}} \mathrm{d}x$;   (6) $\displaystyle\int \sqrt{3-2x-x^2} \mathrm{d}x$;

(7) $\displaystyle\int \frac{x^3+5}{(x-1)^2} \mathrm{d}x$;   (8) $\displaystyle\int \frac{\sqrt{x-1}+1}{\sqrt{x-1}-1} \mathrm{d}x$.

3. 应用分部法下列不定积分:

(1) $\displaystyle\int x \sin x \mathrm{d}x$;   (2) $\displaystyle\int x^2 \arctan x \mathrm{d}x$;

(3) $\displaystyle\int x \ln^2 x \mathrm{d}x$;   (4) $\displaystyle\int \frac{\arcsin x}{\sqrt{x+1}} \mathrm{d}x$;

(5) $\displaystyle\int \mathrm{e}^{2x} \cos 3x \mathrm{d}x$;   (6) $\displaystyle\int \sin(\ln x) \mathrm{d}x$;

(7) $\displaystyle\int x \cos^2 x \mathrm{d}x$;   (8) $\displaystyle\int \sqrt{x} \ln^2 x \mathrm{d}x$;

(9) $\displaystyle\int \mathrm{e}^{\sqrt{3-2x}} \mathrm{d}x$;   (10) $\displaystyle\int \frac{\cos \sqrt[3]{x}}{\sqrt[3]{x}} \mathrm{d}x$.

4. 求下列不定积分的递推公式:

(1) $I_n = \displaystyle\int x \ln^n x \mathrm{d}x$;   (2) $J_n = \displaystyle\int x^n \mathrm{e}^{-x} \mathrm{d}x$;

(3) $K_n = \displaystyle\int \mathrm{e}^x \cos^n x \mathrm{d}x$;   (4) $L_n = \displaystyle\int (\arccos x)^n \mathrm{d}x$.

5. 利用第 4 题的递推公式求下列不定积分:

(1) $\displaystyle\int x \ln^5 x \mathrm{d}x$;   (2) $\displaystyle\int x^4 \mathrm{e}^{-x} \mathrm{d}x$;

(3) $\displaystyle\int \mathrm{e}^x \cos^3 x \mathrm{d}x$;   (4) $\displaystyle\int (\arccos x)^3 \mathrm{d}x$.

7.3 有理函数的不定积分

前面介绍了求不定积分的基本方法, 利用这些方法可以求出许多初等函数的不定积分. 这里所说的 "求不定积分" 是指用初等函数将这个不定积分表示出来. 在这个意义下, 不是所有初等函数的不定积分都能求出来. 例如,

$$\int e^{x^2} dx, \quad \int \cos x^2 dx, \quad \int \frac{\sin x}{x} dx, \quad \int \frac{\cos x}{x} dx,$$

$$\int \frac{dx}{\sqrt{1 - k \sin^2 x}} dx, \quad 0 < k < 1, \cdots.$$

虽然它们都存在, 但是可以证明它们是无法用初等函数来表示的 (Liouville 于 1835 年给出过证明, 不过证明过程比较复杂). 所以, 初等函数的原函数不一定是初等函数. 下面讨论一些特殊类型的函数, 它们的原函数一定是初等函数, 并且可以按照一定的步骤求出来.

*7.3.1 有理函数的部分分式分解

有理函数的一般形式为

$$R(x) = \frac{P(x)}{Q(x)}, \tag{7.3.1}$$

其中 $P(x), Q(x)$ 分别为 n 次和 m 次多项式函数.

当 $m > n$ 时, $R(x)$ 为真分式; 当 $m \leqslant n$ 时, $R(x)$ 为假分式, 它可以分解为多项式函数与真分式之和, 这说明有理函数的不定积分可归结为真分式的不定积分. 下面介绍代数学范围内的一个定理, 它告诉我们, 真分式的不定积分可归结为一些部分分式的不定积分. 所谓**部分分式**是指如下两种类型的真分式:

(1) $\dfrac{A}{(x-a)^k}, \quad k = 1, 2, \cdots;$

(2) $\dfrac{Mx+N}{(x^2+px+q)^k}, \quad k = 1, 2, \cdots, p^2 - 4q < 0.$

定理 7.3.1 每个真分式 $R(x) = \dfrac{P(x)}{Q(x)}$ 可表示成若干部分分式之和.

为了证明定理 7.3.1, 先给出两个引理.

引理 7.3.1 设 $P(x), Q(x)$ 都是多项式函数, $a \in \mathbb{R}$ 且 $Q(x) = (x-a)^k Q_1(x)$, 其中 $Q_1(x)$ 是 $m - k$ 次多项式函数, $Q_1(a) \neq 0$, 则存在多项式函数 $P_1(x)$, 使得

$$\frac{P(x)}{Q(x)} = \frac{A}{(x-a)^k} + \frac{P_1(x)}{(x-a)^{k-1} Q_1(x)}, \tag{7.3.2}$$

其中 $A = \dfrac{P(a)}{Q_1(a)}$.

证明 (7.3.2) 式等价于

$$P(x) - AQ_1(x) = (x-a)P_1(x). \tag{7.3.3}$$

由于 $A = \dfrac{P(a)}{Q_1(a)}$, 所以 $P(a) - AQ_1(a) = 0$, 即 $x = a$ 是多项式函数 $P(x) - AQ_1(x)$ 的零点, 因此, $\dfrac{P(x) - AQ_1(x)}{x-a}$ 是一个多项式函数, 记为 $P_1(x)$, 则 (7.3.3) 式成立, 故本引理得证. $\qquad\square$

引理 7.3.2 设 $P(x), Q(x)$ 都是多项式函数, $p, q \in \mathbb{R}$ 且 $p^2 - 4q < 0$, $Q(x) = (x^2 + px + q)^m Q_1(x)$, 其中 $Q_1(x)$ 是不能被 $x^2 + px + q$ 整除的多项式函数, 则存在 $M, N \in \mathbb{R}$ 和多项式函数 $P_1(x)$, 使得

$$\frac{P(x)}{Q(x)} = \frac{Mx + N}{(x^2 + px + q)^m} + \frac{P_1(x)}{(x^2 + px + q)^{m-1}Q_1(x)}. \tag{7.3.4}$$

证明 显然只需要选择实数 M, N 和多项式函数 $P_1(x)$, 使它们满足 (7.3.4) 式, 或下列恒等式:

$$P(x) - (Mx + N)Q_1(x) = (x^2 + px + q)P_1(x). \tag{7.3.5}$$

设以 $x^2 + px + q$ 分别除 $P(x), Q_1(x)$ 后的余式分别为 $\alpha x + \beta$ 与 $\gamma x + \delta$, 则以 $x^2 + px + q$ 除 $P(x) - (Mx + N)Q_1(x)$ 后的余式等于以 $x^2 + px + q$ 除

$$\alpha x + \beta - (Mx + N)(\gamma x + \delta) = -\gamma Mx^2 + (\alpha - \delta M - \gamma N)x + (\beta - \delta N)$$

后的余式, 即为

$$[(p\gamma - \delta)M - \gamma N + \alpha]x + (q\gamma M - \delta N + \beta) \equiv 0.$$

于是比较上式两边 x 同次幂的系数, 可得线性方程组

$$\begin{cases} (p\gamma - \delta)M - \gamma N + \alpha = 0, \\ q\gamma M - \delta N + \beta = 0. \end{cases} \tag{7.3.6}$$

注意到它的系数行列式等于

$$\Delta = -\delta(p\gamma - \delta) + q\gamma^2 = \delta^2 - p\gamma\delta + q\gamma^2 \neq 0.$$

事实上, 当 $\gamma \neq 0$ 时, $\Delta = \gamma^2(x^2 + px + q)|_{x=-\delta/\gamma} \neq 0$; 当 $\gamma = 0$ 时, $\Delta = \delta^2 \neq 0$, 因为 $Q_1(x)$ 是不能被 $x^2 + px + q$ 整除的多项式函数, 所以, 线性方程组 (7.3.6) 确定 (M, N) 的唯一一组解. 用上述方法定出 M, N 的值后, 令

$$P_1(x) = \frac{P(x) - (Mx + N)Q_1(x)}{x^2 + px + q},$$

则 $P_1(x)$ 是多项式函数且实数 M, N 和多项式函数 $P_1(x)$ 满足 (7.3.4) 式.　　□

定理 7.3.1 的证明　　首先对分母 $Q(x)$ 在实数系 $\mathbb{R}$ 内作如下标准分解:

$$Q(x) = \beta_0(x - a_1)^{\lambda_1} \cdots (x - a_s)^{\lambda_s}(x^2 + p_1 x + q_1)^{\mu_1} \cdots (x^2 + p_t x + q_t)^{\mu_t}, \quad (7.3.7)$$

其中 $\beta_0 \in \mathbb{R}\backslash\{0\}, \lambda_i, \mu_j$ 均为正整数且

$$\sum_{i=1}^{s} \lambda_i + 2\sum_{j=1}^{t} \mu_j = m, \quad p_j^2 - 4q_j < 0, \quad j = 1, 2, \cdots, t.$$

然后重复使用引理 7.3.1 和引理 7.3.2 有限次可得真分式 $\dfrac{P(x)}{Q(x)}$ 可分解为如下部分分式形式:

$$\begin{aligned}
R(x) = {} & \frac{A_1}{x - a_1} + \frac{A_2}{(x - a_1)^2} + \cdots + \frac{A_{\lambda_1}}{(x - a_1)^{\lambda_1}} + \cdots \\
& + \frac{B_1}{x - a_s} + \frac{B_2}{(x - a_s)^2} + \cdots + \frac{B_{\lambda_s}}{(x - a_s)^{\lambda_s}} \\
& + \frac{M_1 x + N_1}{x^2 + p_1 x + q_1} + \frac{M_2 x + N_2}{(x^2 + p_1 x + q_1)^2} + \cdots + \frac{M_{\mu_1} x + N_{\mu_1}}{(x^2 + p_1 x + q_1)^{\mu_1}} + \cdots \\
& + \frac{U_1 x + V_1}{x^2 + p_t x + q_t} + \frac{U_2 x + V_2}{(x^2 + p_t x + q_t)^2} + \cdots + \frac{U_{\mu_t} x + V_{\mu_t}}{(x^2 + p_t x + q_t)^{\mu_t}}, \quad (7.3.8)
\end{aligned}$$

其中 $A_i, B_j, M_r, N_r, U_t, V_t$ 都是待定常数.　　□

关于待定系数的确定, 一般方法是将分解式 (7.3.8) 两端同乘以 $Q(x)$, 便得到一个两个多项式函数恒等的式子, 由此恒等式即可求得待定系数.

有理函数部分分式分解

7.3.2　有理函数的不定积分

由 (7.3.8) 式可知任何真分式的不定积分最终都可化为如下两种形式的不定积分:

(1) $\displaystyle\int \frac{\mathrm{d}x}{(x-a)^k} = \begin{cases} \ln|x-a| + C, & k=1, \\ \dfrac{1}{(1-k)(x-a)^{k-1}} + C, & k>1; \end{cases}$

(2) $\displaystyle\int \frac{Mx+N}{(x^2+px+q)^k}\mathrm{d}x (p^2-4q<0).$

对于 (2), 令 $x = t - \dfrac{p}{2}$, 则可化为

$$\int \frac{Mx+N}{(x^2+px+q)^k}\mathrm{d}x = \int \frac{M\left(t-\frac{p}{2}\right)+N}{\left[\left(t-\frac{p}{2}\right)^2 + p\left(t-\frac{p}{2}\right)+q\right]^k}\mathrm{d}t = \int \frac{Mt+L}{(t^2+r^2)^k}\mathrm{d}t$$

$$= M\int \frac{t}{(t^2+r^2)^k}\mathrm{d}t + L\int \frac{\mathrm{d}t}{(t^2+r^2)^k}, \tag{7.3.9}$$

其中 $r^2 = q - \dfrac{1}{4}p^2, L = N - \dfrac{1}{2}pM.$

(7.3.9) 式右边第一个不定积分为

$$\int \frac{t}{(t^2+r^2)^k}\mathrm{d}t = \frac{1}{2}\int \frac{\mathrm{d}(t^2+r^2)}{(t^2+r^2)^k} = \begin{cases} \dfrac{1}{2}\ln(t^2+r^2) + C, & k=1, \\ \dfrac{1}{2(1-k)(t^2+r^2)^{k-1}} + C, & k\geqslant 2. \end{cases}$$

对于 (7.3.9) 式右边的第二个不定积分, 记

$$I_k = \int \frac{\mathrm{d}t}{(t^2+r^2)^k},$$

则当 $k=1$ 时,

$$I_1 = \int \frac{\mathrm{d}t}{t^2+r^2} = \frac{1}{r}\arctan \frac{t}{r} + C. \tag{7.3.10}$$

当 $k \geqslant 2$ 时, 可用分部积分法得到如下递推公式:

$$\begin{aligned} I_k &= \frac{1}{r^2}\int \frac{t^2+r^2-t^2}{(t^2+r^2)^k}\mathrm{d}t \\ &= \frac{1}{r^2}I_{k-1} - \frac{1}{r^2}\int \frac{t^2}{(t^2+r^2)^k}\mathrm{d}t \\ &= \frac{1}{r^2}I_{k-1} + \frac{1}{2r^2(k-1)}\int t\mathrm{d}\left(\frac{1}{(t^2+r^2)^{k-1}}\right) \\ &= \frac{1}{r^2}I_{k-1} + \frac{1}{2r^2(k-1)}\left[\frac{t}{(t^2+r^2)^{k-1}} - I_{k-1}\right] \\ &= \frac{2k-3}{2(k-1)r^2}I_{k-1} + \frac{t}{2(k-1)r^2(t^2+r^2)^{k-1}}. \end{aligned} \tag{7.3.11}$$

重复使用递推公式 (7.3.11), 最终归结为计算 I_1, 这已由 (7.3.10) 式给出. 把所有这些局部结果代回 (7.3.9) 式, 并令 $t = x + \dfrac{p}{2}$, 便得不定积分 (2) 的结果. 由此可得, 有理函数的原函数都是初等函数.

例 1   将 $\dfrac{1}{x^2 - a^2} \, (a \neq 0)$ 分解为部分分式, 并求 $\displaystyle\int \dfrac{\mathrm{d}x}{x^2 - a^2}$.

解   根据定理 7.3.1, 可设 $\dfrac{1}{x^2 - a^2} = \dfrac{1}{(x-a)(x+a)} \equiv \dfrac{A}{x-a} + \dfrac{B}{x+a}$, 其中 A, B 待定, 则

$$1 \equiv A(x+a) + B(x-a) = (A+B)x + a(A-B), \tag{7.3.12}$$

比较恒等式 (7.3.12) 两边 x 的同次幂的系数得

$$\begin{cases} A + B = 0, \\ a(A - B) = 1, \end{cases}$$

解之得 $A = \dfrac{1}{2a}, B = -\dfrac{1}{2a}$, 所以

$$\frac{1}{x^2 - a^2} = \frac{1}{2a}\left(\frac{1}{x-a} - \frac{1}{x+a}\right).$$

上述求待定系数 A, B 的方法叫**待定系数法**. 因此

$$\int \frac{\mathrm{d}x}{x^2 - a^2} = \frac{1}{2a}\int\left(\frac{1}{x-a} - \frac{1}{x+a}\right)\mathrm{d}x = \frac{1}{2a}\ln\left|\frac{x-a}{x+a}\right| + C. \qquad \square$$

例 2   将 $R(x) = \dfrac{4}{(x-1)(x+1)^2}$ 分解为部分分式, 并求 $\displaystyle\int R(x)\mathrm{d}x$.

解   根据定理 7.3.1, 可设 $R(x) \equiv \dfrac{A}{x-1} + \dfrac{B_1}{x+1} + \dfrac{B_2}{(x+1)^2}$, 其中 A, B_1, B_2 待定, 则

$$4 \equiv A(x+1)^2 + B_1(x^2 - 1) + B_2(x-1), \tag{7.3.13}$$

于是在 (7.3.13) 式中令 $x = 1$ 得 $A = 1$; 令 $x = -1$ 得 $B_2 = -2$; 将 $A = 1, B_2 = -2$ 代回 (7.3.13) 式可求得 $B_1 = -1$, 所以

$$R(x) = \frac{1}{x-1} - \frac{1}{x+1} - \frac{2}{(x+1)^2}.$$

故

$$\int R(x)\mathrm{d}x = \int \frac{1}{x-1}\mathrm{d}x - \int \frac{1}{x+1}\mathrm{d}x - \int \frac{2}{(x+1)^2}\mathrm{d}x$$

$$= \ln|x-1| - \ln|x+1| + \frac{2}{x+1} + C$$

$$= \ln \left| \frac{x-1}{x+1} \right| + \frac{2}{x+1} + C. \qquad \square$$

例 3 求 $\displaystyle\int \frac{2-2x}{(x+1)(x^2+1)^2}\mathrm{d}x$.

解 根据定理 7.3.1, 可设 $\displaystyle\frac{2-2x}{(x+1)(x^2+1)^2} \equiv \frac{A}{x+1} + \frac{Bx+C}{x^2+1} + \frac{Dx+E}{(x^2+1)^2}$, 则

$$2-2x \equiv A(x^2+1)^2 + (Bx+C)(x+1)(x^2+1) + (Dx+E)(x+1), \qquad (7.3.14)$$

于是在 (7.3.14) 式中令 $x=-1$ 得 $A=1$; 将 $A=1$ 代入上式, 整理得

$$(Bx+C)(x^2+1) + Dx + E \equiv \frac{2-2x-(x^2+1)^2}{x+1} = (1+x^2)(1-x) - 2x,$$

即

$$Bx^3 + Cx^2 + (B+D)x + C + E \equiv -x^3 + x^2 - 3x + 1.$$

比较上述恒等式两边 x 的同次幂的系数可得 $B=-1, C=1, D=-2, E=0$, 所以

$$\int \frac{2-2x}{(x+1)(x^2+1)^2}\mathrm{d}x = \int \left[\frac{1}{x+1} + \frac{1-x}{x^2+1} + \frac{-2x}{(x^2+1)^2} \right]\mathrm{d}x$$

$$= \int \frac{\mathrm{d}x}{x+1} + \int \frac{\mathrm{d}x}{x^2+1} - \int \frac{x\mathrm{d}x}{x^2+1} + \int \frac{-2x\mathrm{d}x}{(x^2+1)^2}$$

$$= \ln|x+1| + \arctan x - \frac{1}{2}\ln(x^2+1) + \frac{1}{x^2+1} + C. \qquad \square$$

例 4 求 $\displaystyle\int \frac{2x^3+3x-22}{(x-2)^{100}}\mathrm{d}x$.

解 本题可以用部分分式展开, 不过这样比较麻烦. 下面用一种简单方法做.
令 $t=x-2$, 则

$$\int \frac{2x^3+3x-22}{(x-2)^{100}}\mathrm{d}x = \int \frac{2(t+2)^3+3(t+2)-22}{t^{100}}\,\mathrm{d}t$$

$$= \int (2t^{-97} + 12t^{-98} + 27t^{-99})\,\mathrm{d}t$$

$$= -\frac{1}{48t^{96}} - \frac{12}{97t^{97}} - \frac{27}{98t^{98}} + C$$

$$= -\frac{1}{48(x-2)^{96}} - \frac{12}{97(x-2)^{97}} - \frac{27}{98(x-2)^{98}} + C. \qquad \square$$

*7.3.3 三角函数有理式的不定积分

由函数 $\sin x, \cos x$ 及常数经过有限次四则运算所得的函数称为 **三角函数有理式**, 并用 $R(\sin x, \cos x)$ 表示. 关于三角函数有理式 $R(\sin x, \cos x)$ 的不定积分

$$\int R(\sin x, \cos x)\mathrm{d}x,$$

有多种方法可将其化为有理函数的不定积分. 例如, 设 $t = \tan \dfrac{x}{2}(-\pi < x < \pi)$, 则有

$$x = 2\arctan t, \quad \mathrm{d}x = \frac{2}{1+t^2}\mathrm{d}t,$$

$$\sin x = \frac{2\sin\frac{x}{2}\cos\frac{x}{2}}{\sin^2\frac{x}{2}+\cos^2\frac{x}{2}} = \frac{2\tan\frac{x}{2}}{1+\tan^2\frac{x}{2}} = \frac{2t}{1+t^2},$$

$$\cos x = \frac{\cos^2\frac{x}{2}-\sin^2\frac{x}{2}}{\sin^2\frac{x}{2}+\cos^2\frac{x}{2}} = \frac{1-\tan^2\frac{x}{2}}{1+\tan^2\frac{x}{2}} = \frac{1-t^2}{1+t^2},$$

于是

$$\int R(\sin x, \cos x)\mathrm{d}x = \int R\left(\frac{2t}{1+t^2}, \frac{1-t^2}{1+t^2}\right)\frac{2\mathrm{d}t}{1+t^2}.$$

显然, 上式等号右端的被积函数是有理函数, 因此, 三角函数有理式 $R(\sin x, \cos x)$ 存在初等函数的原函数. 变换 $t = \tan \dfrac{x}{2}$ 称为关于 $R(\sin x, \cos x)$ 的**万能变换**.

例 5   求 $\displaystyle\int \frac{1}{\sin x(1+\cos x)}\mathrm{d}x$.

解   令 $t = \tan \dfrac{x}{2}(|x| < \pi)$, 则 $\mathrm{d}x = \dfrac{2}{1+t^2}\mathrm{d}t, \sin x = \dfrac{2t}{1+t^2}, \cos x = \dfrac{1-t^2}{1+t^2}$, 于是

$$原式 = \int \frac{1}{\frac{2t}{1+t^2}\left(1+\frac{1-t^2}{1+t^2}\right)}\frac{2}{1+t^2}\mathrm{d}t$$

$$= \int \frac{t^2+1}{2t}\mathrm{d}t = \frac{1}{2}\left(\frac{1}{2}t^2 + \ln|t|\right) + C$$

$$= \frac{1}{4}\tan^2\frac{x}{2} + \frac{1}{2}\ln\left|\tan\frac{x}{2}\right| + C. \qquad \square$$

注   上述万能变换并非任何场合都是简便的. 例如, 若 $R(-\sin x, -\cos x) = R(\sin x, \cos x)$, 则可令 $t = \tan x$, 这样会更简单些.

例 6   求 $\displaystyle\int \frac{\sin^2 x + 1}{\cos^4 x}\mathrm{d}x$.

解   令 $t = \tan x$, 则 $\mathrm{d}t = \sec^2 x\mathrm{d}x = \dfrac{\mathrm{d}x}{\cos^2 x}$, 于是

$$原式 = \int \frac{\sin^2 x + 1}{\cos^2 x}\frac{\mathrm{d}x}{\cos^2 x} = \int (2\tan^2 x + 1)\frac{\mathrm{d}x}{\cos^2 x}$$

$$= \int (2t^2 + 1)\mathrm{d}t = \frac{2}{3}t^3 + t + C = \frac{2}{3}\tan^3 x + \tan x + C. \qquad \square$$

例 7   求 $\displaystyle\int \frac{\tan^3 x}{\cos x}\mathrm{d}x$.

解   令 $t = \cos x$, 则 $\mathrm{d}t = -\sin x\mathrm{d}x$, 于是

$$原式 = \int \cos^{-4} x \sin^3 x \mathrm{d}x = \int \cos^{-4} x (1 - \cos^2 x) \sin x \mathrm{d}x$$
$$= \int (t^{-2} - t^{-4}) \mathrm{d}t = -t^{-1} + \frac{1}{3} t^{-3} + C$$
$$= -\frac{1}{\cos x} + \frac{1}{3 \cos^3 x} + C. \qquad \square$$

*7.3.4 某些无理根式的不定积分

(1) $R(x, \sqrt{ax^2 + bx + c})$ 型函数的不定积分, 其中 $a > 0$, $b^2 - 4ac \neq 0$, $R(u, v)$ 是 u, v 的有理函数.

通过适当变换, 这种函数的不定积分可化为有理函数的不定积分. 常用的方法是对 $\sqrt{ax^2 + bx + c}$ 进行配方, 然后用三角变换和万能变换可将上述积分化为有理函数的不定积分. 这里介绍另一种方法. 事实上, 可令

$$\sqrt{ax^2 + bx + c} = \sqrt{a}x \pm t.$$

若 $c > 0$, 还可令

$$\sqrt{ax^2 + bx + c} = xt \pm \sqrt{c}.$$

这类变换称为**欧拉 (Euler) 变换**.

例 8 求 $I = \int \dfrac{\mathrm{d}x}{x\sqrt{x^2 + x + 1}}$.

解 注意到 $c = 1 > 0$, 作欧拉变换 $\sqrt{x^2 + x + 1} = xt + 1$, 则 $x = \dfrac{1 - 2t}{t^2 - 1}$, $\mathrm{d}x = \dfrac{2(t^2 - t + 1)}{(t^2 - 1)^2} \mathrm{d}t$, 于是

$$\sqrt{x^2 + x + 1} = t \cdot \frac{1 - 2t}{t^2 - 1} + 1 = -\frac{t^2 - t + 1}{t^2 - 1},$$

所以

$$I = \int \frac{t^2 - 1}{1 - 2t} \cdot \frac{t^2 - 1}{-(t^2 - t + 1)} \cdot \frac{2(t^2 - t + 1)}{(t^2 - 1)^2} \mathrm{d}t$$
$$= \int \frac{2\mathrm{d}t}{2t - 1} = \ln |2t - 1| + C = \ln \left| \frac{2\sqrt{x^2 + x + 1} - x - 2}{x} \right| + C. \qquad \square$$

(2) $R\left(x, \sqrt[n]{\dfrac{ax + b}{cx + d}}\right)$ 型函数的不定积分, 其中 $ad - bc \neq 0$, $n \geqslant 2$, $R(u, v)$ 为 u, v 的有理函数.

这种函数的不定积分也可化为有理函数的不定积分. 事实上, 令 $t = \sqrt[n]{\dfrac{ax+b}{cx+d}}$,

则 $x = \varphi(t) := \dfrac{\mathrm{d}t^n - b}{a - ct^n}$, $\mathrm{d}x = \varphi'(t)\mathrm{d}t$, 于是

$$\int R\left(x, \sqrt[n]{\frac{ax+b}{cx+d}}\right) \mathrm{d}x = \int R(\varphi(t), t)\varphi'(t)\mathrm{d}t$$

为一有理函数的不定积分.

例 9　求 $\displaystyle\int \sqrt[3]{\frac{3-x}{3+x}} \cdot \frac{\mathrm{d}x}{(3-x)^2}$.

解　令 $t = \sqrt[3]{\dfrac{3-x}{3+x}}$, 则 $x = \dfrac{3(1-t^3)}{1+t^3}$, $\mathrm{d}x = \dfrac{-18t^2\mathrm{d}t}{(t^3+1)^2}$, 于是

$$\text{原式} = \int t \cdot \frac{(1+t^3)^2}{36t^6} \frac{-18t^2\mathrm{d}t}{(t^3+1)^2} = -\int \frac{\mathrm{d}t}{2t^3} = \frac{1}{4t^2} + C = \frac{1}{4}\sqrt[3]{\left(\frac{3+x}{3-x}\right)^2} + C. \qquad\square$$

例 10　求 $\displaystyle\int \frac{\mathrm{d}x}{(1+x)\sqrt{2+x-x^2}}$.

解法 1　由 $2+x-x^2 = (x+1)(2-x) > 0$ 得 $-1 < x < 2$, 于是被积函数 $\dfrac{1}{(1+x)\sqrt{2+x-x^2}}$ 的定义域为 $(-1, 2)$.

由于

$$\frac{1}{(1+x)\sqrt{2+x-x^2}} = \frac{1}{(1+x)^2}\sqrt{\frac{1+x}{2-x}}, \quad -1 < x < 2,$$

所以令 $t = \sqrt{\dfrac{1+x}{2-x}}$, 则 $x = \dfrac{2t^2-1}{t^2+1}$, $\mathrm{d}x = \dfrac{6t\mathrm{d}t}{(t^2+1)^2}$, 于是

$$\text{原式} = \int \frac{1}{(1+x)^2}\sqrt{\frac{1+x}{2-x}}\mathrm{d}x = \int \left(\frac{t^2+1}{3t^2}\right)^2 \cdot t \cdot \frac{6t\mathrm{d}t}{(t^2+1)^2}$$

$$= \int \frac{2\mathrm{d}t}{3t^2} = -\frac{2}{3t} + C = -\frac{2}{3}\sqrt{\frac{2-x}{1+x}} + C.$$

解法 2　令 $t = \dfrac{1}{x+1} > 0$, 则 $x = \dfrac{1}{t} - 1$, $\mathrm{d}x = -\dfrac{1}{t^2}\mathrm{d}t$, 于是

$$\sqrt{2+x-x^2} = \sqrt{2 + \frac{1}{t} - 1 - \left(\frac{1}{t} - 1\right)^2} = \frac{\sqrt{3t-1}}{t},$$

所以

$$\text{原式} = \int \frac{t(-\frac{1}{t^2})\mathrm{d}t}{\sqrt{3t-1}/t} = -\int \frac{\mathrm{d}t}{\sqrt{3t-1}} = -\frac{1}{3}\int (3t-1)^{-\frac{1}{2}}\mathrm{d}(3t-1)$$

$$= -\frac{2}{3}(3t-1)^{\frac{1}{2}} + C = -\frac{2}{3}\sqrt{\frac{2-x}{1+x}} + C. \qquad \square$$

注　最后要注意有一些函数的原函数确实存在, 但是无法用初等函数, 正如本节开始所讲的, 此时这种函数的不定积分求不出来, 但是它可用第 8 章所讲的定积分来表示.

思考题

1. 是否每个有理函数都必须分解为部分分式, 才能求出其不定积分? 为什么?

2. 是否每个三角函数有理式都必须用万能变换, 才能求出其不定积分? 为什么?

3. 对无理根式的不定积分 $\int R(x, \sqrt{ax^2+bx+c})\mathrm{d}x$ 除了用 Euler 变换, 还有什么方法?

习　题　7.3

1. 求下列有理函数的不定积分:

(1) $\int \dfrac{x^5}{1+x}\mathrm{d}x$;　　(2) $\int \dfrac{\mathrm{d}x}{(x-1)(x^2+1)}$;

(3) $\int \dfrac{x^3+2x^2-3x+5}{(x+2)^4}\mathrm{d}x$;　(4) $\int \dfrac{1+x}{1+x^4}\mathrm{d}x$;

(5) $\int \dfrac{1-x}{(x^2+1)^2}\mathrm{d}x$;　　(6) $\int \dfrac{1}{1-x^3}\mathrm{d}x$;

(7) $\int \dfrac{\mathrm{d}x}{x^3+x^5}$;　　(8) $\int \dfrac{x^2}{1-x^4}\mathrm{d}x$.

2. 求下列三角函数有理式的不定积分:

(1) $\int \dfrac{\mathrm{d}x}{3+5\sin x}$;　　(2) $\int \dfrac{\mathrm{d}x}{1+\cos^2 x}$;

(3) $\int \dfrac{\mathrm{d}x}{1-\tan x}$;　　(4) $\int \dfrac{\sin x \cos x}{\sin x + \cos x}\mathrm{d}x$.

3. 求下列无理根式的不定积分:

(1) $\int \dfrac{\mathrm{d}x}{x\sqrt{x^2+x+2}}$;　　(2) $\int \dfrac{\mathrm{d}x}{\sqrt{x^2-x}}$;

(3) $\int \dfrac{1}{x}\sqrt[3]{\dfrac{1-x}{1+x}}\mathrm{d}x$;　　(4) $\int \sqrt{x^2-x+1}\mathrm{d}x$.

小　结

本章主要学习了原函数和不定积分的概念及性质, 介绍了求不定积分的三种基本方法 —— 凑微分法、变量代换法和分部积分法, 这是本章的重点. 进一步讨论了有理函数、三角函数有理式和某些无理根式的不定积分.

1. **基本概念**

(1) 原函数: 若 $\Phi'(x) = f(x)(\forall x \in I)$, 则称 $\Phi(x)$ 为 $f(x)$ 在区间 I 上的原函数.

(2) 不定积分: 函数 $f(x)$ 在区间 I 上的全体原函数称为 $f(x)$ 在 I 上的不定积分 $\int f(x)\mathrm{d}x$.

2. 不定积分的性质

(1) $\left(\int f(x)\mathrm{d}x \right)' = f(x)$.

(2) $\int f'(x)\mathrm{d}x = f(x) + C$.

(3) $\int [\alpha f(x) + \beta g(x)]\mathrm{d}x = \alpha \int f(x)\mathrm{d}x + \beta \int g(x)\mathrm{d}x$.

3. 基本积分法

(1) 基本积分公式.

(2) 第一换元积分法 —— 凑微分法.

若 $f(x) = g(\varphi(x))\varphi'(x)$, 其中 $u = \varphi(x)$ 在 $[a, b]$ 上可导, 则

$$\int f(x)\mathrm{d}x = \int g(\varphi(x))\varphi'(x)\mathrm{d}x = \int g(\varphi(x))\mathrm{d}\varphi(x) = \left[\int g(u)\mathrm{d}u \right]\bigg|_{u=\varphi(x)}.$$

(3) 第二换元积分法 —— 变量代换法.

若 $x = \varphi(u)$ 具有反函数 $u = \varphi^{-1}(x)$ 且 $\varphi'(u) \neq 0$, 则

$$\int f(x)\mathrm{d}x \xrightarrow{x=\varphi(u)} \int f(\varphi(u))\varphi'(u)\mathrm{d}u.$$

主要有三角代换、幂函数代换、多项式代换等, 其目的是去掉根号或化简.

(4) 分部积分法 $\int u\mathrm{d}v = uv - \int v\mathrm{d}u$.

对 x^α 与 $\log_a^l x, \arctan x, \sin x, \cos x$ 中之一乘积的不定积分要使用分部积分法.

4. 有理函数及可化为有理函数的不定积分

(1) 有理函数的不定积分: 一般用部分分式分解.

(2) 三角函数有理式的不定积分: 一般用万能变换 $x = \tan\dfrac{\theta}{2}$ 或变换 $x = \tan\theta$ 转化为有理函数的不定积分.

(3) 某些无理根式的不定积分: 一般作 Euler 变换或变换 $t = \sqrt[n]{\dfrac{ax+b}{cx+d}}$.

复 习 题

1. 设函数 $f(x)$ 的一个原函数为 $(1 + \sin x)\ln x$, 求 $\int x f'(x)\mathrm{d}x$.

2. 设函数 $f(x)$ 满足 $f'(x^2) = \dfrac{1}{x}(x > 0)$ 且 $f(1) = 1$, 求函数 $f(x)$.

3. 设函数 $f(x)$ 在区间 I 上可导, 试证明 $\int [f'(x) - f(x)]\mathrm{e}^{-x}\mathrm{d}x = f(x)\mathrm{e}^{-x} + C$.

4. 设函数 $F(x)$ 是 $f(x)$ 在区间 I 上的一个原函数, 试证明:

(1) 函数 $g(x) = xf(x)$ 在区间 I 上也存在原函数;

(2) 若 $F(x) > 0\,(x \in I)$, 则函数 $h(x) = \dfrac{f(x)}{F(x)}$ 在区间 I 上也存在原函数.

5. 求下列不定积分:

(1) $\displaystyle\int \cos^4 x \mathrm{d}x$;

(2) $\displaystyle\int \frac{x + \sqrt{x} - 2}{\sqrt[3]{x} - 1} \mathrm{d}x$;

(3) $\displaystyle\int \frac{\mathrm{d}x}{\sqrt{\sin x \cos^3 x}}$;

(4) $\displaystyle\int \frac{\ln \cos x}{\sin^2 x} \mathrm{d}x$;

(5) $\displaystyle\int \sin \sqrt{x} \mathrm{d}x$;

(6) $\displaystyle\int \frac{\mathrm{d}x}{1 - \sqrt[3]{x}}$;

(7) $\displaystyle\int \frac{\mathrm{d}x}{\sin^4 x}$;

(8) $\displaystyle\int \mathrm{e}^{-x} \left(\frac{1+x}{1+x^2}\right)^2 \mathrm{d}x$;

(9) $\displaystyle\int \frac{x^2 + 2x}{(x+1)^4} \mathrm{d}x$;

(10) $\displaystyle\int \frac{x^5}{1+x^2} \mathrm{d}x$;

(11) $\displaystyle\int \frac{x^3}{(x+1)^{80}} \mathrm{d}x$;

(12) $\displaystyle\int \frac{2x - 7}{x^3 - 3x^2 + 4} \mathrm{d}x$;

(13) $\displaystyle\int \arctan \sqrt{x} \mathrm{d}x$;

(14) $\displaystyle\int \frac{\arccos x}{x^2} \mathrm{d}x$;

(15) $\displaystyle\int \left(\ln \ln x + \frac{1}{\ln x}\right) \mathrm{d}x$;

(16) $\displaystyle\int \sec^3 x \mathrm{d}x$;

(17) $\displaystyle\int \frac{\mathrm{d}x}{\cos x \sin 2x}$;

(18) $\displaystyle\int \frac{\mathrm{d}x}{x(x^{10} + 1)}$;

(19) $\displaystyle\int \frac{1+x}{x(1+x\mathrm{e}^x)} \mathrm{d}x$;

(20) $\displaystyle\int \frac{x \ln(x + \sqrt{x^2 + 1})}{\sqrt{x^2 + 1}} \mathrm{d}x$;

(21) $\displaystyle\int \frac{\tan^3 x}{\sqrt{\cos x}} \mathrm{d}x$;

(22) $I_n = \displaystyle\int \tan^n x \mathrm{d}x\,(n \in \mathbb{N}_+)$.

6. 设函数 $y = f(x)$ 在 $x = 1$ 处有一极大值 16, 有一拐点 $(-1, 0)$ 且 $f'(x) = ax^2 + bx + c$, 求函数 $y = f(x)$.

第 8 章　定　积　分

第 7 章介绍了不定积分的概念和计算方法, 这是积分学中的第一个基本问题. 在许多实际问题中, 如求一些平面图形的面积、变速直线运动的路程和变力所做的功等, 这些问题都归结为某种特殊和式的极限. 人们由此概括出数学中的另一个重要概念 —— 定积分, 这是积分学中的第二个基本问题. 初看起来, 似乎这两个问题没有什么联系, 一个是求 "原函数", 另一个是求 "和式的极限". 历史上, 开始时也确实是独立发展的, 只是到了 17 世纪, 牛顿和莱布尼茨发现了微积分基本定理后, 人们才将这两个重要概念联系在一起. 本章将介绍定积分的概念、性质、计算方法和可积条件等.

8.1　定积分的概念与性质

8.1.1　引例与定义

1. 引例

例 1　求曲边梯形的面积.

如图 8.1 所示, 由曲线 $y = f(x)$, 直线 $x = a$, $x = b$ 以及 x 轴所围成的平面图形称为**曲边梯形**, 其中 $f(x)$ 为区间 $[a,b]$ 上的非负连续函数. 显然, 一般的平面图形都可以分解为若干曲边梯形的并, 这样求平面图形的面积可转化为求曲边梯形的面积. 下面讨论如何求此曲边梯形的面积.

若 $f(x) \equiv c$ 或 $f(x) = cx + d$, 则其面积易求, 否则要定义这个曲边梯形的面积.

众所周知, 圆面积是用一系列边数无限增加的内接 (或外切) 正多边形面积的极限来定义的. 下面用类似的方法来定义曲边梯形的面积.

如图 8.2 所示, 在区间 $[a,b]$ 内任取 $n-1$ 个分点:

$$a = x_0 < x_1 < x_2 < \cdots < x_{n-1} < x_n = b,$$

将区间 $[a,b]$ 分割成 n 个小区间 $\Delta_i = [x_{i-1}, x_i]$, $i = 1, 2, \cdots, n$. 小区间 Δ_i 的长度为 $\Delta x_i = x_i - x_{i-1}$. 这些分点或闭子区间构成对 $[a,b]$ 的一个**分割** T, 记作

$$T : a = x_0 < x_1 < x_2 < \cdots < x_{n-1} < x_n = b \quad \text{或} \quad T = \{x_0, x_1, x_2, \cdots, x_n\},$$

并记 $\|T\| = \max\limits_{1 \leqslant i \leqslant n} \Delta x_i$, 称之为分割 T 的**模或细度**.

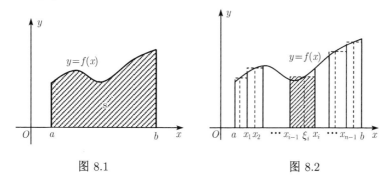

图 8.1   图 8.2

再用直线族 $x = x_i (i = 1, 2, \cdots, n-1)$ 将曲边梯形分割成 n 个小曲边梯形. 在每个小区间 Δ_i 上任取一点 ξ_i (称为**介点**), 作以 $f(\xi_i)$ 为高, Δ_i 为底的小矩形. 由于 $f(x)$ 为 $[a, b]$ 上的连续函数, 所以当分割得较细密时, $f(x)$ 在每个小区间 Δ_i 上的值变化较小, 因此, 可用这些小矩形的面积近似代替相应小曲边梯形的面积, 即

$$\Delta A_i \approx f(\xi_i)\Delta x_i, \quad i = 1, 2, \cdots, n,$$

于是

$$A = \sum_{i=1}^{n} \Delta A_i \approx \sum_{i=1}^{n} f(\xi_i)\Delta x_i. \tag{8.1.1}$$

若当 $\|T\| \to 0$ 时, 和式 (8.1.1) 与某一常数无限接近, 而且此常数与分割 T 和介点 ξ_i 的选取无关, 则把此常数定义为曲边梯形的面积 A, 即

$$A = \lim_{\|T\| \to 0} \sum_{i=1}^{n} f(\xi_i)\Delta x_i.$$

例 2 变力所做的功.

设有一质点受变力 $F = F(x)$ 的作用沿 x 轴由点 a 移动到点 b, 并设 F 的方向处处平行于 x 轴, 如图 8.3 所示. 若 $F(x)$ 为 $x \in [a, b]$ 的连续函数, 求变力 F 对质点所做的功 W.

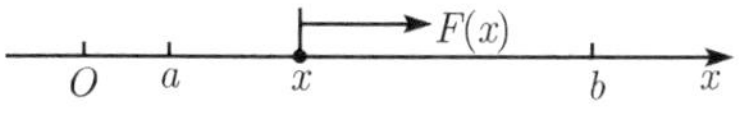

图 8.3

若 F 为常力, 则它对质点所做的功为

$$W = F \cdot (b - a).$$

当 $F = F(x)$ 为变力时, 类似于例 1, 作区间 $[a, b]$ 的分割

$$T : a = x_0 < x_1 < x_2 < \cdots < x_{n-1} < x_n = b.$$

由于 $F(x)$ 为连续函数, 所以, 当分割得较细密时, $F(x)$ 在每个小区间上的值变化不大, 因此, 在每个小区间 $\Delta_i = [x_{i-1}, x_i]$ 上任取一点 ξ_i, 可以近似看成这个质点受常力 $F(\xi_i)$ 作用, 在小区间 Δ_i 上运动, 这样有

$$\Delta W_i \approx F(\xi_i) \Delta x_i, \quad i = 1, 2, \cdots, n,$$

于是

$$W = \sum_{i=1}^{n} \Delta W_i \approx \sum_{i=1}^{n} F(\xi_i) \Delta x_i. \tag{8.1.2}$$

若当 $\|T\| \to 0$ 时, (8.1.2) 式右边的和式与某一常数无限接近, 而且此常数与分割 T 和介点 ξ_i 的选取无关, 则把此常数定义为变力 $F = F(x)$ 对质点所做的功 W, 即

$$W = \lim_{\|T\| \to 0} \sum_{i=1}^{n} F(\xi_i) \Delta x_i.$$

虽然例 1 和例 2 的具体意义不同, 但是最终都归结为一个特定形式和式的极限. 人们将它们概括抽象出来, 得到如下定积分的定义:

2. 定积分的定义

定义 8.1.1 设函数 $f(x)$ 在区间 $[a, b]$ 上有定义, $J \in \mathbb{R}$. 如果对任意给定的 $\varepsilon > 0$, 都存在 $\delta > 0$, 使得对 $[a, b]$ 的任何分割

$$T : a = x_0 < x_1 < x_2 < \cdots < x_{n-1} < x_n = b$$

以及任取介点集 $\{\xi_i | x_{i-1} \leqslant \xi_i \leqslant x_i,\, i = 1, 2, \cdots, n\}$, 只要 $\| T \| < \delta$ 就有

$$\left| \sum_{i=1}^{n} f(\xi_i) \Delta x_i - J \right| < \varepsilon,$$

那么称 $f(x)$ 在区间 $[a, b]$ 上**可积**, 数 J 称为 $f(x)$ 在 $[a, b]$ 上的**定积分**, 记作

$$J = \int_a^b f(x) \mathrm{d}x, \tag{8.1.3}$$

其中, 函数 $f(x)$ 称为**被积函数**, x 称为**积分变量**, $[a, b]$ 称为**积分区间**, a, b 分别称为这个定积分的**积分下限**和**积分上限**.

定义 8.1.1 在历史上是 Riemann 首先给出的, 所以这种意义下的定积分也称为 **Riemann 积分**, 并称 $f(x)$ 在区间 $[a, b]$ 上 **Riemann 可积**. 另外, 和式 $\displaystyle\sum_{i=1}^{n} f(\xi_i) \Delta x_i$

称为**积分和**, 也称为 **Riemann 和**, 它与分割 T 和介点集 $\{\xi_i\}$ 的取法有关. 也可用极限来表示定积分 (8.1.3), 即

$$J = \lim_{\|T\| \to 0} \sum_{i=1}^{n} f(\xi_i)\Delta x_i = \int_a^b f(x)\mathrm{d}x. \tag{8.1.4}$$

利用定积分, 前面的例 1 可以表示如下:

$$A = \int_a^b f(x)\mathrm{d}x.$$

由此可知, 当被积函数 $f(x)$ 非负时, 定积分 $\displaystyle\int_a^b f(x)\mathrm{d}x$ 在几何上表示对应的曲边梯形的面积, 如图 8.1 所示.

前面的例 2 也可表示为 $W = \displaystyle\int_a^b F(x)\mathrm{d}x$.

注 定积分是个数, 它仅与被积函数 $f(x)$ 和积分区间 $[a,b]$ 有关, 而与积分变量的符号无关, 即有

$$\int_a^b f(x)\mathrm{d}x = \int_a^b f(t)\mathrm{d}t = \int_a^b f(u)\mathrm{d}u.$$

例 3 设 $f(x) \equiv k$ 是 $[a,b]$ 上的常值函数, 试证明 $f(x)$ 在 $[a,b]$ 上可积且

$$\int_a^b f(x)\mathrm{d}x = k(b-a).$$

证明 由于对 $[a,b]$ 的任一分割 $T: a = x_0 < x_1 < \cdots < x_n = b$, 以及任意给定的 $\xi_i \in [x_{i-1}, x_i] (i = 1, 2, \cdots, n)$ 总有

$$\sum_{i=1}^{n} f(\xi_i)\Delta x_i = k \sum_{i=1}^{n} (x_i - x_{i-1}) = k(x_n - x_0) = k(b-a),$$

所以根据定义 8.1.1 可得 $f(x) \equiv k$ 在 $[a,b]$ 上可积且

$$\int_a^b f(x)\mathrm{d}x = k(b-a). \qquad \square$$

关于定积分, 首先遇到的问题是被积函数的可积性. 根据定义 8.1.1 知定积分是 Riemann 和的极限, 不过它是比函数极限更复杂的一种极限. 对同样的 T, $\{\xi_i\}$ 的取法不同, Riemann 和也不同, 所以刻画函数的可积性是本章的难点, 将在 8.4 节中讨论. 为了后面讨论方便, 这里先给出函数可积性的如下结果, 其证明将在 8.4 节中给出.

定理 8.1.1　设函数 $f(x)$ 在 $[a,b]$ 上连续, 则 $f(x)$ 在 $[a,b]$ 上可积.

下面证明可积的必要条件, 为此先给出定义 8.1.1 的否定说法, 即 $f(x)$ 在 $[a,b]$ 上不可积的定义如下: 对任意 $J \in \mathbb{R}$, 存在 $\varepsilon_0 > 0$, 使对任意 $\delta > 0$, 存在 $[a,b]$ 的一个分割 $T_0 = \{x_0, x_1, x_2, \cdots, x_n\}$ 满足 $\|T_0\| < \delta$, 以及存在 $\{\xi_i^{(0)} \in [x_{i-1}, x_i] | i = 1, 2, \cdots, n\}$, 使得

$$\left| \sum_{i=1}^{n} f(\xi_i^{(0)}) \Delta x_i - J \right| \geqslant \varepsilon_0.$$

定理 8.1.2(可积的必要条件)　设函数 $f(x)$ 在 $[a,b]$ 上可积, 则 $f(x)$ 在 $[a,b]$ 上有界.

证明　用反证法. 假定 $f(x)$ 在 $[a,b]$ 上无界, 则要证明 $f(x)$ 在 $[a,b]$ 上不可积. 事实上, 对任意 $J \in \mathbb{R}$, 存在 $\varepsilon_0 = 1$, 对任意给定的 $\delta > 0$, 取 $[a,b]$ 的一个分割 $T_0 = \{x_0, x_1, x_2, \cdots, x_n\}$ 满足 $\|T_0\| < \delta$. 由于 $f(x)$ 在 $[a,b]$ 上无界, 所以存在属于 T_0 的某个小区间 $[x_{k-1}, x_k]$, 使 $f(x)$ 在 $[x_{k-1}, x_k]$ 上无界.

在 $i \neq k$ 的各小区间 $[x_{i-1}, x_i]$ 上任意取定一点 $\xi_i^{(0)}$, 并记

$$G = \left| \sum_{i \neq k} f(\xi_i^{(0)}) \Delta x_i \right|.$$

由于 $f(x)$ 在 $[x_{k-1}, x_k]$ 上无界, 所以存在 $\xi_k^{(0)} \in [x_{k-1}, x_k]$, 使得

$$\left| f(\xi_k^{(0)}) \right| > \frac{|J| + G + 1}{\Delta x_k},$$

因此, 存在 $\{\xi_i^{(0)} \in [x_{i-1}, x_i] | i = 1, 2, \cdots, n\}$, 使得

$$\left| \sum_{i=1}^{n} f(\xi_i^{(0)}) \Delta x_i - J \right| \geqslant \left| f(\xi_k^{(0)}) \right| \Delta x_k - \left| \sum_{i \neq k} f(\xi_i^{(0)}) \Delta x_i \right| - |J|$$

$$> \frac{|J| + G + 1}{\Delta x_k} \cdot \Delta x_k - G - |J| = 1 = \varepsilon_0,$$

故根据定义 8.1.1 的否定说法得 $f(x)$ 在 $[a,b]$ 上不可积, 这与 $f(x)$ 在 $[a,b]$ 上可积相矛盾, 从而 $f(x)$ 在 $[a,b]$ 上有界.　　　　　□

注　定理 8.1.2 的逆不真, 即有界是可积的必要条件, 但不是充分条件.

例 4　试证明 Dirichlet 函数 $D(x) = \begin{cases} 1, & x \in \mathbb{Q}, \\ 0, & x \notin \mathbb{Q} \end{cases}$ 在 $[0,1]$ 上有界但不可积.

证明　显然 $|D(x)| \leqslant 1 (x \in [0,1])$, 即 $D(x)$ 在 $[0,1]$ 上有界.

下面证明 $D(x)$ 在 $[0,1]$ 上不可积, 任取 $J \in \mathbb{R}$.

(1) 当 $J = 1$ 时, 存在 $\varepsilon_0 = \dfrac{1}{2} > 0$, 使对任意给定的 $\delta > 0$, 取 $[a, b]$ 的一个分割 $T_0 = \{x_0, x_1, x_2, \cdots, x_n\}$ 满足 $\|T_0\| < \delta$, 取 $\xi_i^{(0)}$ 为 $[x_{i-1}, x_i]$ 中无理数, $i = 1, 2, \cdots, n$, 这样有

$$\left| \sum_{i=1}^{n} D(\xi_i^{(0)}) \Delta x_i - J \right| = |0 - 1| = 1 > \frac{1}{2} = \varepsilon_0.$$

(2) 当 $J \neq 1$ 时, 存在 $\varepsilon_1 = \dfrac{1}{2}|1 - J| > 0$, 使对任意给定的 $\delta > 0$, 取 $[a, b]$ 的一个分割 $T_1 = \{x_0, x_1, x_2, \cdots, x_n\}$ 满足 $\|T_1\| < \delta$, 取 $\xi_i^{(0)}$ 为 $[x_{i-1}, x_i]$ 中的有理数, $i = 1, 2, \cdots, n$, 这样有

$$\left| \sum_{i=1}^{n} D(\xi_i^{(0)}) \Delta x_i - J \right| = |1 - J| > \frac{1}{2}|1 - J| = \varepsilon_1,$$

所以根据定义 8.1.1 的否定说法得 $D(x)$ 在 $[0, 1]$ 上不可积. $\qquad\square$

例 5 试证明函数 $f(x) = \begin{cases} 2x \sin \dfrac{1}{x^2} - \dfrac{2}{x} \cos \dfrac{1}{x^2}, & x \in (0, 1], \\ 0, & x = 0 \end{cases}$ 在 $[0, 1]$ 上不可积.

证明 取 $x_n = \dfrac{1}{\sqrt{2n\pi + \pi}} \in (0, 1] (n = 1, 2, \cdots)$, 显然 $x_n \to 0 \ (n \to +\infty)$. 因为 $\lim\limits_{n \to +\infty} f(x_n) = \lim\limits_{n \to +\infty} 2\sqrt{2n\pi + \pi} = +\infty$, 所以函数 $f(x)$ 在 $[0, 1]$ 上无界, 因此, 根据定理 8.1.2 得函数 $f(x)$ 在 $[0, 1]$ 上不可积. $\qquad\square$

注 虽然例 5 中的函数 $f(x)$ 在 $[0, 1]$ 上不可积, 但是 $f(x)$ 在 $[0, 1]$ 上存在原函数 $F(x) = \begin{cases} x^2 \sin \dfrac{1}{x^2}, & x \in (0, 1], \\ 0, & x = 0. \end{cases}$

函数的可积性与原函数

8.1.2 定积分的性质

根据定积分的定义和极限的运算性质可以导出定积分的一些基本性质.

定理 8.1.3(线性性质) 若函数 $f(x), g(x)$ 都在 $[a, b]$ 上可积, α, β 为常数, 则 $\alpha f(x) + \beta g(x)$ 在 $[a, b]$ 上也可积且

$$\int_a^b [\alpha f(x) + \beta g(x)] \mathrm{d}x = \alpha \int_a^b f(x) \mathrm{d}x + \beta \int_a^b g(x) \mathrm{d}x. \tag{8.1.5}$$

证明　因为 $f(x), g(x)$ 都在 $[a, b]$ 上可积, 所以对 $[a, b]$ 的任意分割 $T : a = x_0 < x_1 < x_2 < \cdots < x_{n-1} < x_n = b$ 及任意的 $\{\xi_i \in [x_{i-1}, x_i] | i = 1, 2, \cdots, n\}$ 有

$$\lim_{\|T\| \to 0} \sum_{i=1}^n f(\xi_i) \Delta x_i = \int_a^b f(x) \mathrm{d}x, \quad \lim_{\|T\| \to 0} \sum_{i=1}^n g(\xi_i) \Delta x_i = \int_a^b g(x) \mathrm{d}x,$$

类似于函数极限的线性性质, 利用定义 8.1.1 可得

$$\lim_{\|T\| \to 0} \sum_{i=1}^n [\alpha f(\xi_i) + \beta g(\xi_i)] \Delta x_i = \lim_{\|T\| \to 0} \left[\alpha \sum_{i=1}^n f(\xi_i) \Delta x_i + \beta \sum_{i=1}^n g(\xi_i) \Delta x_i \right]$$

$$= \alpha \lim_{\|T\| \to 0} \sum_{i=1}^n f(\xi_i) \Delta x_i + \beta \lim_{\|T\| \to 0} \sum_{i=1}^n g(\xi_i) \Delta x_i$$

$$= \alpha \int_a^b f(x) \mathrm{d}x + \beta \int_a^b g(x) \mathrm{d}x,$$

故 $\alpha f(x) + \beta g(x)$ 在 $[a, b]$ 上也可积且 (8.1.5) 式成立. □

定理 8.1.4　函数 $f(x)$ 在区间 $[a, b]$ 上可积的充要条件是: 任给 $c \in (a, b)$, $f(x)$ 在 $[a, c]$ 与 $[c, b]$ 上都可积. 此时又有等式

$$\int_a^b f(x) \mathrm{d}x = \int_a^c f(x) \mathrm{d}x + \int_c^b f(x) \mathrm{d}x. \tag{8.1.6}$$

证明　必要性的证明将在 8.4 节的例 1 中给出. 下面证明充分性. 由于 $f(x)$ 在 $[a, c]$ 与 $[c, b]$ 上都可积, 所以根据定理 8.1.2 得 $f(x)$ 在 $[a, c]$ 与 $[c, b]$ 上都有界, 因此, $f(x)$ 在 $[a, b]$ 上有界, 即存在 $M > 0$, 使得 $|f(x)| \leqslant M (\forall x \in [a, b])$.

对区间 $[a, b]$ 的任一分割 $T : a = x_0 < x_1 < x_2 < \cdots < x_{n-1} < x_n = b$, 如果 c 是 T 中的一个分点, 记 T_1 是分割 T 在 $[a, c]$ 上的部分, T_2 是分割 T 在 $[c, b]$ 上的部分, 那么

$$\sum_T f(\xi_i) \Delta x_i = \sum_{T_1} f(\xi_i) \Delta x_i + \sum_{T_2} f(\xi_i) \Delta x_i.$$

显然 $\|T_1\| \leqslant \|T\|, \|T_2\| \leqslant \|T\|$, 令 $\|T\| \to 0$ 取极限得

$$\lim_{\|T\| \to 0} \sum_T f(\xi_i) \Delta x_i = \int_a^c f(x) \mathrm{d}x + \int_c^b f(x) \mathrm{d}x.$$

如果 c 不是 T 中的一个分点, 令 $T' = T + \{c\}$, 这时 $f(x)$ 对 T 和 T' 的 Riemann 和只在包含点 c 的区间上有变化, 所以

$$\left| \sum_T f(\xi_i) \Delta x_i - \sum_{T'} f(\xi_i) \Delta x_i \right| \leqslant 2M \| T \| \to 0.$$

综上所述, 不管分割 T 是否包含 c 作分点都有

$$\lim_{\|T\|\to 0}\sum_T f(\xi_i)\Delta x_i = \int_a^c f(x)\mathrm{d}x + \int_c^b f(x)\mathrm{d}x.$$

故根据定义 8.1.1 得 $f(x)$ 在 $[a,b]$ 上可积, 并且有

$$\int_a^b f(x)\mathrm{d}x = \int_a^c f(x)\mathrm{d}x + \int_c^b f(x)\mathrm{d}x. \qquad \square$$

注 (8.1.6) 式称为关于**积分区间的有限可加性**.

按定积分的定义, 记号 $\int_a^b f(x)\mathrm{d}x$ 只有当 $a < b$ 时才有意义, 为了应用上的方便, 当 $a = b$ 时, 规定

$$\int_a^b f(x)\mathrm{d}x = 0;$$

当 $a > b$ 时, 规定

$$\int_a^b f(x)\mathrm{d}x = -\int_b^a f(x)\mathrm{d}x.$$

这样等式 (8.1.6) 对于 a,b,c 的任何大小顺序都能成立. 例如, 当 $c < a < b$ 时, 只要 $f(x)$ 在 $[c,b]$ 上可积, 则有

$$\int_a^c f(x)\mathrm{d}x + \int_c^b f(x)\mathrm{d}x = -\int_c^a f(x)\mathrm{d}x + \left(\int_c^a f(x)\mathrm{d}x + \int_a^b f(x)\mathrm{d}x\right) = \int_a^b f(x)\mathrm{d}x.$$

定理 8.1.5(单调性) 若函数 $f(x),g(x)$ 都在 $[a,b]$ 上可积且 $f(x) \geqslant g(x)(x \in [a,b])$, 则

$$\int_a^b f(x)\mathrm{d}x \geqslant \int_a^b g(x)\mathrm{d}x. \qquad (8.1.7)$$

证明 令 $F(x) = f(x) - g(x)$, 则由定理 8.1.3 得 $F(x)$ 在 $[a,b]$ 上可积且 $F(x) \geqslant 0(x \in [a,b])$. 取 $[a,b]$ 的 n 等分分割 T 及 $\xi_i = x_i = a + \dfrac{i}{n}(b-a)$ $(i = 1,2,\cdots,n)$, 于是根据定理 8.1.3, 定义 8.1.1 及数列极限的保不等式性得

$$\int_a^b f(x)\mathrm{d}x - \int_a^b g(x)\mathrm{d}x = \int_a^b F(x)\mathrm{d}x = \lim_{n\to\infty}\sum_{i=1}^n F(x_i)\frac{b-a}{n} \geqslant 0,$$

故不等式 (8.1.7) 成立. $\qquad \square$

在定理 8.1.5 中取 $g(x) \equiv 0$, 便得

推论 8.1.1 设 $f(x)$ 在 $[a,b]$ 上可积. 若 $\forall x \in [a,b]$ 有 $f(x) \geqslant 0$, 则

$$\int_a^b f(x)\mathrm{d}x \geqslant 0.$$

推论 8.1.2   设 $f(x)$ 在 $[a,b]$ 上连续. 若 $\forall x \in [a,b]$ 有 $f(x) \geqslant 0$ 且 $f(x) \not\equiv 0$, 则

$$\int_a^b f(x)\mathrm{d}x > 0.$$

证明   由于 $\forall x \in [a,b]$ 有 $f(x) \geqslant 0$ 和 $f(x) \not\equiv 0$, 所以存在 $x_0 \in [a,b]$, 使得 $f(x_0) > 0$. 不妨设 $x_0 \in (a,b)$, 则由 $f(x)$ 在 x_0 处连续得存在 $c \in (a, x_0)$, $d \in (x_0, b)$, 使当 $c \leqslant x \leqslant d$ 时, $f(x) \geqslant \dfrac{f(x_0)}{2}$. 于是根据定理 8.1.5 和推论 8.1.1 得

$$\int_a^b f(x)\mathrm{d}x = \int_a^c f(x)\mathrm{d}x + \int_c^d f(x)\mathrm{d}x + \int_d^b f(x)\mathrm{d}x \geqslant \frac{f(x_0)}{2}(d-c) > 0. \qquad \square$$

定积分的严格单调性

定理 8.1.6   若 $f(x)$ 在 $[a,b]$ 上可积, 则

$$\left| \int_a^b f(x)\mathrm{d}x \right| \leqslant \int_a^b |f(x)|\mathrm{d}x. \tag{8.1.8}$$

证明   由 $f(x)$ 在 $[a,b]$ 上可积, 可推出 $|f(x)|$ 在 $[a,b]$ 上也可积, 这将在 8.4 节的例 3 中给出证明. 由 $-|f(x)| \leqslant f(x) \leqslant |f(x)|$, 应用 (8.1.7) 式有

$$-\int_a^b |f(x)|\mathrm{d}x \leqslant \int_a^b f(x)\mathrm{d}x \leqslant \int_a^b |f(x)|\mathrm{d}x,$$

故 (8.1.8) 式成立. $\square$

注   由定理 8.1.6 易得不论 a 与 b 的大小都有

$$\left| \int_a^b f(x)\mathrm{d}x \right| \leqslant \left| \int_a^b |f(x)|\mathrm{d}x \right|. \tag{8.1.9}$$

思考题

1. 在 (8.1.4) 式中能否将 $\|T\| \to 0$ 改为 $n \to +\infty$？为什么？

2. 有界是函数 $f(x)$ 在 $[a,b]$ 上 Riemann 可积的充分条件吗？为什么？

3. 定积分是 Riemann 和的极限, 能否用定积分计算数列极限？试举例说明.

习   题   8.1

1. 利用定理 8.1.1 和定义 8.1.1 计算下列定积分:

(1) $\displaystyle\int_0^2 x^2 \mathrm{d}x$;　　(2) $\displaystyle\int_1^2 \mathrm{e}^x \mathrm{d}x$.

2. 设 $f(x)$ 在 $[0,2]$ 上可积且满足 $f(x) = x^2 + \dfrac{1}{3}\displaystyle\int_0^2 f(t)\mathrm{d}t$, 试求 $f(x)$.

3. 试证明下列函数在 $[0,2]$ 上不可积:

(1) $f(x) = \begin{cases} 2, & x \in \mathbb{Q}, \\ 3, & x \notin \mathbb{Q}; \end{cases}$　　(2) $g(x) = \begin{cases} 1, & x = 1, \\ \dfrac{1}{x-1}, & x \in [0,1) \cup (1,2]. \end{cases}$

4. 证明函数 $f(x) = \begin{cases} 1, & x = \dfrac{1}{2}, \\ 0, & x \in \left[0, \dfrac{1}{2}\right) \cup \left(\dfrac{1}{2}, 1\right] \end{cases}$ 在 $[0,1]$ 上可积.

5. 设 $f(x)$ 在 $[a,b]$ 上可积. 若 $\forall x \in [a,b]$ 有 $f(x) \geqslant 0$, 并且存在 $x_0 \in [a,b]$, 使得 $\displaystyle\lim_{x \to x_0} f(x) = A > 0$, 试证明 $\displaystyle\int_a^b f(x)\mathrm{d}x > 0$.

6. 设 $f(x)$ 在 $[a,b]$ 上连续且 $\displaystyle\int_a^b f^2(x)\mathrm{d}x = 0$, 试证明 $f(x) \equiv 0\,(x \in [a,b])$.

7. 试证明下列积分不等式:

(1) $1 < \displaystyle\int_0^1 \mathrm{e}^{3x^2}\mathrm{d}x < \mathrm{e}^3$;　　(2) $\dfrac{\sqrt{2}\pi}{\sqrt{15}} < \displaystyle\int_0^{\frac{\pi}{3}} \dfrac{\mathrm{d}x}{\sqrt{1 - \frac{2}{3}\cos^2 x}} < \dfrac{\pi}{\sqrt{3}}$.

8.2　微积分基本定理

8.2.1　变上限积分的定义与性质

设函数 $f(x)$ 在 $[a,b]$ 上可积, 则根据定积分关于积分区间的可加性得对于任意 $x \in [a,b]$, 函数 $f(t)$ 在 $[a,x]$ 上也可积, 于是可定义函数

$$F(x) = \int_a^x f(t)\mathrm{d}t, \quad x \in [a,b], \tag{8.2.1}$$

称为**变上限的定积分**. 类似地, 称 $G(x) = \displaystyle\int_x^b f(t)\mathrm{d}t\,(x \in [a,b])$ 为**变下限的定积分**.

定理 8.2.1　设 $f(x)$ 在 $[a,b]$ 上可积, 则变上限的定积分 (8.2.1) 所定义的函数 $F(x)$ 在 $[a,b]$ 上连续.

证明　由 $f(x)$ 在 $[a,b]$ 上可积知 $f(x)$ 在 $[a,b]$ 上有界, 于是存在 $M > 0$, 使对任意 $x \in [a,b]$ 有 $|f(x)| \leqslant M$.

任意取定 $x \in [a,b]$, 取 $\Delta x \in \mathbb{R}$, 使 $x + \Delta x \in [a,b]$, 则由 (8.2.1) 式有

$$|\Delta F| = \left|\int_a^{x+\Delta x} f(t)\mathrm{d}t - \int_a^x f(t)\mathrm{d}t\right| = \left|\int_x^{x+\Delta x} f(t)\mathrm{d}t\right|$$

$$\leqslant \left|\int_x^{x+\Delta x} |f(t)|\mathrm{d}t\right| \leqslant M|\Delta x|,$$

所以

$$\lim_{\Delta x \to 0} \Delta F = 0,$$

故 $F(x)$ 在 x 处连续. 又因为 x 任意, 从而 $F(x)$ 在 $[a, b]$ 上连续.   □

如果再加上 $f(x)$ 在 $[a, b]$ 上连续, 那么可以证明如下的原函数存在定理, 这解决了第 7 章遗留的一个问题:

定理 8.2.2(原函数存在定理)   设 $f(x)$ 在 $[a, b]$ 上连续, 则变上限的定积分 (8.2.1) 所定义的函数 $F(x)$ 是 $f(x)$ 在 $[a, b]$ 上的原函数, 即

$$F'(x) = \frac{\mathrm{d}}{\mathrm{d}x} \int_a^x f(t)\mathrm{d}t = f(x), \quad x \in [a, b]. \tag{8.2.2}$$

证明   任意取定 $x \in [a, b]$, 当 $\Delta x \neq 0$ 且 $x + \Delta x \in [a, b]$ 时, 由 (8.2.1) 式得

$$\frac{\Delta F}{\Delta x} = \frac{1}{\Delta x} \int_x^{x+\Delta x} f(t)\mathrm{d}t.$$

由于 $f(t)$ 在点 x 连续, 所以对任意给定的 $\varepsilon > 0$, 存在 $\delta > 0$, 使当 $t \in [a, b]$ 且 $|t - x| < \delta$ 时,

$$|f(t) - f(x)| < \varepsilon,$$

因此, 当 $0 < |\Delta x| < \delta$ 时,

$$\left| \frac{\Delta F}{\Delta x} - f(x) \right| = \left| \frac{1}{\Delta x} \int_x^{x+\Delta x} [f(t) - f(x)]\mathrm{d}t \right|$$

$$\leqslant \frac{1}{|\Delta x|} \left| \int_x^{x+\Delta x} |f(t) - f(x)|\mathrm{d}t \right| \leqslant \varepsilon,$$

故

$$F'(x) = \lim_{\Delta x \to 0} \frac{\Delta F}{\Delta x} = f(x).$$

又因为 x 任意, 因此, (8.2.2) 式成立, 故 $F(x)$ 是 $f(x)$ 在 $[a, b]$ 上的一个原函数.   □

推论 8.2.1   设 $f(x)$ 在 $[a, b]$ 上连续, 则

$$\frac{\mathrm{d}}{\mathrm{d}x} \int_x^b f(t)\mathrm{d}t = -f(x).$$

推论 8.2.2   设 $f(u)$ 为连续函数, $u = \varphi(x)$ 为可导函数且复合函数 $f \circ u$ 有意义, 则

$$\frac{\mathrm{d}}{\mathrm{d}x} \int_a^{\varphi(x)} f(t)\mathrm{d}t = f(\varphi(x))\varphi'(x).$$

例 1 求 $\dfrac{\mathrm{d}}{\mathrm{d}x}\left(\displaystyle\int_0^{x^2}\mathrm{e}^{-t^2}\mathrm{d}t\right)$ 和 $\dfrac{\mathrm{d}}{\mathrm{d}x}\left(\displaystyle\int_{3x}^{2x}\sin t^2\mathrm{d}t\right)$.

解 令 $u=x^2$, 则

$$\frac{\mathrm{d}}{\mathrm{d}x}\left(\int_0^{x^2}\mathrm{e}^{-t^2}\mathrm{d}t\right)=\frac{\mathrm{d}}{\mathrm{d}u}\left(\int_0^u\mathrm{e}^{-t^2}\mathrm{d}t\right)\frac{\mathrm{d}u}{\mathrm{d}x}=\mathrm{e}^{-u^2}\cdot 2x=2x\mathrm{e}^{-x^4},$$

$$\frac{\mathrm{d}}{\mathrm{d}x}\left(\int_{3x}^{2x}\sin t^2\mathrm{d}t\right)=\frac{\mathrm{d}}{\mathrm{d}x}\left(\int_1^{2x}\sin t^2\mathrm{d}t\right)-\frac{\mathrm{d}}{\mathrm{d}x}\left(\int_1^{3x}\sin t^2\mathrm{d}t\right)$$
$$=\sin(2x)^2\cdot 2-\sin(3x)^2\cdot 3=2\sin(4x^2)-3\sin(9x^2). \qquad \Box$$

例 2 求 $\displaystyle\lim_{x\to 0}\frac{x}{1-\mathrm{e}^{x^2}}\int_0^x\mathrm{e}^{t^2}\mathrm{d}t$.

解 根据 L' Hospital 法则得

$$\lim_{x\to 0}\frac{x}{1-\mathrm{e}^{x^2}}\int_0^x\mathrm{e}^{t^2}\mathrm{d}t=\lim_{x\to 0}\frac{x\displaystyle\int_0^x\mathrm{e}^{t^2}\mathrm{d}t}{1-\mathrm{e}^{x^2}}=\lim_{x\to 0}\frac{\displaystyle\int_0^x\mathrm{e}^{t^2}\mathrm{d}t+x\mathrm{e}^{x^2}}{-2x\mathrm{e}^{x^2}}$$
$$=\lim_{x\to 0}\frac{\mathrm{e}^{x^2}+\mathrm{e}^{x^2}+2x^2\mathrm{e}^{x^2}}{-2\mathrm{e}^{x^2}-4x^2\mathrm{e}^{x^2}}$$
$$=\frac{2}{-2}=-1. \qquad \Box$$

变限积分及其应用

8.2.2 微积分基本定理

定理 8.2.3(微积分基本定理) 设 $f(x)$ 在 $[a,b]$ 上连续, $F(x)$ 是 $f(x)$ 在 $[a,b]$ 上的任一原函数, 即 $F'(x)=f(x)$ $(x\in[a,b])$, 则

$$\int_a^b f(t)\mathrm{d}t=F(b)-F(a).$$

证明 因为连续函数 $f(x)$ 的任意两个原函数只能相差一个常数, 并且 $F(x)$ 为 $f(x)$ 在 $[a,b]$ 上的一个原函数, 所以根据原函数存在定理得

$$F(x)=\int_a^x f(t)\mathrm{d}t+C.$$

令 $x = a$ 得 $C = F(a)$, 于是

$$\int_a^x f(t)\mathrm{d}t = F(x) - F(a).$$

故

$$\int_a^b f(t)\mathrm{d}t = F(b) - F(a). \qquad \square$$

这个定理也称为 Newton-Leibniz **公式**. 它沟通了导数、不定积分与定积分这三个概念, 说明了它们之间的内在联系, 正因为此, 定理 8.2.3 被誉为**微积分基本定理**.

例 3　计算下列积分:

(1) $\displaystyle\int_a^b x^2 \mathrm{d}x$;　(2) $\displaystyle\int_0^\pi |\cos x|\mathrm{d}x$;　(3) $\displaystyle\int_a^b \frac{\mathrm{d}x}{x}(0 < a < b)$;　(4) $\displaystyle\int_0^{\sqrt{3}} x\sqrt{x^2 + 1}\mathrm{d}x$.

解　(1) 由于 $\dfrac{1}{3}x^3$ 为 x^2 的一个原函数, 所以根据 Newton-Leibniz 公式得

$$\int_a^b x^2 \mathrm{d}x = \frac{x^3}{3}\bigg|_a^b = \frac{1}{3}(b^3 - a^3).$$

(2) $\displaystyle\int_0^\pi |\cos x|\mathrm{d}x = \int_0^{\pi/2} \cos x\mathrm{d}x + \int_{\pi/2}^\pi (-\cos x)\mathrm{d}x$

$$= \sin x\bigg|_0^{\pi/2} - \sin x\bigg|_{\pi/2}^\pi = 1 - 0 - (0 - 1) = 2.$$

(3) $\displaystyle\int_a^b \frac{\mathrm{d}x}{x} = \ln x\big|_a^b = \ln b - \ln a = \ln \frac{b}{a}$.

(4) 因为

$$\int x\sqrt{x^2 + 1}\mathrm{d}x = \frac{1}{2}\int \sqrt{x^2 + 1}\mathrm{d}(x^2 + 1) = \frac{1}{3}(x^2 + 1)^{\frac{3}{2}} + C,$$

所以

$$\int_0^{\sqrt{3}} x\sqrt{x^2 + 1}\mathrm{d}x = \frac{1}{3}(x^2 + 1)^{\frac{3}{2}}\bigg|_0^{\sqrt{3}} = \frac{7}{3}. \qquad \square$$

思考题

1. 闭区间 $[a, b]$ 上的不连续函数是否存在原函数? 为什么?

2. 关于变下限的定积分, 是否有类似于定理 8.2.1 的结果?

习　题　8.2

1. 求下列函数的导数:

(1) $\displaystyle\int_{x^2}^1 \sin t^3 \mathrm{d}t$;　(2) $\displaystyle\int_x^{x^2} \mathrm{e}^{t^2} \mathrm{d}t$.

2. 设 $f(x)$ 与 $g(x)$ 都在区间 $[a,b]$ 上连续且

$$\int_a^b f(x)\mathrm{d}x = \int_a^b g(x)\mathrm{d}x,$$

试证明存在 $\xi \in (a,b)$, 使得 $f(\xi) = g(\xi)$.

3. 计算极限 $\displaystyle\lim_{x\to+\infty} \frac{x\mathrm{e}^x}{\displaystyle\int_0^x t^3\mathrm{e}^t\mathrm{d}t}$.

4. 计算下列定积分:

(1) $\displaystyle\int_0^2 (x^2 + 2x - 3)\mathrm{d}x$;   (2) $\displaystyle\int_0^1 \frac{\mathrm{d}x}{\sqrt{4 - x^2}}$;

(3) $\displaystyle\int_{\frac{1}{e}}^{e} \frac{|\ln x|}{x}\,\mathrm{d}x$;   (4) $\displaystyle\int_0^1 \frac{\mathrm{e}^x + \mathrm{e}^{-x}}{2}\mathrm{d}x$.

5. 设 $f(x)$ 在 $[a,b]$ 上可积, $F(x)$ 在 $[a,b]$ 上连续且 $F'(x) = f(x)(x\in(a,b))$, 试证明:

$$\int_a^b f(t)\mathrm{d}t = F(b) - F(a).$$

8.3　定积分的计算

8.3.1　换元法求定积分

定理 8.3.1(换元法)　设 $f(x)$ 在区间 $[a,b]$ 上连续, 函数 $\varphi(u)$ 在 $[\alpha,\beta]$ 上有连续导函数且满足

$$\varphi(\alpha) = a, \quad \varphi(\beta) = b, \quad a \leqslant \varphi(u) \leqslant b, \quad \forall u \in [\alpha,\beta],$$

则作变换 $x = \varphi(u)$ 得

$$\int_a^b f(x)\mathrm{d}x = \int_\alpha^\beta f(\varphi(u))\varphi'(u)\mathrm{d}u. \tag{8.3.1}$$

证明　由于 $f(x)$ 在 $[a,b]$ 上连续, $f(\varphi(u))\varphi'(u)$ 在 $[\alpha,\beta]$ 上连续, 所以根据原函数存在定理得它们的原函数都存在. 设 $F(x)$ 是 $f(x)$ 在 $[a,b]$ 上的一个原函数, 则由复合函数求导法则得

$$\frac{\mathrm{d}}{\mathrm{d}u}F(\varphi(u)) = F'(\varphi(u))\varphi'(u) = f(\varphi(u))\varphi'(u),$$

于是 $F(\varphi(u))$ 是 $f(\varphi(u))\varphi'(u)$ 在 $[\alpha,\beta]$ 上的一个原函数, 所以根据 Newton-Leibniz 公式有

$$\int_{\alpha}^{\beta} f(\varphi(u))\varphi'(u)\mathrm{d}u = F(\varphi(\beta)) - F(\varphi(\alpha)) = F(b) - F(a) = \int_{a}^{b} f(x)\mathrm{d}x. \qquad \square$$

注 定积分换元后, 积分限要相应变化, 最后结果就是所求的值.

例 1 求 $I = \displaystyle\int_{0}^{\frac{\pi}{2}} \sin^3 t \cos t\mathrm{d}t$.

解 令 $x = \sin t$, 则 $\mathrm{d}x = \cos t\mathrm{d}t$ 且当 t 由 0 变到 $\dfrac{\pi}{2}$ 时, x 由 0 递增到 1, 于是

$$I = \int_{0}^{1} x^3\mathrm{d}x = \frac{1}{4}x^4 \Big|_{0}^{1} = \frac{1}{4}. \qquad \square$$

例 2 求 $I = \displaystyle\int_{0}^{1} x^2\sqrt{1-x^2}\mathrm{d}x$.

解 令 $x = \sin t$, 则 $\mathrm{d}x = \cos t\mathrm{d}t$ 且当 t 由 0 变到 $\dfrac{\pi}{2}$ 时, x 由 0 变到 1, 于是取 $[\alpha,\beta] = \left[0,\dfrac{\pi}{2}\right]$, 所以由 $(8.3.1)$ 式有

$$I = \int_{0}^{\frac{\pi}{2}} \sin^2 t \cdot |\cos t| \cdot \cos t\mathrm{d}t = \frac{1}{4}\int_{0}^{\frac{\pi}{2}} \sin^2 2t\mathrm{d}t$$

$$= \frac{1}{8}\int_{0}^{\frac{\pi}{2}} (1 - \cos 4t)\mathrm{d}t = \frac{1}{8}\left(t - \frac{1}{4}\sin 4t\right)\Big|_{0}^{\frac{\pi}{2}} = \frac{\pi}{16}. \qquad \square$$

例 3 设 $f(x)$ 在 $[0,1]$ 上连续, 试证明

$$\int_{0}^{\frac{\pi}{2}} f(\sin x)\mathrm{d}x = \int_{0}^{\frac{\pi}{2}} f(\cos x)\mathrm{d}x,$$

并利用上式计算 $\displaystyle\int_{0}^{\frac{\pi}{2}} \dfrac{\sin x}{\sin x + \cos x}\mathrm{d}x$.

证明 令 $x = \dfrac{\pi}{2} - t$, 则 $\mathrm{d}x = -\mathrm{d}t$, 于是

$$\int_{0}^{\frac{\pi}{2}} f(\sin x)\mathrm{d}x = \int_{\frac{\pi}{2}}^{0} f\left(\sin\left(\frac{\pi}{2} - t\right)\right)(-\mathrm{d}t) = \int_{0}^{\frac{\pi}{2}} f(\cos t)\mathrm{d}t = \int_{0}^{\frac{\pi}{2}} f(\cos x)\mathrm{d}x,$$

所以

$$\int_{0}^{\frac{\pi}{2}} \frac{\sin x}{\sin x + \cos x}\mathrm{d}x = \int_{0}^{\frac{\pi}{2}} \frac{\cos x}{\cos x + \sin x}\mathrm{d}x$$

$$= \frac{1}{2}\int_{0}^{\frac{\pi}{2}} \left(\frac{\sin x}{\sin x + \cos x} + \frac{\cos x}{\cos x + \sin x}\right)\mathrm{d}x = \frac{\pi}{4}. \qquad \square$$

例 4　求 $I = \displaystyle\int_0^\pi \dfrac{x\sin x}{1+\cos^2 x}\mathrm{d}x$.

解　由于被积函数中含有三角函数和幂函数 x, 所以求出其原函数是有困难的. 这里可用换元法消去 x, 为此, 令 $x = \pi - t$, 则 $\mathrm{d}x = -\mathrm{d}t$, 于是

$$I = \int_\pi^0 \frac{(\pi - t)\sin(\pi - t)}{1+\cos^2(\pi - t)}(-\mathrm{d}t) = \int_0^\pi \frac{\pi \sin t\,\mathrm{d}t}{1+\cos^2 t} - \int_0^\pi \frac{t\sin t}{1+\cos^2 t}\mathrm{d}t$$

$$= -\pi \int_0^\pi \frac{\mathrm{d}\cos t}{1+\cos^2 t} - I = -\pi \arctan(\cos t)|_0^\pi - I$$

$$= -\pi \left(-\frac{\pi}{4} - \frac{\pi}{4}\right) - I = \frac{\pi^2}{2} - I,$$

所以 $I = \dfrac{\pi^2}{4}$.　　□

注　事实上, 在例 4 中, 并未求出被积函数的原函数, 所以无法直接使用 Newton-Leibniz 公式. 但是可以像上面那样, 利用定积分的性质和换元公式 (8.3.1) 消去其中无法求出原函数的部分, 最终求出这个定积分的值. 由此可见, 不要简单地认为定积分的换元法与不定积分换元法的作用相同, 例 4 就说明了其中的区别.

8.3.2　分部法求定积分

定理 8.3.2(分部积分法)　设 $u(x)$, $v(x)$ 都在 $[a, b]$ 上有连续的导函数, 则

$$\int_a^b u(x)v'(x)\mathrm{d}x = u(x)v(x)|_a^b - \int_a^b u'(x)v(x)\mathrm{d}x \tag{8.3.2}$$

或

$$\int_a^b u(x)\mathrm{d}v(x) = u(x)v(x)|_a^b - \int_a^b v(x)\mathrm{d}u(x). \tag{8.3.2$'$}$$

证明　因为 uv 是 $u'v + uv'$ 在 $[a, b]$ 上的一个原函数, 所以

$$\int_a^b u(x)v'(x)\mathrm{d}x + \int_a^b u'(x)v(x)\mathrm{d}x = \int_a^b [u(x)v(x)]'\mathrm{d}x = u(x)v(x)|_a^b,$$

因此得 (8.3.2) 式成立.　　□

例 5　求 $I = \displaystyle\int_{\frac{1}{e}}^e |\ln x|\mathrm{d}x$.

解　首先去绝对值, 然后应用 (8.3.2) 式得

$$I = \int_{\frac{1}{e}}^1 (-\ln x)\mathrm{d}x + \int_1^e \ln x\,\mathrm{d}x = -x\ln x|_{\frac{1}{e}}^1 + \int_{\frac{1}{e}}^1 \mathrm{d}x + x\ln x|_1^e - \int_1^e \mathrm{d}x$$

$$= 0 + \frac{1}{e}\ln\frac{1}{e} + \left(1 - \frac{1}{e}\right) + e - 0 - (e - 1) = 2 - \frac{2}{e}.$$　　□

例 6　求 $I_n = \int_0^{\frac{\pi}{2}} \sin^n x \mathrm{d}x (n \in \mathbb{N})$.

解　$I_0 = \int_0^{\frac{\pi}{2}} \mathrm{d}x = \frac{\pi}{2}$,　$I_1 = \int_0^{\frac{\pi}{2}} \sin x \mathrm{d}x = -\cos x|_0^{\frac{\pi}{2}} = 1$.

当 $n \geqslant 2$ 时, 用分部积分公式 (8.3.2) 可得

$$I_n = \int_0^{\frac{\pi}{2}} \sin^{n-1} x \mathrm{d}(-\cos x)$$

$$= -\sin^{n-1} x \cos x|_0^{\frac{\pi}{2}} + (n-1) \int_0^{\frac{\pi}{2}} \sin^{n-2} x \cos^2 x \mathrm{d}x$$

$$= (n-1) \int_0^{\frac{\pi}{2}} \sin^{n-2} x \mathrm{d}x - (n-1) \int_0^{\frac{\pi}{2}} \sin^n x \mathrm{d}x$$

$$= (n-1)I_{n-2} - (n-1)I_n,$$

所以得如下递推公式:

$$I_n = \frac{n-1}{n} \cdot I_{n-2}, \quad n \geqslant 2; \quad I_0 = \frac{\pi}{2}, \quad I_1 = 1. \tag{8.3.3}$$

通过重复使用递推公式 (8.3.3) 可得

$$I_{2m} = \frac{2m-1}{2m} \cdot \frac{2m-3}{2m-2} \cdots \frac{1}{2} \cdot I_0 := \frac{(2m-1)!!}{(2m)!!} \cdot \frac{\pi}{2},$$

$$I_{2m+1} = \frac{2m}{2m+1} \cdot \frac{2m-2}{2m-1} \cdots \frac{2}{3} \cdot I_1 := \frac{(2m)!!}{(2m+1)!!}, \tag{8.3.4}$$

其中 $0!! = (-1)!! = 1!! = 1$.　　　　　　　　　　　　　　　　　　　　　$\square$

例 7　试证明如下的 Wallis 公式:

$$\frac{\pi}{2} = \lim_{m \to \infty} \frac{1}{2m+1} \cdot \left[\frac{(2m)!!}{(2m-1)!!} \right]^2. \tag{8.3.5}$$

显然, Wallis 公式 (8.3.5) 将无理数 π 表示为一列有理数的极限.

证明　根据推论 8.1.2 得

$$\int_0^{\frac{\pi}{2}} \sin^{2m+1} x \mathrm{d}x < \int_0^{\frac{\pi}{2}} \sin^{2m} x \mathrm{d}x < \int_0^{\frac{\pi}{2}} \sin^{2m-1} x \mathrm{d}x,$$

于是将 (8.3.4) 式代入上式得

$$\frac{(2m)!!}{(2m+1)!!} < \frac{(2m-1)!!}{(2m)!!} \cdot \frac{\pi}{2} < \frac{(2m-2)!!}{(2m-1)!!},$$

所以

$$\frac{2m}{2m+1} \cdot \frac{\pi}{2} < \frac{1}{2m+1} \cdot \left[\frac{(2m)!!}{(2m-1)!!} \right]^2 < \frac{\pi}{2},$$

因此, 根据迫敛性定理得 (8.3.5) 式成立. □

例 8　利用定积分求如下的数列极限:

$$J = \lim_{n \to \infty} n \left[\frac{1}{(n+1)^2} + \frac{1}{(n+2)^2} + \cdots + \frac{1}{(n+n)^2} \right].$$

解　求这种类型的数列极限常采用迫敛性定理, 也可以尝试将此极限化为某个积分和的极限, 再转化为定积分来计算. 事实上,

$$J = \lim_{n \to \infty} \sum_{i=1}^{n} \frac{1}{\left(1 + \dfrac{i}{n}\right)^2} \cdot \frac{1}{n}.$$

易见上面的和式是函数 $f(x) = \dfrac{1}{(1+x)^2}$ $(x \in [0,1])$ 当分割 T 为 n 等分分割时在区间 $[0,1]$ 上的一个积分和 (这里 $\Delta x_i = \dfrac{1}{n}$, $\xi_i = x_i = \dfrac{i}{n} \in \left[\dfrac{i-1}{n}, \dfrac{i}{n}\right]$, $i = 1, 2, \cdots, n$), 于是 $a = x_0 = 0, b = x_n = 1$, 所以由 $f(x)$ 在 $[0,1]$ 上连续知其可积, 因此

$$J = \int_0^1 \frac{\mathrm{d}x}{(1+x)^2} = -\frac{1}{1+x}\bigg|_0^1 = 1 - \frac{1}{2} = \frac{1}{2}.$$ □

定积分的计算

思考题

1. 在例 8 中能否将 J 看成 $f(x) = \dfrac{1}{x^2}$ 在 $[1,2]$ 上的定积分?

2. 定积分的换元法与不定积分的换元法有什么联系和区别?

3. 定积分的分部积分法与不定积分的分部积分法有什么联系和区别?

4. 试用迫敛性定理求例 8 中数列的极限.

习　题　8.3

1. 设 $f(x)$ 在闭区间 $[-l, l]$ 上连续, 试证明:

(1) 当 $f(x)$ 为 $[-l, l]$ 上的奇函数时, $\displaystyle\int_{-l}^{l} f(x)\mathrm{d}x = 0$;

(2) 当 $f(x)$ 为 $[-l, l]$ 上的偶函数时, $\displaystyle\int_{-l}^{l} f(x)\mathrm{d}x = 2\int_{0}^{l} f(x)\mathrm{d}x$.

2. 设 $f(x)$ 在 $(-\infty, +\infty)$ 上连续且以 T 为周期, a 为任意实数, 试证明:

$$\int_{a}^{a+T} f(x)\mathrm{d}x = \int_{0}^{T} f(x)\mathrm{d}x.$$

3. 用换元法求下列定积分:

(1) $\displaystyle\int_0^1 \frac{x^2}{(2-x)^{100}}\mathrm{d}x$;　(2) $\displaystyle\int_{-2}^2 \sqrt{4-x^2}\mathrm{d}x$;

(3) $\displaystyle\int_0^{\frac{\pi}{2}} \cos x \sin 2x \mathrm{d}x$;　(4) $\displaystyle\int_0^{\frac{\pi}{2}} \frac{\sqrt{\sin x}}{\sqrt{\sin x}+\sqrt{\cos x}}\mathrm{d}x$;

(5) $\displaystyle\int_0^{\pi} \sqrt{1-\cos 2x}\mathrm{d}x$;　(6) $\displaystyle\int_0^1 \frac{\ln(1+x)}{1+x^2}\mathrm{d}x$.

4. 用分部积分法求下列定积分:

(1) $\displaystyle\int_0^1 \ln(x+\sqrt{x^2+1})\mathrm{d}x$;　(2) $\displaystyle\int_0^1 x^2 \arctan x \mathrm{d}x$;

(3) $\displaystyle\int_0^{\frac{\pi}{2}} \mathrm{e}^x \cos x \mathrm{d}x$;　(4) $\displaystyle\int_1^{\mathrm{e}} \cos(\ln x)\mathrm{d}x$;

(5) $\displaystyle\int_0^1 x\mathrm{e}^{2x}\mathrm{d}x$;　(6) $\displaystyle\int_{\frac{1}{\mathrm{e}}}^{\mathrm{e}} x|\ln x|\mathrm{d}x$.

5. 求下列极限:

(1) $\displaystyle\lim_{n\to\infty}\left(\frac{1}{2n}+\frac{1}{2n+1}+\cdots+\frac{1}{3n}\right)$;　(2) $\displaystyle\lim_{n\to\infty}\sum_{i=1}^n \frac{n}{n^2+i^2}$;

(3) $\displaystyle\lim_{n\to\infty}\sum_{i=1}^n \frac{1}{n}\cos\frac{i\pi}{n}$;　(4) $\displaystyle\lim_{n\to\infty}\sum_{i=1}^n \frac{i^k}{n^{k+1}}\ (k>0)$.

6. 设 $f(x)$ 是 $[0,1]$ 上连续函数, 试证明:

$$\int_0^{\pi} xf(\sin x)\mathrm{d}x = \pi\int_0^{\frac{\pi}{2}} f(\sin x)\mathrm{d}x = \frac{\pi}{2}\int_0^{\pi} f(\sin x)\mathrm{d}x.$$

由此计算定积分 $\displaystyle\int_0^{\pi} x\sin^5 x\mathrm{d}x$.

---

7. 求下列定积分, 这里 $m,\ n\in\mathbb{N}_+$:

(1) $\displaystyle\int_0^1 x^m \ln^n x\mathrm{d}x$;　(2) $\displaystyle\int_0^1 x^m(1-x)^n\mathrm{d}x$;

(3) $\displaystyle\int_0^{\frac{\pi}{4}} \tan^{2n} x\mathrm{d}x$;　(4) $\displaystyle\int_0^{\frac{\pi}{2}} \sin^n x\cos^m x\mathrm{d}x$.

8.4　定积分存在的条件

根据定理 8.1.2 知函数 $f(x)$ 在 $[a,b]$ 上有界是 $f(x)$ 在 $[a,b]$ 上可积的必要条件, 但不是充分条件. 本节将讨论函数 $f(x)$ 在 $[a,b]$ 上可积的充要条件和充分条件.

8.4.1　达布和的定义

由于积分和的复杂性, 所以直接利用定义判断函数的可积性一般是比较困难的. 为此, 可先考察在同一分割 T 之下 "最大" 与 "最小" 的积分和, 即**达布上和**与**达布下和**, 因为一切积分和都被达布上和与达布下和控制. 先研究达布和的性质, 再研究函数的可积性, 这样可使问题得到一定的简化.

设 $f(x)$ 在 $[a,b]$ 上有界, $T : a = x_0 < x_1 < x_2 < \cdots < x_{n-1} < x_n = b$ 为 $[a,b]$ 上的任一分割, 记 $\Delta_i = [x_{i-1}, x_i](i = 1, 2, \cdots, n)$, 则 $f(x)$ 在 $[a,b]$ 及每个 Δ_i 上都存在上、下确界. 记

$$M = \sup_{x \in [a,b]} f(x), \quad m = \inf_{x \in [a,b]} f(x),$$

$$M_i = \sup_{x \in \Delta_i} f(x), \quad m_i = \inf_{x \in \Delta_i} f(x), \quad i = 1, 2, \cdots, n.$$

作和

$$S(T) = \sum_{i=1}^{n} M_i \Delta x_i, \quad s(T) = \sum_{i=1}^{n} m_i \Delta x_i,$$

分别称为 f 关于分割 T 的**上和**与**下和**(或称**达布上和**与**达布下和**, 统称为**达布和**). 显然 $\forall \xi_i \in \Delta_i$ 有

$$m \leqslant m_i \leqslant f(\xi_i) \leqslant M_i \leqslant M, \quad i = 1, 2, \cdots, n,$$

于是

$$m(b-a) \leqslant s(T) \leqslant \sum_{i=1}^{n} f(\xi_i)\Delta x_i \leqslant S(T) \leqslant M(b-a). \tag{8.4.1}$$

注 上和 $S(T)$ 与下和 $s(T)$ 只与分割 T 有关, 而与介点集 $\{\xi_i\}$ 的取法无关, 这是它们与积分和的主要区别.

*8.4.2 上和与下和的性质

下面假定都是对 $[a,b]$ 上的有界函数 $f(x)$ 来说的.

性质 8.4.1 对 $[a,b]$ 的同一分割 T, 相对于任何点集 $\{\xi_i\}$ 而言, 上和是所有积分和的上确界, 下和是所有积分和的下确界, 即

$$S(T) = \sup_{\{\xi_i\}} \sum_{i=1}^{n} f(\xi_i)\Delta x_i, \quad s(T) = \inf_{\{\xi_i\}} \sum_{i=1}^{n} f(\xi_i)\Delta x_i.$$

利用上和与下和及确界的定义, 容易证明此性质.

性质 8.4.2 设 T' 为分割 T 添加 p 个新分点后所得到的分割, 则

$$s(T) \leqslant s(T') \leqslant s(T) + p(M-m)\|T\|, \tag{8.4.2}$$

$$S(T) \geqslant S(T') \geqslant S(T) - p(M-m)\|T\|, \tag{8.4.3}$$

即分点增加后, 下和递增, 上和递减.

证明　只证明不等式 (8.4.2), 类似可证不等式 (8.4.3).

首先证明 $p = 1$ 的情况. 在分割 T 上添加一个新分点, 设这个新分点落在 T 的子区间 Δ_j 内, 并将其分为两个闭子区间, 记为 Δ'_j 和 Δ''_j. 显然 T 的其他小区间 $\Delta_i\,(i \neq j)$ 也是新分割 T_1 的小区间. 记 m'_j, m''_j 分别是 $f(x)$ 在 Δ'_j 和 Δ''_j 上的下确界, 则

$$m \leqslant m_j \leqslant m'_j\,(\text{ 或}m''_j) \leqslant M,$$

所以

$$
\begin{aligned}
0 \leqslant s(T_1) - s(T) &= (m'_j \Delta x'_j + m''_j \Delta x''_j) - m_j \Delta x_j \\
&= (m'_j \Delta x'_j + m''_j \Delta x''_j) - m_j(\Delta x'_j + \Delta x''_j) \\
&= (m'_j - m_j)\Delta x'_j + (m''_j - m_j)\Delta x''_j \\
&\leqslant (M - m)\Delta x'_j + (M - m)\Delta x''_j \\
&= (M - m)\Delta x_j \leqslant (M - m)\|T\|,
\end{aligned}
$$

因此 $s(T) \leqslant s(T_1) \leqslant s(T) + (M - m)\|T\|$, 即 $p = 1$ 时 (8.4.2) 式成立.

一般地, 在分割 T_i 上添加一个新分点得到 T_{i+1}, 就有

$$0 \leqslant s(T_{i+1}) - s(T_i) \leqslant (M - m)\|T_i\| \leqslant (M - m)\|T\|,\quad i = 0, 1, \cdots, p - 1$$

(这里 $T_p = T', T_0 = T$). 将这些不等式依次相加得

$$0 \leqslant s(T') - s(T) \leqslant p(M - m)\|T\|,$$

即不等式 (8.4.2) 成立. 　　　　　　　　　　　　　　　　　　　　　　　　　□

性质 8.4.3　若 T' 与 T'' 为 $[a, b]$ 的任意两个分割, T 为 T' 与 T'' 的所有分点合并后得到的分割 (注意: 重复的分点只取一次), 记为 $T = T' + T''$, 则

$$S(T) \leqslant S(T'),\quad s(T) \geqslant s(T'),$$

$$S(T) \leqslant S(T''),\quad s(T) \geqslant s(T'').$$

证明　因为 T 可看成是 T'(或 T'') 添加新分点后得到的分割, 所以由性质 8.4.2 立刻推知此性质成立. 　　　　　　　　　　　　　　　　　　　　□

性质 8.4.4　对 $[a, b]$ 的任意两个分割 T' 与 T'' 总有

$$s(T') \leqslant S(T'')\quad \text{和}\quad s(T'') \leqslant S(T'),$$

即下和不超过上和.

证明 令 $T = T' + T''$, 则根据性质 8.4.3 与性质 8.4.1 得

$$s(T') \leqslant s(T) \leqslant S(T) \leqslant S(T''),$$

$$s(T'') \leqslant s(T) \leqslant S(T) \leqslant S(T'). \qquad \square$$

因此, 对所有分割来说, 所有的下和有上界, 所有的上和有下界, 从而分别有上、下确界, 记作 s 与 S, 即

$$s = \sup_{T}\{s(T)\}, \quad S = \inf_{T}\{S(T)\}.$$

通常称 S 为 $f(x)$ 在 $[a,b]$ 上的**上积分**, s 为 $f(x)$ 在 $[a,b]$ 上的**下积分**. 于是由性质 8.4.4 可得

$$m(b-a) \leqslant s \leqslant S \leqslant M(b-a). \tag{8.4.4}$$

定理 8.4.1(达布定理)

$$\lim_{\|T\| \to 0} s(T) = s, \quad \lim_{\|T\| \to 0} S(T) = S.$$

证明 只证明第一个等式, 类似可以证明第二个等式.

当 $m = M$ 时, $f(x) \equiv$ 常数, 定理显然成立. 当 $m < M$ 时, 对任意的 $\varepsilon > 0$, 由 s 的定义知, 存在 $[a,b]$ 的一个分割 T', 使得

$$s(T') > s - \frac{\varepsilon}{2}. \tag{8.4.5}$$

设 T' 的分点个数为 p, 则对于 $[a,b]$ 的任一个分割 T, 分割 $T + T'$ 比分割 T 至多多 p 个分点, 于是由性质 8.4.2 和性质 8.4.3 得

$$s(T') \leqslant s(T + T') \leqslant s(T) + p(M - m)\|T\|,$$

所以存在 $\delta = \dfrac{\varepsilon}{2p(M-m)} > 0$, 使当 $\|T\| < \delta$ 时有 $s(T') < s(T) + \dfrac{\varepsilon}{2}$, 因此联系 (8.4.5) 式得

$$s + \varepsilon > s \geqslant s(T) > s(T') - \frac{\varepsilon}{2} > s - \varepsilon,$$

故 $\lim\limits_{\|T\| \to 0} s(T) = s$. $\qquad \square$

8.4.3 可积的充要条件

定理 8.4.2(可积准则 I) 设函数 $f(x)$ 在 $[a,b]$ 上有界, 则 $f(x)$ 在 $[a,b]$ 上可积的充要条件是: $f(x)$ 在 $[a,b]$ 上的上积分等于下积分, 即 $S = s$.

证明 必要性 若函数 $f(x)$ 在 $[a,b]$ 上可积, 记 $J = \displaystyle\int_a^b f(x)\mathrm{d}x$, 则根据定积分的定义知, 任意给定 $\varepsilon > 0, \exists \delta > 0$, 使对 $[a,b]$ 的任何分割 T, 只要 $\|T\| < \delta$, 对任意介点集 $\{\xi_i\}$ 有

$$\left| \sum_{i=1}^n f(\xi_i)\Delta x_i - J \right| < \varepsilon,$$

即

$$J - \varepsilon < \sum_{i=1}^n f(\xi_i)\Delta x_i < J + \varepsilon.$$

于是由性质 8.4.1 得: 当 $\|T\| < \delta$ 时,

$$J - \varepsilon \leqslant s(T) \leqslant S(T) \leqslant J + \varepsilon$$

或

$$|S(T) - J| \leqslant \varepsilon, \quad |s(T) - J| \leqslant \varepsilon,$$

所以由达布定理得

$$S = \lim_{\|T\| \to 0} S(T) = J = \lim_{\|T\| \to 0} s(T) = s.$$

充分性 若 $S = s = J$, 则由达布定理得

$$\lim_{\|T\| \to 0} S(T) = \lim_{\|T\| \to 0} s(T) = J,$$

于是应用不等式 (8.4.1) 得 $\forall \varepsilon > 0, \exists \delta > 0$, 使当 $\|T\| < \delta$ 时, 对任意介点集 $\{\xi_i\}$ 有

$$J - \varepsilon < s(T) \leqslant \sum_{i=1}^n f(\xi_i)\Delta x_i \leqslant S(T) < J + \varepsilon$$

或

$$\left| \sum_{i=1}^n f(\xi_i)\Delta x_i - J \right| < \varepsilon,$$

所以根据定积分定义得 $f(x)$ 在 $[a,b]$ 上可积且 $\displaystyle\int_a^b f(x)\mathrm{d}x = J$. $\qquad\square$

定理 8.4.3(可积准则 II) 设函数 $f(x)$ 在 $[a,b]$ 上有界, 则 $f(x)$ 在 $[a,b]$ 上可积的充要条件是: $\forall \varepsilon > 0$, 总存在一个分割 T, 使得

$$S(T) - s(T) < \varepsilon$$

或

$$\sum_{i=1}^{n} \omega_i \Delta x_i < \varepsilon, \tag{8.4.6}$$

其中 $\omega_i(f) = M_i - m_i$ 称为 $f(x)$ 在 $\Delta_i = [x_{i-1}, x_i]$ 上的振幅.

证明 必要性 若 $f(x)$ 在 $[a,b]$ 上可积, 则根据定理 8.4.2 得 $S = s$, 于是由达布定理得

$$\lim_{\|T\| \to 0} [S(T) - s(T)] = 0,$$

所以 $\forall \varepsilon > 0$, 总存在分割 T, 使得 $\|T\|$ 充分小且

$$\sum_{i=1}^{n} \omega_i \Delta x_i = S(T) - s(T) < \varepsilon.$$

充分性 若定理的条件成立, 则由

$$s(T) \leqslant s \leqslant S \leqslant S(T)$$

可得

$$0 \leqslant S - s \leqslant S(T) - s(T) < \varepsilon,$$

而 ε 任意, 故 $S = s$, 从而根据定理 8.4.2 得 $f(x)$ 在 $[a,b]$ 上可积. □

不等式 (8.4.6) 的**几何意义**是: 如果 $f(x)$ 在 $[a,b]$ 上可积, 则图 8.4 中包围曲线 $y = f(x)$ 的一列小矩形的面积之和可以任意小, 只要分割充分细; 反之亦然.

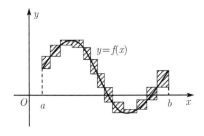

图 8.4

为了后面应用方便, 给出如下引理.

引理 8.4.1 设 $f(x)$ 在区间 Δ 上有界, 其振幅为 $\omega(f)$, 则

$$\omega(f) = \sup_{x', x'' \in \Delta} \{|f(x') - f(x'')|\}. \tag{8.4.7}$$

*证明   令 $m = \inf\limits_{x \in \Delta} f(x)$, $M = \sup\limits_{x \in \Delta} f(x)$, 易见当 $m = M$ 时, (8.4.7) 式显然成立. 当 $m < M$ 时, 对任意 $x', x'' \in \Delta$ 有

$$m \leqslant f(x'), \quad f(x'') \leqslant M,$$

所以

$$|f(x') - f(x'')| \leqslant M - m = \omega(f),$$

因此

$$\sup\limits_{x', x'' \in \Delta} \{|f(x') - f(x'')|\} \leqslant \omega(f).$$

另一方面, $\forall \varepsilon \in \left(0, \dfrac{M-m}{2}\right)$, 由 M 和 m 的定义知存在 $x_1, x_2 \in \Delta$, 使得

$$f(x_1) < m + \varepsilon < \frac{1}{2}(M + m), \quad f(x_2) > M - \varepsilon > \frac{1}{2}(M + m),$$

所以

$$|f(x_1) - f(x_2)| = f(x_2) - f(x_1) > M - m - 2\varepsilon = \omega(f) - 2\varepsilon,$$

因此

$$\sup\limits_{x', x'' \in \Delta} \{|f(x') - f(x'')|\} \geqslant |f(x_1) - f(x_2)| > \omega(f) - 2\varepsilon,$$

而 ε 任意, 故 $\sup\limits_{x', x'' \in \Delta} \{|f(x') - f(x'')|\} \geqslant \omega(f)$, 从而

$$\omega(f) = \sup\limits_{x', x'' \in \Delta} \{|f(x') - f(x'')|\}. \qquad \square$$

例 1   设 $f(x)$ 在 $[a, b]$ 上可积, $a < c < b$, 则 $f(x)$ 在 $[a, c]$ 与 $[c, b]$ 上都可积.

证明   由于 f 在 $[a, b]$ 上可积, 根据可积准则 II 知对任意给定的 $\varepsilon > 0$, 存在 $[a, b]$ 的某分割 T, 使得

$$\sum_T \omega_i \Delta x_i < \varepsilon.$$

在 T 上再增加一个分点 c, 得到一个新的分割 T^*, 于是根据性质 8.4.2 得

$$S(T^*) \leqslant S(T), \quad s(T^*) \geqslant s(T),$$

所以

$$\sum_{T^*} \omega_i^* \Delta x_i^* = S(T^*) - s(T^*) \leqslant S(T) - s(T) = \sum_T \omega_i \Delta x_i < \varepsilon.$$

分割 T^* 在 $[a, c]$ 和 $[c, b]$ 上的部分, 分别构成对 $[a, c]$ 和 $[c, b]$ 的分割, 记为 T' 和 T'', 则有

$$\sum_{T'} \omega_i' \Delta x_i' \leqslant \sum_{T^*} \omega_i^* \Delta x_i^* < \varepsilon, \quad \sum_{T''} \omega_i'' \Delta x_i'' \leqslant \sum_{T^*} \omega_i^* \Delta x_i^* < \varepsilon.$$

故根据可积准则 II 得 $f(x)$ 在 $[a,c]$ 与 $[c,b]$ 上都可积. $\quad\square$

例 2 设 $f(x), g(x)$ 都在 $[a,b]$ 上可积, 则 $f(x)g(x)$ 也在 $[a,b]$ 上可积.

证明 由于 f, g 都在 $[a,b]$ 上可积, 所以都有界, 即存在 $M > 0$, 使对任意 $x \in [a,b]$ 有

$$|f(x)| \leqslant M, \quad |g(x)| \leqslant M.$$

对任意给定的 $\varepsilon > 0$, 由于 f, g 都在 $[a,b]$ 上可积, 根据可积准则 II 得分别存在 $[a,b]$ 的分割 T', T'', 使得

$$\sum_{T'} \omega_i(f)\Delta x_i < \frac{\varepsilon}{2M}, \quad \sum_{T''} \omega_i(g)\Delta x_i < \frac{\varepsilon}{2M}.$$

令 $T = T' + T'' = \{x_0, x_1, \cdots, x_n\}$, 则由引理 8.4.1 得

$$\begin{aligned}
\omega_i(f \cdot g) &= \sup_{x', x'' \in [x_{i-1}, x_i]} |f(x')g(x') - f(x'')g(x'')| \\
&\leqslant \sup_{x', x'' \in [x_{i-1}, x_i]} [|g(x')| \cdot |f(x') - f(x'')| + |f(x'')| \cdot |g(x') - g(x'')|] \\
&\leqslant M\omega_i(f) + M\omega_i(g),
\end{aligned}$$

于是由性质 8.4.2 得

$$\begin{aligned}
\sum_T \omega_i(f \cdot g)\Delta x_i &\leqslant M\sum_T \omega_i(f)\Delta x_i + M\sum_T \omega_i(g)\Delta x_i \\
&\leqslant M\sum_{T'} \omega_i(f)\Delta x_i + M\sum_{T''} \omega_i(g)\Delta x_i \\
&< M \cdot \frac{\varepsilon}{2M} + M \cdot \frac{\varepsilon}{2M} = \varepsilon,
\end{aligned}$$

所以根据可积准则 II 得 $f \cdot g$ 在 $[a,b]$ 上可积. $\quad\square$

例 3 设 $f(x)$ 在 $[a,b]$ 上可积, 则 $|f(x)|$ 也在 $[a,b]$ 上可积, 反之不然.

证明 对于 $[a,b]$ 的任一分割 $T : a = x_0 < x_1 < x_2 < \cdots < x_{n-1} < x_n = b$. 由于 $\forall x', x'' \in [x_{i-1}, x_i]$ 有

$$||f(x')| - |f(x'')|| \leqslant |f(x') - f(x'')|,$$

所以依引理 8.4.1 得 $\omega_i(|f|) \leqslant \omega_i(f)$.

因为 $f(x)$ 在 $[a,b]$ 上可积, 所以根据可积准则 II 知对任意给定的 $\varepsilon > 0$, 存在 $[a,b]$ 的分割 T, 使得

$$\sum_{i=1}^{n} \omega_i(f)\Delta x_i < \varepsilon,$$

因此
$$\sum_{i=1}^{n} \omega_i(|f|)\Delta x_i \leqslant \sum_{i=1}^{n} \omega_i(f)\Delta x_i < \varepsilon,$$

故根据可积准则 II 得 $|f(x)|$ 也在 $[a,b]$ 上可积.

反过来, 若 $|f(x)|$ 在 $[a,b]$ 上可积, $f(x)$ 在 $[a,b]$ 上不一定可积. 例如,
$$f(x) = \begin{cases} 1, & x \in \mathbb{Q}, \\ -1, & x \notin \mathbb{Q} \end{cases}$$

在 $[0,1]$ 上不可积, 因为 $\sum_{i=1}^{n} \omega_i(f)\Delta x_i = 2 \neq 0$, 但是 $|f(x)| \equiv 1$ 在 $[0,1]$ 上可积. □

*定理 8.4.4(可积准则 III)　　设函数 $f(x)$ 在 $[a,b]$ 上有界, 则 $f(x)$ 在 $[a,b]$ 上可积的充要条件是: 任给正数 ε, η, 总存在一个分割 T, 使得属于 T 的所有小区间中, 对应于振幅 $\omega_{k'} \geqslant \varepsilon$ 的那些小区间的总长 $\sum_{k'} \Delta x_{k'} < \eta$.

证明　**必要性**　若 $f(x)$ 在 $[a,b]$ 上可积, 则任给正数 ε, η, 根据定理 8.4.3 知对于 $\sigma = \varepsilon\eta > 0$, 存在一个分割 T, 使得 $\sum_{k} \omega_k \Delta x_k < \sigma$, 于是
$$\varepsilon \sum_{k'} \Delta x_{k'} \leqslant \sum_{k'} \omega_{k'} \Delta x_{k'} \leqslant \sum_{k} \omega_k \Delta x_k < \sigma = \varepsilon\eta,$$

所以 $\sum_{k'} \Delta x_{k'} < \eta$.

充分性　由于 $f(x)$ 在 $[a,b]$ 上有界, 所以存在 m, M, 使 $\forall x \in [a,b]$, 有 $m \leqslant f(x) \leqslant M$. 对任意给定的 $\varepsilon > 0$, 取正数 $\varepsilon' = \dfrac{\varepsilon}{2(b-a)}$, $\eta' = \dfrac{\varepsilon}{2(M-m)+1}$, 于是由条件得, 存在一个分割 T, 使得属于 T 的所有小区间中, 满足 $\omega_{k'} \geqslant \varepsilon'$ 的那些小区间的总长 $\sum_{k'} \Delta x_{k'} < \eta'$. 设 T 的所有小区间中, 满足 $\omega_{k''} < \varepsilon'$ 的那些小区间记为 $\Delta x_{k''}$, 则
$$\sum_{k} \omega_k \Delta x_k = \sum_{k'} \omega_{k'} \Delta x_{k'} + \sum_{k''} \omega_{k''} \Delta x_{k''}$$
$$< (M-m)\sum_{k'} \Delta x_{k'} + \varepsilon' \sum_{k'} \Delta x_{k''}$$
$$\leqslant (M-m)\eta' + \varepsilon'(b-a) < \frac{\varepsilon}{2} + \frac{\varepsilon}{2} = \varepsilon,$$

故根据可积准则 II 得 $f(x)$ 在 $[a,b]$ 上可积. □

* 例 4　　试证明 Riemann 函数
$$R(x) = \begin{cases} \dfrac{1}{q}, & x = \dfrac{p}{q} \ (p,q \text{ 为互素正整数}, q > p), \\ 0, & x = 0, 1 \text{ 以及 } (0,1) \text{ 内的无理数} \end{cases}$$

在 $[0,1]$ 上可积且
$$\int_0^1 R(x)\mathrm{d}x = 0.$$

证明 任给正数 ε, η. 由于 $[0,1]$ 内满足 $\dfrac{1}{q} \geqslant \varepsilon$, 即 $0 < q \leqslant \dfrac{1}{\varepsilon}$ 的有理数 $\dfrac{p}{q}$ 只有有限个 (设为 m 个), 所以对 $[0,1]$ 的任意分割 T, T 中包含这类点的小区间至多 $2m$ 个, 在其上 $\omega_{k'} \geqslant \varepsilon$, 因此, 当 $\|T\| < \dfrac{\eta}{2m}$ 时, 满足 $\omega_{k'} \geqslant \varepsilon$ 的那些小区间的总长

$$\sum_{k'} \Delta x_{k'} \leqslant 2m\|T\| < \eta,$$

故根据定理 8.4.4 得 $R(x)$ 在 $[a,b]$ 上可积.

最后, 对于 $[0,1]$ 的任一分割 $T : 0 = x_0 < x_1 < x_2 < \cdots < x_{n-1} < x_n = 1$, 取 ξ_i 为 $[x_{i-1}, x_i]\,(i = 1, 2, \cdots, n)$ 上的无理数, 由定义知

$$\int_0^1 R(x)\mathrm{d}x = \lim_{\|T\| \to 0} \sum_{i=1}^n R(\xi_i)\Delta x_i = 0. \qquad \square$$

8.4.4 可积函数类

定理 8.4.5 设函数 $f(x)$ 在 $[a,b]$ 上连续, 则 $f(x)$ 在 $[a,b]$ 上可积.

证明 由于 $f(x)$ 在闭区间 $[a,b]$ 上连续, 所以 $f(x)$ 在 $[a,b]$ 上有界和一致连续, 因此, 对任意给定的 $\varepsilon > 0$, 根据一致连续定义知存在 $\delta > 0$, 使当 $x', x'' \in [a,b]$ 且 $|x' - x''| < \delta$ 时有

$$|f(x') - f(x'')| < \frac{\varepsilon}{b - a + 1},$$

故对 $[a,b]$ 的任一分割 $T = \{x_0, x_1, \cdots, x_n\}$, 只要 $\|T\| < \delta$, 就有

$$\omega_i = \sup_{x', x'' \in [x_{i-1}, x_i]} |f(x') - f(x'')| \leqslant \frac{\varepsilon}{b - a + 1},$$

所以

$$\sum_{i=1}^n \omega_i \Delta x_i \leqslant \frac{\varepsilon}{b - a + 1} \sum_{i=1}^n \Delta x_i = \frac{\varepsilon}{b - a + 1} \cdot (b - a) < \varepsilon,$$

从而根据可积准则 II 得 $f(x)$ 在 $[a,b]$ 上可积. $\qquad \square$

注 定理 8.4.5 就是前面没有证明的定理 8.1.1.

定理 8.4.6 设函数 $f(x)$ 在 $[a,b]$ 上单调, 则 $f(x)$ 在 $[a,b]$ 上可积.

证明 不妨设 $f(x)$ 在 $[a,b]$ 上单调递增且 $f(a) < f(b)$(否则 $f(x) \equiv$ 常数, 显然可积). 此时显然 f 在 $[a,b]$ 上有界. 对 $[a,b]$ 的任一取定的分割 $T = \{x_0, x_1, \cdots, x_n\}$, 由 f 的递增性得

$$\omega_i = f(x_i) - f(x_{i-1}), \quad i = 1, 2, \cdots, n,$$

于是有

$$\sum_T \omega_i \Delta x_i \leqslant \sum_{i=1}^n [f(x_i) - f(x_{i-1})]\|T\| = [f(b) - f(a)]\|T\|,$$

所以 $\forall \varepsilon > 0$, 只要 $\|T\| < \dfrac{\varepsilon}{f(b) - f(a)}$ 就有

$$\sum_T \omega_i \Delta x_i < \varepsilon,$$

因此, 根据可积准则 II 得 $f(x)$ 在 $[a,b]$ 上可积. □

定理 8.4.7 设 $f(x)$ 是 $[a,b]$ 上只有有限个间断点的有界函数, 则 $f(x)$ 在 $[a,b]$ 上可积.

证明 由 $f(x)$ 在 $[a,b]$ 上有界得, 存在 $M > 0$, 使 $|f(x)| \leqslant M (x \in [a,b])$. 不失一般性, 只证明 $f(x)$ 在 $[a,b]$ 上仅有一个间断点的情形, 并假设该间断点即为端点 b.

任意取定 $\varepsilon > 0$, 取 $\delta' \in \left(0, \min\left\{\dfrac{\varepsilon}{4M}, b - a\right\}\right)$. 记 f 在 $\Delta' = [b - \delta', b]$ 上的振幅为 ω', 则 $\omega' \leqslant 2M$, 于是

$$\omega' \cdot \delta' < 2M \cdot \frac{\varepsilon}{4M} = \frac{\varepsilon}{2}.$$

因为 $f(x)$ 在 $[a, b - \delta']$ 上连续, 由定理 8.4.5 得 $f(x)$ 在 $[a, b - \delta']$ 上可积, 所以由可积准则 II 得对上述 $\varepsilon > 0$, 存在 $[a, b - \delta']$ 的某个分割 $T' = \{x_0, x_1, \cdots, x_n\}$, 使得

$$\sum_{T'} \omega_i \Delta x_i < \frac{\varepsilon}{2}.$$

令 $x_{n+1} = b$, 则 $T = \{x_0, x_1, \cdots, x_n, x_{n+1}\}$ 是 $[a,b]$ 的一个分割且

$$\sum_T \omega_i \Delta x_i = \sum_{T'} \omega_i \Delta x_i + \omega' \delta' < \frac{\varepsilon}{2} + \frac{\varepsilon}{2} = \varepsilon,$$

故根据可积准则 II 得 $f(x)$ 在 $[a,b]$ 上可积. □

推论 8.4.1 若 $f(x)$ 是 $[a,b]$ 上的分段连续函数 (即只有有限个间断点, 且都是第一类间断点的函数), 则 $f(x)$ 在 $[a,b]$ 上可积.

例 5 函数 $f(x) = \begin{cases} 0, & x = 0, \\ \sin\dfrac{1}{x}, & 0 < x \leqslant 1 \end{cases}$ 在 $x = 0$ 处有一个第二类间断点, 但由定理 8.4.7 知 $f(x)$ 在 $[0,1]$ 上可积.

注 闭区间上的单调函数, 即使有无限多个间断点, 仍是可积的, 见例 6.

例 6 试证明函数

$$f(x) = \begin{cases} 0, & x = 0, \\ \dfrac{1}{n}, & \dfrac{1}{n+1} < x \leqslant \dfrac{1}{n}, n = 1, 2, \cdots \end{cases}$$

在 $[0,1]$ 上可积.

证明 由于 $f(x)$ 是 $[0,1]$ 上的单调递增函数, 所以根据定理 8.4.6 得 $f(x)$ 在 $[0,1]$ 上可积. □

例 7 判断下列函数的可积性:

(1) $f(x) = \dfrac{\mathrm{e}^x + \cos x}{x^2 + x}$ 在 $[1,2]$ 上; (2) $g(x) = \begin{cases} \mathrm{e}^x, & x > 3, \\ \cos x, & x \leqslant 3 \end{cases}$ 在 $[2,4]$ 上.

解 (1) 因为 $f(x)$ 在 $[1,2]$ 上连续, 根据定理 8.4.5 知 $f(x)$ 在 $[1,2]$ 上可积.

(2) 因为 $g(x)$ 在 $[2,4]$ 上分段连续, 根据推论 8.4.1 知 $f(x)$ 在 $[2,4]$ 上可积. □

例 8 设 $f(x)$ 在 $[a,b]$ 上有界, $\{a_n\} \subset [a,b]$, $\lim\limits_{n\to\infty} a_n = c$. 证明如果 $f(x)$ 在 $[a,b]$ 上只有 $a_n(n = 1, 2, \cdots)$ 为其间断点, 则 $f(x)$ 在 $[a,b]$ 上可积.

证明 由题设有 $c \in [a,b]$. 下面只证明 $a < c < b$ 的情况. 对于 $c = a$ 与 $c = b$ 的情况类似可证.

由 $f(x)$ 在 $[a,b]$ 上有界得存在 $M > 1$, 使 $|f(x)| \leqslant M$. 对任意给定的 $\varepsilon > 0(\varepsilon < \frac{1}{2}\min\{b-c, c-a\})$, 由 $\lim\limits_{n\to\infty} a_n = c$ 得 $\exists n_0 \in \mathbb{N}_+$, 使当 $n > n_0$ 时,

$$a_n \in U\left(c; \frac{\varepsilon}{8M}\right) = \left(c - \frac{\varepsilon}{8M}, c + \frac{\varepsilon}{8M}\right) \subset [a,b],$$

于是 $f(x)$ 在 $\left[a, c - \dfrac{\varepsilon}{8M}\right]$ 与 $\left[c + \dfrac{\varepsilon}{8M}, b\right]$ 上至多只有有限个间断点且有界, 所以根据定理 8.4.7 得 $f(x)$ 在 $\left[a, c - \dfrac{\varepsilon}{8M}\right]$ 与 $\left[c + \dfrac{\varepsilon}{8M}, b\right]$ 上都可积, 因此, 根据可积准则 II 得存在 $\left[a, c - \dfrac{\varepsilon}{8M}\right]$ 的某一分割 T' 和 $\left[c + \dfrac{\varepsilon}{8M}, b\right]$ 的某一分割 T'', 使

$$\sum_{T'} \omega_i \Delta x_i < \frac{\varepsilon}{4}, \quad \sum_{T''} \omega_i \Delta x_i < \frac{\varepsilon}{4}.$$

再把闭子区间 $\left[c - \dfrac{\varepsilon}{8M}, c + \dfrac{\varepsilon}{8M}\right]$ 与 T' 及 T'' 合并, 构成 $[a,b]$ 的一个分割 T, 由于 f 在 $\left[c - \dfrac{\varepsilon}{8M}, c + \dfrac{\varepsilon}{8M}\right]$ 上的振幅 $\omega_0 \leqslant 2M$, 所以

$$\begin{aligned} \sum_T \omega_i \Delta x_i &= \omega_0 \cdot \frac{\varepsilon}{4M} + \sum_{T'} \omega_i \Delta x_i + \sum_{T''} \omega_i \Delta x_i \\ &< 2M \cdot \frac{\varepsilon}{4M} + \frac{\varepsilon}{4} + \frac{\varepsilon}{4} = \varepsilon, \end{aligned}$$

因此, 根据可积准则 II 得 $f(x)$ 在 $[a,b]$ 上可积. □

思考题

1. 下和总不能超过上和, 试问下和能否等于上和? 举例说明.

2. 怎样的连续函数具有"所有下和 (或上和) 都相等"的性质?

3. 可积函数是否只可能有第一类间断点?

4. 可积函数是否一定存在原函数? 为什么?

5. 若 $f(x)$ 在闭区间 $[a,b]$ 上存在原函数, 试问 $f(x)$ 在 $[a,b]$ 上是否一定可积? 为什么?

习　题　8.4

1. 设 $f(x) = \begin{cases} 1, & x \in \mathbb{Q}, \\ -3, & x \notin \mathbb{Q}, \end{cases}$ 试求 $f(x)$ 关于 $[0,1]$ 上任一分割 T 的达布上和、达布下和及上积分与下积分, 并由此判断 $f(x)$ 在 $[0,1]$ 上是否可积.

2. 设 $f(x), g(x)$ 都在 $[a,b]$ 上可积, 试证明下列函数也在 $[a,b]$ 上可积:

(1) $f^2(x)$;　　(2) $f^2(x) + g^3(x)$;　　(3) $\max\{f(x), g(x)\}$.

3. 设 $f(x)$ 在 $[a,b]$ 上可积且存在 $m > 0$, 使得 $|f(x)| \geqslant m\,(x \in [a,b])$, 试证明下列函数也在 $[a,b]$ 上可积:

(1) $\dfrac{1}{f(x)}$;　　(2) $\sqrt[3]{|f(x)|}$.

4. 设 $f(x)$ 在 $[a,b]$ 上可积, $g(x)$ 在 $[a,b]$ 上有界, $a < c < d < b$ 且 $g(x) = f(x)\,(x \in (a,c)\bigcup(c,d)\bigcup(d,b))$, 试证明 $g(x)$ 在 $[a,b]$ 上可积且 $\displaystyle\int_a^b f(x)\mathrm{d}x = \int_a^b g(x)\mathrm{d}x$.

5. 判断下列函数的可积性:

(1) $f(x) = \begin{cases} x^2 + \sin x, & x > 2, \\ \cos^3 x - 1, & x \leqslant 2 \end{cases}$ 在 $[1,3]$ 上;

(2) $g(x) = \dfrac{\sin x^3 + 2\mathrm{e}^{5x} - \cos x^2}{x^2 - 2x - 3}$ 在 $[1,2]$ 上.

6. 试证明达布和的性质 8.4.1.

7. 设 $f(x)$ 在 $[a,b]$ 上连续, $\varphi(u)$ 在 $[\alpha,\beta]$ 上可积且 $a \leqslant \varphi(u) \leqslant b\,(u \in [\alpha,\beta])$, 试证明 $f \circ \varphi(u)$ 在 $[\alpha,\beta]$ 上可积.

8.5　积分中值定理

8.5.1　积分第一中值定理

定理 8.5.1(积分第一中值定理)　设 $f(x)$ 在 $[a,b]$ 上连续, 则至少存在一点 $\xi \in (a,b)$, 使得

$$\int_a^b f(x)\mathrm{d}x = f(\xi)(b-a). \tag{8.5.1}$$

证明　令 $F(x) = \displaystyle\int_a^x f(t)\mathrm{d}t\,(x \in [a,b])$. 由于 $f(x)$ 在 $[a,b]$ 上连续, 所以根据原

函数存在定理, $F(x)$ 在 $[a,b]$ 上可导且 $F'(x) = f(x)$, 因此, 根据 Lagrange 中值定理知, 存在 $\xi \in (a,b)$, 使得 $F(b) - F(a) = F'(\xi)(b-a)$, 即 (8.5.1) 式成立. □

如图 8.5 所示, 定理 8.5.1 的几何意义就是非负连续函数 $f(x)$ 在 $[a,b]$ 上的曲边梯形面积等于以 $[a,b]$ 为底, 以 $f(\xi) = \dfrac{1}{b-a}\displaystyle\int_a^b f(x)\mathrm{d}x$ 为高的矩形面积. 通常称 $\dfrac{1}{b-a}\displaystyle\int_a^b f(x)\mathrm{d}x$ 为 $f(x)$ 在 $[a,b]$ 上的平均值.

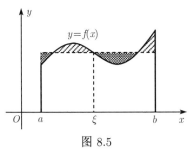

图 8.5

定理 8.5.2(推广的积分第一中值定理)   设 $f(x)$ 在 $[a,b]$ 上连续, $g(x)$ 在 $[a,b]$ 上可积且不变号, 则至少存在一点 $\xi \in [a,b]$, 使

$$\int_a^b f(x)g(x)\mathrm{d}x = f(\xi)\int_a^b g(x)\mathrm{d}x. \tag{8.5.2}$$

证明   由于 $f(x)$ 在 $[a,b]$ 上连续, $g(x)$ 在 $[a,b]$ 上可积, 所以 $f(x)g(x)$ 在 $[a,b]$ 上可积, 因此, (8.5.2) 式两边都有意义.

不妨设 $g(x) \geqslant 0 (x \in [a,b])$, 则 $\displaystyle\int_a^b g(x)\mathrm{d}x \geqslant 0$. 由于 $f(x)$ 在 $[a,b]$ 上连续, 所以 $f(x)$ 在 $[a,b]$ 上存在最大值 M 和最小值 m, 即 $\exists x_1, x_2 \in [a,b]$, 使 $\forall x \in [a,b]$ 有

$$f(x_1) = m \leqslant f(x) \leqslant M = f(x_2),$$

因此

$$mg(x) \leqslant f(x)g(x) \leqslant Mg(x), \quad x \in [a,b],$$

故由定积分的单调性得

$$m\int_a^b g(x)\mathrm{d}x \leqslant \int_a^b f(x)g(x)\mathrm{d}x \leqslant M\int_a^b g(x)\mathrm{d}x.$$

(1) 若 $\displaystyle\int_a^b g(x)\mathrm{d}x = 0$, 则有 $\displaystyle\int_a^b f(x)g(x)\mathrm{d}x = 0$. 于是 $\forall \xi \in (a,b)$, (8.5.2) 式成立;

(2) 若 $\displaystyle\int_a^b g(x)\mathrm{d}x > 0$, 则

$$m \leqslant \frac{\displaystyle\int_a^b f(x)g(x)\mathrm{d}x}{\displaystyle\int_a^b g(x)\mathrm{d}x} \leqslant M.$$

所以由连续函数介值定理得 $\exists \xi \in [x_1, x_2] \subset [a, b]$, 使

$$f(\xi) = \frac{\displaystyle\int_a^b f(x)g(x)\mathrm{d}x}{\displaystyle\int_a^b g(x)\mathrm{d}x},$$

故 (8.5.2) 式成立. $\qquad\qquad\qquad\qquad\qquad\qquad\qquad\qquad\qquad\quad$ □

注 同定理 8.5.1 一样, 定理 8.5.2 中的 ξ 也能在 (a, b) 内取到.

*8.5.2 积分第二中值定理

定理 8.5.3(积分第二中值定理) 设函数 $f(x)$ 在 $[a, b]$ 上可积, $g(x)$ 在 $[a, b]$ 上递增且 $g(x) \geqslant 0$, 则存在 $\xi \in [a, b]$, 使得

$$\int_a^b f(x)g(x)\mathrm{d}x = g(b)\int_\xi^b f(x)\mathrm{d}x. \tag{8.5.3}$$

证明 由于 $f(x)$ 在 $[a, b]$ 上可积, $g(x)$ 在 $[a, b]$ 上递增, 也可积, 所以 $f(x)g(x)$ 在 $[a, b]$ 上可积. 任取分割

$$T : a = x_0 < x_1 < x_2 < \cdots < x_n = b,$$

则

$$\int_a^b f(x)g(x)\mathrm{d}x = \sum_{i=1}^n \int_{x_{i-1}}^{x_i} f(x)g(x)\mathrm{d}x$$

$$= \sum_{i=1}^n g(x_i)\int_{x_{i-1}}^{x_i} f(x)\mathrm{d}x + \sum_{i=1}^n \int_{x_{i-1}}^{x_i} f(x)(g(x) - g(x_i))\mathrm{d}x. \tag{8.5.4}$$

令 $L = \sup\{|f(x)|\,|\,x \in [a, b]\}$, 则

$$0 \leqslant \left| \sum_{i=1}^n \int_{x_{i-1}}^{x_i} f(x)(g(x) - g(x_i))\mathrm{d}x \right| \leqslant \sum_{i=1}^n \int_{x_{i-1}}^{x_i} |f(x)||g(x) - g(x_i)|\mathrm{d}x$$

$$\leqslant L \sum_{i=1}^n \omega_i(g)\Delta x_i.$$

因为 $g(x)$ 在 $[a,b]$ 上可积, 所以根据可积准则 I 和达布定理可得

$$\lim_{\|T\|\to 0}\sum_{i=1}^{n}\omega_i(g)\Delta x_i = 0,$$

因此, 由 (8.5.4) 式得

$$\int_a^b f(x)g(x)\mathrm{d}x = \lim_{\|T\|\to 0}\sum_{i=1}^{n}g(x_i)\int_{x_{i-1}}^{x_i}f(x)\mathrm{d}x. \tag{8.5.5}$$

令 $F(x)=\int_x^b f(t)\mathrm{d}t(x\in[a,b])$, 则 $F(x)$ 在 $[a,b]$ 上连续. 用 M,m 分别表示 $F(x)$ 在 $[a,b]$ 上的最大值和最小值. 由于 $F(x_n)=F(b)=0$ 和

$$\int_{x_{i-1}}^{x_i}f(x)\mathrm{d}x = \int_{x_{i-1}}^{b}f(x)\mathrm{d}x - \int_{x_i}^{b}f(x)\mathrm{d}x = F(x_{i-1})-F(x_i),$$

所以

$$\begin{aligned}\sum_{i=1}^{n}g(x_i)\int_{x_{i-1}}^{x_i}f(x)\mathrm{d}x &= \sum_{i=1}^{n}g(x_i)[F(x_{i-1})-F(x_i)]\\ &= \sum_{i=1}^{n-1}F(x_i)[g(x_{i+1})-g(x_i)]+F(a)g(x_1).\end{aligned}$$

又由 $g(x)$ 非负递增得 $g(x_1)\geqslant 0,\ g(x_{i+1})-g(x_i)\geqslant 0(i=1,2,\cdots,n-1)$, 所以利用 $m\leqslant F(x)\leqslant M$ 得

$$\sum_{i=1}^{n}g(x_i)\int_{x_{i-1}}^{x_i}f(x)\mathrm{d}x \leqslant \sum_{i=1}^{n-1}M[g(x_{i+1})-g(x_i)]+Mg(x_1)=Mg(b),$$

$$\sum_{i=1}^{n}g(x_i)\int_{x_{i-1}}^{x_i}f(x)\mathrm{d}x \geqslant \sum_{i=1}^{n-1}m[g(x_{i+1})-g(x_i)]+mg(x_1)=mg(b).$$

因此, 由上述两式和 (8.5.5) 式得

$$mg(b)\leqslant \int_a^b f(x)g(x)\mathrm{d}x \leqslant Mg(b).$$

若 $g(b)>0$, 则

$$m\leqslant \frac{\displaystyle\int_a^b f(x)g(x)\mathrm{d}x}{g(b)}\leqslant M,$$

于是根据连续函数的介值定理得存在 $\xi\in[a,b]$, 使得

$$F(\xi)=\frac{\displaystyle\int_a^b f(x)g(x)\mathrm{d}x}{g(b)},$$

即 (8.5.3) 式成立.

若 $g(b) = 0$, 则 $g(x) \equiv 0$, 此时对任何 $\xi \in [a,b]$ 都有 (8.5.3) 式成立. ☐

利用定理 8.5.3 的方法, 类似可以证明如下推论.

推论 8.5.1　设函数 $f(x)$ 在 $[a,b]$ 上可积, $g(x)$ 在 $[a,b]$ 上递减且 $g(x) \geqslant 0$, 则存在 $\xi \in [a,b]$, 使得

$$\int_a^b f(x)g(x)\mathrm{d}x = g(a) \int_a^\xi f(x)\mathrm{d}x.$$

定理 8.5.4(推广的积分第二中值定理)　设 $f(x)$ 在 $[a,b]$ 上可积, $g(x)$ 为单调函数, 则存在 $\xi \in [a,b]$, 使得

$$\int_a^b f(x)g(x)\mathrm{d}x = g(a) \int_a^\xi f(x)\mathrm{d}x + g(b) \int_\xi^b f(x)\mathrm{d}x. \tag{8.5.6}$$

证明　下面证 $g(x)$ 递减的情况, 令 $h(x) = g(a) - g(x)$, 则 $h(x) \geqslant 0$ 且 $h(x)$ 递增, 于是根据定理 8.5.3 得存在 $\xi \in [a,b]$, 使得

$$\int_a^b f(x)h(x)\mathrm{d}x = h(b) \int_\xi^b f(x)\mathrm{d}x = [g(a) - g(b)] \int_\xi^b f(x)\mathrm{d}x.$$

注意到 $\displaystyle\int_a^b f(x)h(x)\mathrm{d}x = g(a) \int_a^b f(x)\mathrm{d}x - \int_a^b f(x)g(x)\mathrm{d}x$, 所以

$$\begin{aligned}
\int_a^b f(x)g(x)\mathrm{d}x &= g(a) \int_a^b f(x)\mathrm{d}x - [g(a) - g(b)] \int_\xi^b f(x)\mathrm{d}x \\
&= g(a) \int_a^\xi f(x)\mathrm{d}x + g(b) \int_\xi^b f(x)\mathrm{d}x.
\end{aligned}$$

对于 $g(x)$ 递增的情况, 只需令 $h(x) = g(x) - g(a)$, 应用定理 8.5.3, 类似可证 (8.5.6) 式成立. ☐

推广的积分第二中值定理是后面建立反常积分收敛判别法的工具.

思考题

积分第二中值定理中的 ξ 能否在 (a,b) 内取到? 为什么?

习　题　8.5

1. 试证明 $\dfrac{\pi^2}{64} < \displaystyle\int_0^{\frac{\pi}{4}} \dfrac{x\mathrm{d}x}{1 + \tan x} < \dfrac{\pi^2}{32}$.

2. 试证明 $\displaystyle\lim_{n \to +\infty} \int_0^1 \dfrac{x^n}{1 + x^2}\mathrm{d}x = 0$.

3. 设 $f(x)$ 在 $[0,1]$ 上连续, 试证明 $\displaystyle\lim_{n\to+\infty}\int_0^{\frac{1}{n}}\frac{n^2 f(x)}{1+n^4 x^2}\mathrm{d}x = \frac{\pi}{2}f(0)$.

4. 设 $f(x),g(x)$ 都在 $[a,b]$ 上连续且 $g(x)\neq 0 (x\in(a,b))$, 试利用柯西中值定理证明: 存在 $\xi\in(a,b)$, 使

$$\int_a^b f(x)g(x)\mathrm{d}x = f(\xi)\int_a^b g(x)\mathrm{d}x.$$

5. 设 $f(x)$ 在 $[a,b]$ 上可导, $f'(x)$ 是 $[a,b]$ 上的递减函数且 $f'(b)\geqslant m>0$, 试证明:

$$\left|\int_a^b \sin f(x)\mathrm{d}x\right| \leqslant \frac{2}{m}.$$

6. 设 $0<a<b$, 试证明:

(1) $\left|\displaystyle\int_a^b \frac{\sin x}{x}\mathrm{d}x\right| \leqslant \frac{2}{a}$;　　(2) $\left|\displaystyle\int_a^b \sin(x^2)\mathrm{d}x\right| \leqslant \frac{1}{a}$.

小　　结

本章主要学习了定积分的概念和性质, 介绍了联系导数、不定积分和定积分的原函数存在定理和微积分基本定理及定积分的计算方法, 进一步讨论了函数可积的判别条件.

1. 定积分的概念

设 $f(x)$ 是定义在 $[a,b]$ 上的一个函数, 对 $[a,b]$ 的任何分割 T 及在其上任意选取的介点集 $\{\xi_i\}$, $f(x)$ 在 $[a,b]$ 上的定积分定义为 $\displaystyle\int_a^b f(x)\mathrm{d}x = \lim_{\|T\|\to 0}\sum_{i=1}^n f(\xi_i)\Delta x_i$.

2. 可积条件

(1) 必要条件: 若 $f(x)$ 在 $[a,b]$ 上可积, 则 $f(x)$ 在 $[a,b]$ 上必有界.

(2) 充要条件 (可积准则 II): $f(x)$ 在 $[a,b]$ 上可积 $\Leftrightarrow \forall\varepsilon>0$, 总存在一个分割 T, 使得 $\displaystyle\sum_{i=1}^n \omega_i(f)\Delta x_i < \varepsilon$, 其中 $\omega_i(f) = \sup\limits_{x',x''\in\Delta_i}|f(x')-f(x'')|$ 为 $f(x)$ 在 Δ_i 上的振幅.

(3) 充分条件: 若 $f(x)$ 在 $[a,b]$ 上连续或单调、或有界且只有有限个间断点, 则 $f(x)$ 在 $[a,b]$ 上可积.

3. 定积分的性质

(1) 线性性质: $\displaystyle\int_a^b [\alpha f(x)+\beta g(x)]\mathrm{d}x = \alpha\int_a^b f(x)\mathrm{d}x + \beta\int_a^b g(x)\mathrm{d}x$.

(2) 若 f,g 都在 $[a,b]$ 上可积, 则 $f\cdot g$ 和 $|f|$ 也在 $[a,b]$ 上可积.

(3) 关于积分区间的有限可加性: $\displaystyle\int_a^b f(x)\mathrm{d}x = \int_a^c f(x)\mathrm{d}x + \int_c^b f(x)\mathrm{d}x$.

(4) 积分的单调性: 若 $f(x), g(x)$ 都在 $[a,b]$ 上可积且 $f(x) \leqslant g(x)(x \in [a,b])$, 则 $\int_a^b f(x)\mathrm{d}x \leqslant \int_a^b g(x)\mathrm{d}x$.

(5) 积分第一中值定理: 若 $f(x)$ 在 $[a,b]$ 上连续, 则至少存在一点 $\xi \in (a,b)$, 使得 $\int_a^b f(x)\mathrm{d}x = f(\xi)(b-a)$.

*(6) 积分第二中值定理: 设 $f(x)$ 在 $[a,b]$ 上可积, $g(x)$ 为单调函数, 则存在 $\xi \in [a,b]$, 使得 $\int_a^b f(x)g(x)\mathrm{d}x = g(a)\int_a^\xi f(x)\mathrm{d}x + g(b)\int_\xi^b f(x)\mathrm{d}x$.

4. 原函数存在定理

若 $f(x)$ 在 $[a,b]$ 上连续, 则由

$$F(x) = \int_a^x f(t)\mathrm{d}t, \quad x \in [a,b]$$

所定义的函数 $F(x)$ 是 f 在 $[a,b]$ 上的一个原函数, 即 $F'(x) = f(x)(x \in [a,b])$.

5. 定积分的计算

(1) 微积分基本定理 (Newton-Leibniz 公式): 若 $f(x)$ 在 $[a,b]$ 上连续, F 是 $f(x)$ 在 $[a,b]$ 上的原函数, 即 $F'(x) = f(x)(x \in [a,b])$, 则 $\int_a^b f(x)\mathrm{d}x = F(b) - F(a)$.

(2) 定积分换元积分法: 作变换 $x = \varphi(t)$ 有 $\int_a^b f(x)\mathrm{d}x = \int_\alpha^\beta f(\varphi(t))\varphi'(t)\mathrm{d}t$.

(3) 定积分分部积分法: 若 $u(x), v(x)$ 都在 $[a,b]$ 上有连续的导函数, 则

$$\int_a^b u(x)\mathrm{d}v(x) = u(x)v(x)\big|_a^b - \int_a^b v(x)\mathrm{d}u(x).$$

复 习 题

1. 设 $f(x) = x^2 - x\int_0^2 f(t)\mathrm{d}t + 2\int_0^1 f(t)\mathrm{d}t$, 试求函数 $f(x)$.

2. 设 $f(x)$ 在 $(0, +\infty)$ 上连续且对任何 $a > 0$ 有

$$g(x) = \int_x^{ax} f(t)\mathrm{d}t \equiv 常数, \quad \forall x \in (0, +\infty),$$

试证明 $f(x) = \dfrac{c}{x}(x \in (0, +\infty))$, 其中 c 为常数.

3. 求下列极限:

(1) $\lim\limits_{n \to +\infty} \left[\dfrac{n^2}{(n+1)^3} + \dfrac{n^2}{(n+2)^3} + \cdots + \dfrac{n^2}{(n+n)^3} \right]$;   (2) $\lim\limits_{x \to +\infty} \dfrac{x^2}{\int_0^x \mathrm{e}^{t^2}\mathrm{d}t}$.

4. 设 $f(x)$ 在 $[a,b]$ 上连续, $F(x) = \int_a^x f(t)(x-t)^2\mathrm{d}t$, 试求 $F'(x)$, 并证明:

$$F'''(x) = 2f(x), \quad x \in [a,b].$$

5. 试证明下列不等式:

(1) $1 < \int_0^{\frac{\pi}{2}} \frac{\sin x}{x} \mathrm{d}x < \frac{\pi}{2}$; (2) $3\sqrt{e} < \int_e^{4e} \frac{\ln x}{\sqrt{x}} \mathrm{d}x < 6$.

6. 设 $f(x)$ 在 $[a, b]$ 上可积且 $\int_a^b f(x)\mathrm{d}x > 0$, 试证明存在 $[c, d] \subset [a, b]$, 使 $f(x) > 0(\forall x \in [c, d])$.

7. 计算定积分 $\int_0^\pi \sqrt{1 + \sin x}\mathrm{d}x$ 的值.

8. 设 $f(x)$ 在 $[a, b]$ 上有界, 试证明 $f(x)$ 在 $[a, b]$ 上可积的充要条件是: 对任意给定的 $\varepsilon > 0$, 存在 $\delta > 0$, 使得对所有满足 $\|T\| < \delta$ 的分割 T 都有 $\sum_{i=1}^n \omega_i(f)\Delta x_i < \varepsilon$.

9. 设 $f(x), g(x)$ 都在 $[a, b]$ 上可积, 试证明:

$$\lim_{\|T\| \to 0} \sum_{k=1}^n f(\xi_k)g(\eta_k)\Delta x_k = \int_a^b f(x)g(x)\mathrm{d}x,$$

其中 ξ_k, η_k 是分割 T 所属区间 $[x_{k-1}, x_k]\,(k = 1, 2, \cdots, n)$ 中的任意两点.

10. 设 $f(x), g(x)$ 都在 $[a, b]$ 上可积且 $g(x)$ 在 $[a, b]$ 上不变号, M, m 分别是 $f(x)$ 在 $[a, b]$ 上的上确界与下确界, 试证明必存在某实数 $\mu \in [m, M]$, 使得

$$\int_a^b f(x)g(x)\mathrm{d}x = \mu \int_a^b g(x)\mathrm{d}x.$$

11. 试证明 $\lim_{n \to +\infty} \int_0^{\frac{\pi}{2}} \sin^n x\mathrm{d}x = 0$.

12. 试证明:

(1) $\ln(1 + n) < 1 + \frac{1}{2} + \frac{1}{3} + \cdots + \frac{1}{n} < 1 + \ln n$; (2) $\lim_{n \to \infty} \frac{1 + \frac{1}{2} + \frac{1}{3} + \cdots + \frac{1}{n}}{\ln n} = 1$.

---

13. 设 $f(x)$ 在 $[0, 1]$ 上连续, 在 $(0, 1)$ 内可导且 $f(0) = 3\int_{\frac{2}{3}}^1 f(x)\mathrm{d}x$, 试证明存在 $\xi \in (0, 1)$, 使 $f'(\xi) = 0$.

14. 设 $f(x)$ 在 $[a, b]$ 上可积且 $f(x) \geqslant 0$, 试证明 $\sqrt{f(x)}$ 也在 $[a, b]$ 上可积.

15. 设 $f(x)$ 在 $[a, b]$ 上二阶可导且 $f''(x) \geqslant 0$, 试证明:

(1) $f\left(\frac{a+b}{2}\right) \leqslant \frac{1}{b-a}\int_a^b f(x)\mathrm{d}x$;

(2) 又若 $f(x) \leqslant 0(x \in [a, b])$, 则

$$f(x) \geqslant \frac{2}{b-a}\int_a^b f(x)\mathrm{d}x, \quad x \in [a, b].$$

16. 设 $f(x)$ 在 $[a, b]$ 上连续且 $\int_a^b f(x)\mathrm{d}x = \int_a^b xf(x)\mathrm{d}x = 0$, 试证明在 (a, b) 内至少存在两点 x_1, x_2, 使 $f(x_1) = f(x_2) = 0$.

17. 试证明 Schwarz 不等式: 若 $f(x)$ 和 $g(x)$ 都在 $[a, b]$ 上可积, 则

$$\left(\int_a^b f(x)g(x)\mathrm{d}x\right)^2 \leqslant \int_a^b f^2(x)\mathrm{d}x \cdot \int_a^b g^2(x)\mathrm{d}x.$$

由此证明 Minkowski 不等式

$$\left[\int_a^b (f(x)+g(x))^2 \mathrm{d}x\right]^{\frac{1}{2}} \leqslant \left[\int_a^b f^2(x)\mathrm{d}x\right]^{\frac{1}{2}} + \left[\int_a^b g^2(x)\mathrm{d}x\right]^{\frac{1}{2}}.$$

18. 设 $f(x)$ 在 $[0, 2\pi]$ 上递减, 试证明对任何正整数 n 有

$$\int_0^{2\pi} f(x)\sin nx\mathrm{d}x \geqslant 0.$$

19. 设 $f(x)$ 在 $[a, b]$ 上连续可微且 $f(a) = 0$, 则

(1) $\displaystyle\int_a^b [f'(x)]^2\mathrm{d}x \geqslant \frac{2}{(b-a)^2}\int_a^b [f(x)]^2\mathrm{d}x$;

(2) 记 $M = \sup\limits_{a\leqslant x\leqslant b}|f(x)|$, 则 $\displaystyle\int_a^b [f'(x)]^2\mathrm{d}x \geqslant \frac{M^2}{b-a}$.

20. 设 $f(x)$ 在 x_0 的某邻域 $U(x_0; R)$ 内有 $n+1$ 阶导数, 试证明:

$$f(x) = \sum_{k=0}^n \frac{f^{(k)}(x_0)}{k!}(x-x_0)^k + R_n(x), \quad x \in U(x_0; R),$$

其中 $R_n(x) = \dfrac{1}{n!}\displaystyle\int_{x_0}^x f^{(n+1)}(t)(x-t)^n\mathrm{d}t$, 称之为 Taylor 公式的积分型余项.

21. 设 $f(x)$ 在 $[a, b]$ 上可积, 试证明 $f(x)$ 在 $[a, b]$ 上必定存在无限个连续点且连续点全体在 $[a, b]$ 上处处稠密.

22. 设 $f(x)$ 在 $[a, b]$ 上可积且 $f(x) > 0$. 试证明 $\displaystyle\int_a^b f(x)\mathrm{d}x > 0$.

23. 试证明定理 8.5.2 中的 ξ 也能在 (a, b) 内取到.

第9章 定积分应用和反常积分

定积分的应用涉及几何学、物理学、生态学、经济学等众多领域. 本章仅涉及它在几何学、物理学上应用的个别案例.

反常积分是由定积分应用产生的问题. 作为变限积分函数的极限, 这一问题的研究融合了定积分与函数极限中的多种方法和技巧. 反常积分在应用数学领域有重要作用.

9.1 定积分应用的两种常用格式

一般地, 如果某一实际问题中所要求的量 U 有以下 $(A_1) \sim (A_3)$ 所具有的特征, 就可尝试考虑用定积分来表达:

(A_1) U 是与一个变量 x 的变化区间 $[a,b]$ 相关的量;

(A_2) U 对于区间 $[a,b]$ 具有可加性, 也就是说, 如果把 $[a,b]$ 分成若干部分区间, 则 U 相应地分成若干部分量 ΔU, 而 U 等于这些部分量之和 $U = \sum \Delta U$;

(A_3) 部分量 ΔU 可以近似表示为 $f(x)\Delta x$, 其中 f 为定义在 $[a,b]$ 上的某函数, Δx 为 ΔU 对应的小区间 $[x, x+\Delta x]$ 的长度.

通常写出这个量 U 的积分表达式的格式有以下两种:

格式 1 定积分定义法. 在这种表达格式中, 需严格执行"分割、近似代替、取极限"三个步骤, 如前面关于曲边梯形面积及变力沿直线所做功的案例. 运用这种格式叙述问题必须熟悉可积理论, 对 ε-δ 语言的运用要求较高.

格式 2 微元法. 从事工程技术及某些领域研究的人员计算某个量时都采用"微元法". "微元法"的主要依据见如下定理.

定理 9.1.1 设 U 是分布在某区间 $[a,x]$ 上的, 或者说, 它是该区间端点 x 的函数, 即 $U = U(x)(x \in [a,b])$, 并且当 $x = b$ 时, $U(b)$ 为所求最终值. 如果在任意小的区间 $[x, x+\Delta x] \subset [a,b]$ 上, U 的增量 ΔU 可表示为 $\Delta U = f(x)\Delta x + o(\Delta x)$, 其中 f 是 $[a,b]$ 上的连续函数, 则 $U(b) = \int_a^b f(x)\mathrm{d}x$.

证明 因为 $f(x)$ 在 $[a,b]$ 上连续, 所以 $f(x)$ 在 $[a,b]$ 上一致连续. 又由于 $o(\Delta x)$ 表示 Δx 的高阶无穷小, 所以 $\forall \varepsilon > 0, \exists \delta > 0, \forall x', x'' \in [a,b]$, 当 $|x' - x''| < \delta, 0 <$

$|\Delta x| < \delta$ 时, 有

$$|f(x') - f(x'')| < \varepsilon \quad \text{及} \quad \left| \frac{o(\Delta x)}{\Delta x} \right| < \varepsilon,$$

因此, 对上述 $\varepsilon > 0$, 取 $[a, b]$ 的分割 $T : a = x_0 < x_1 < \cdots < x_i < \cdots < x_{n-1} < x_n = b$, 使 $\Delta x_i = x_{i+1} - x_i$ 满足 $\Delta x_i < \delta \, (i = 0, 1, 2, \cdots, n-1)$. 记 ΔU_i 为 U 对应区间 $[x_i, x_{i+1}]$ 的增量, 故

$$\left| \int_a^b f(x)\mathrm{d}x - U(b) \right| = \left| \int_a^b f(x)\mathrm{d}x - \sum_{i=0}^{n-1} \Delta U_i \right|$$

$$= \left| \sum_{i=0}^{n-1} \int_{x_i}^{x_{i+1}} f(x)\mathrm{d}x - \sum_{i=0}^{n-1} f(x_i)\Delta x_i - \sum_{i=0}^{n-1} o(\Delta x_i) \right|$$

$$\leqslant \sum_{i=0}^{n-1} \int_{x_i}^{x_{i+1}} |f(x) - f(x_i)|\mathrm{d}x + \sum_{i=0}^{n-1} \left| \frac{o(\Delta x_i)}{\Delta x_i} \right| \cdot \Delta x_i$$

$$< \varepsilon(b - a) + \varepsilon(b - a) = 2\varepsilon(b - a),$$

从而 $U(b) = \displaystyle\int_a^b f(x)\mathrm{d}x$.   □

注   在定理 9.1.1 的条件下, 称 $f(x)\mathrm{d}x$ 为量 U 的微元 (或元素), 此时 $\mathrm{d}U = f(x)\mathrm{d}x$. 以定理 9.1.1 为依据把量 U 用定积分表达的方法称为**微元法**或**元素法**.

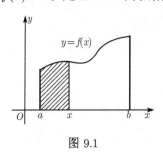

图 9.1

例 1   设 $f(x)$ 在 $[a, b]$ 上连续且非负, 求由曲线 $y = f(x)$ 与直线 $x = a, x = b$ 和 x 轴所围成的曲边梯形的面积 A.

解   这个问题在 8.1 节已用格式 1 完成, 下面用格式 2 完成.

(1) 如图 9.1 所示, 区间 $[a, x]$ 上的曲边梯形面积是区间端点 x 的函数, 记作 $A(x) \, (x \in [a, b])$,

$A(b)$ 就是所求的量 A.

(2) 如图 9.2 所示, 任取 $[x, x + \Delta x] \subset [a, b]$, $A(x)$ 的增量 ΔA 满足 $\Delta A \approx f(x)\Delta x$ 且

$$|\Delta A - f(x)\Delta x| \leqslant (M - m)\Delta x,$$

其中 $M = \sup\limits_{t \in [x, x+\Delta x]} f(t)$, $m = \inf\limits_{t \in [x, x+\Delta x]} f(t)$, 于是

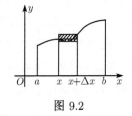

图 9.2

$$\lim_{\Delta x \to 0} \frac{(M - m)\Delta x}{\Delta x} = 0 (\text{注意这里 } f \text{ 在 } [a, b] \text{ 上连续}), \text{所以}$$

$$\Delta A = f(x)\Delta x + o(\Delta x).$$

综上所述, 根据定理 9.1.1 得 $A = \displaystyle\int_a^b f(x)\mathrm{d}x$. $\qquad\square$

思考题

若 f 在 $[a,b]$ 上连续, $[x, x+\Delta x] \subset [a,b]$, $M = \sup\limits_{t \in [x, x+\Delta x]} f(t)$, $m = \inf\limits_{t \in [x, x+\Delta x]} f(t)$, 则 $\lim\limits_{\Delta x \to 0}(M - m) = 0$. 为什么?

9.2 平面图形的面积

9.2.1 直角坐标情形

在 9.1 节讨论过, 由连续曲线 $y = f(x)(\geqslant 0)$ 以及直线 $x = a, x = b(a < b)$ 和 x 轴所围曲边梯形的面积为

$$A = \int_a^b f(x)\mathrm{d}x = \int_a^b y\mathrm{d}x. \tag{9.2.1}$$

如果 f 在 $[a,b]$ 上变号, 则所围图形的面积为

$$A = \int_a^b |f(x)|\mathrm{d}x = \int_a^b |y|\mathrm{d}x. \tag{9.2.2}$$

如果 f_1, f_2 在 $[a,b]$ 上连续且 $f_1(x) \geqslant f_2(x)(x \in [a,b])$, 则由曲线 $y = f_1(x)$ 与 $y = f_2(x)$ 以及两条直线 $x = a$ 与 $x = b$ 所围的平面图形 (图 9.3) 的面积为

$$A = \int_a^b [f_1(x) - f_2(x)]\mathrm{d}x. \tag{9.2.3}$$

如果 g_1, g_2 在 $[c,d]$ 上连续且 $g_1(y) \geqslant g_2(y)(y \in [c,d])$ (图 9.4), 则由曲线 $x = g_1(y)$ 与 $x = g_2(y)$ 以及两条直线 $y = c, y = d$ 所围的平面图形的面积为

$$A = \int_c^d [g_1(y) - g_2(y)]\mathrm{d}y. \tag{9.2.4}$$

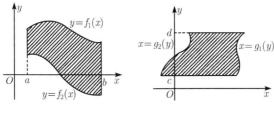

图 9.3 $\qquad\qquad\qquad$ 图 9.4

例 1　求由两条曲线 $y = x^2$ 与 $x = y^2$ 所围成的平面图形的面积.

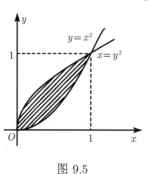

解　由 $\begin{cases} y = x^2, \\ x = y^2 \end{cases}$ 得 $\begin{cases} x = 0, \\ y = 0 \end{cases}$ 或 $\begin{cases} x = 1, \\ y = 1, \end{cases}$

即两曲线交点为 $(0,0)$ 和 $(1,1)$(图 9.5), 于是所求平面图形的面积为

$$A = \int_0^1 (\sqrt{x} - x^2)\mathrm{d}x = \left(\frac{2}{3} x^{\frac{3}{2}} - \frac{1}{3} x^3 \right) \Big|_0^1 = \frac{1}{3}. \quad \square$$

图 9.5

例 2　求由两条曲线 $y = x^2$, $y = \dfrac{x^2}{4}$ 和直线 $y = 1$ 围成的平面图形的面积.

解法 1　如图 9.6 所示, 此图形关于 y 轴对称, 其面积是第一象限部分面积的二倍. 在第一象限中, 直线 $y = 1$ 与曲线 $y = x^2$ 与 $y = \dfrac{x^2}{4}$ 的交点分别是 $(1,1)$ 与 $(2,1)$. 因此所求图形的面积为

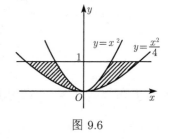

$$A = 2 \left[\int_0^1 \left(x^2 - \frac{x^2}{4} \right) \mathrm{d}x + \int_1^2 \left(1 - \frac{x^2}{4} \right) \mathrm{d}x \right] = \frac{4}{3}.$$

图 9.6

解法 2　将平面图形在第一象限中的部分看成由曲线 $x = \sqrt{y}$, $x = 2\sqrt{y}$ 和直线 $y = 1$ 围成, 所求图形的面积为

$$A = 2 \int_0^1 (2\sqrt{y} - \sqrt{y})\mathrm{d}y = 2 \int_0^1 \sqrt{y}\mathrm{d}y = \frac{4}{3}. \quad \square$$

9.2.2　参数方程情形

当曲线 C 由参数方程

$$x = \varphi(t), \quad y = \psi(t), \quad t \in [\alpha, \beta] \tag{9.2.5}$$

给出, 在 $[\alpha, \beta]$ 上 $\psi(t)$ 连续, $\varphi(t)$ 连续可微 (对于 $\psi(t)$ 连续可微, $\varphi(t)$ 连续的情形可类似讨论).

(1) 若 $x = \varphi(t)$ 在 $[\alpha, \beta]$ 上严格递增, 则 $\varphi'(t) \geqslant 0$ 且有

$$a = \varphi(\alpha) < \varphi(\beta) = b.$$

此时 $x = \varphi(t)$ 存在反函数 $t = \varphi^{-1}(x)$, 曲线 C 的方程为 $y = \psi(\varphi^{-1}(x))(x \in [a, b])$, 于是由曲线 C 和 x 轴及两条直线 $x = a$, $x = b$ 围成的平面图形的面积为

$$A = \int_a^b |y|\mathrm{d}x = \int_a^b |\psi(\varphi^{-1}(x))|\mathrm{d}x = \int_\alpha^\beta |\psi(t)|\varphi'(t)\mathrm{d}t. \tag{9.2.6}$$

(2) 若函数 $x = \varphi(t)$ 在 $[\alpha, \beta]$ 上严格递减, 则 $\varphi'(t) \leqslant 0$ 有

$$a = \varphi(\alpha) > \varphi(\beta) = b,$$

此时函数 $x = \varphi(t)$ 存在反函数 $t = \varphi^{-1}(x)$, 曲线 C 的方程为 $y = \psi(\varphi^{-1}(x))(x \in [b, a])$, 于是由曲线 C 和 x 轴及两条直线 $x = a$, $x = b$ 围成的平面图形的面积为

$$A = \int_b^a |y| \mathrm{d}x = \int_b^a |\psi(\varphi^{-1}(x))| \mathrm{d}x = \int_\beta^\alpha |\psi(t)| \varphi'(t) \mathrm{d}t, \tag{9.2.7}$$

即 $A = -\displaystyle\int_\alpha^\beta |\psi(t)| \varphi'(t) \mathrm{d}t = \int_\alpha^\beta |\psi(t) \varphi'(t)| \mathrm{d}t$.

例 3 求由摆线 $x = a(t - \sin t), y = a(1 - \cos t)(a > 0)$ 的一拱与 x 轴所围平面图形 (图 9.7) 的面积.

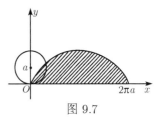

图 9.7

解 由于 $x'(t) = a(1 - \cos t) \geqslant 0$ 在 $[0, 2\pi]$ 上连续, 所以 $x(t)$ 在 $[0, 2\pi]$ 上严格递增, 因此, 所求图形的面积为

$$A = \int_0^{2\pi} a(1 - \cos t) x'(t) \mathrm{d}t = a^2 \int_0^{2\pi} (1 - \cos t)^2 \mathrm{d}t = 3\pi a^2. \qquad \square$$

例 4 求椭圆 $\dfrac{x^2}{a^2} + \dfrac{y^2}{b^2} = 1$ 所围平面图形的面积.

解 椭圆参数方程为

$$\begin{cases} x = a\cos t, \\ y = b\sin t, \end{cases} \quad t \in [0, 2\pi].$$

由于 $x'(t) = -a\sin t \leqslant 0 \left(t \in \left[0, \dfrac{\pi}{2}\right] \right)$ 且 $x(t)$ 在 $\left[0, \dfrac{\pi}{2}\right]$ 上严格递减, 于是由对称性得所求平面图形的面积为

$$A = 4 \cdot \left[-\int_0^{\frac{\pi}{2}} (b\sin t)(a\cos t)' \mathrm{d}t \right] = 4ab \int_0^{\frac{\pi}{2}} \sin^2 t \mathrm{d}t = \pi ab. \qquad \square$$

9.2.3 极坐标情形

设由曲线 $r = \varphi(\theta)$ 及射线 $\theta = \alpha, \theta = \beta$ 围成一平面图形 (简称曲边扇形, 图 9.8), 其中 $\varphi(\theta) \geqslant 0$ 在 $[\alpha, \beta]$ 上连续, $\beta - \alpha \leqslant 2\pi$. 现要计算它的面积.

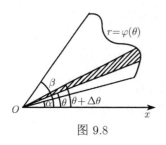

图 9.8

任取 $[\theta, \theta + \Delta\theta] \subset [\alpha, \beta]$,对应 $[\theta, \theta + \Delta\theta]$ 的小曲边扇形面积近似于半径为 $\varphi(\theta)$, 中心角为 $\Delta\theta$ 的小扇形面积, 即 $\Delta A \approx \dfrac{1}{2}\varphi^2(\theta)\Delta\theta$ 且

$$\left|\Delta A - \frac{1}{2}\varphi^2(\theta)\Delta\theta\right| \leqslant \frac{1}{2}(M^2 - m^2)\Delta\theta, \qquad (9.2.8)$$

其中 $M = \max\limits_{\xi \in [\theta, \theta+\Delta\theta]} \varphi(\xi), m = \min\limits_{\xi \in [\theta, \theta+\Delta\theta]} \varphi(\xi).$

注意到 $\lim\limits_{\Delta\theta \to 0} \dfrac{(M^2 - m^2)\Delta\theta}{\Delta\theta} = 0$, 所以

$$\Delta A = \frac{1}{2}\varphi^2(\theta)\Delta\theta + o(\Delta\theta), \qquad (9.2.9)$$

因此, 所求的曲边扇形的面积为

$$A = \frac{1}{2}\int_\alpha^\beta \varphi^2(\theta)\mathrm{d}\theta. \qquad (9.2.10)$$

例 5   求阿基米德螺线 $r = a\theta\,(a > 0)$ 上相应于 θ 从 0 变到 2π 的一段弧与极轴所围成图形 (图 9.9) 的面积.

解   利用 (9.2.10) 式, 所求的面积为

$$A = \frac{1}{2}\int_0^{2\pi} (a\theta)^2\mathrm{d}\theta = \frac{4}{3}a^2\pi^3. \qquad \square$$

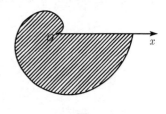

图 9.9

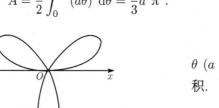

图 9.10   三叶玫瑰线 $\rho = a\sin 3\theta$

例 6   求三叶玫瑰线 $r = a\sin 3\theta\,(a > 0)$ 所围成图形 (图 9.10) 的面积.

解   由于 $r = a\sin 3\theta \geqslant 0$ 及 $0 \leqslant \theta \leqslant 2\pi$, 所以 θ 的范围为 $\left[0, \dfrac{\pi}{3}\right] \bigcup \left[\dfrac{2\pi}{3}, \pi\right] \bigcup \left[\dfrac{4\pi}{3}, \dfrac{5\pi}{3}\right]$. 因此, 根据对称性, 所求的面积为

$$A = 3 \cdot \frac{1}{2}\int_0^{\frac{\pi}{3}} (a\sin 3\theta)^2\mathrm{d}\theta = \frac{\pi}{4}a^2. \qquad \square$$

思考题

推出 (9.2.6) 式、(9.2.7) 式的依据是什么?

习 题 9.2

1. 求由下列各曲线围成的平面图形的面积:

(1) $y = \frac{1}{2}x^2$ 与 $x^2 + y^2 = 8$(两部分都要计算);

(2) $y = \frac{1}{x}$, 直线 $y = x$ 及 $x = 2$;

(3) $y = \mathrm{e}^x, y = \mathrm{e}^{-x}$ 与直线 $x = 1$;

(4) $y = \ln x, y$ 轴与直线 $y = \ln a, y = \ln b(b > a > 0)$.

2. 求由曲线 $y^2 = 4 + x$ 和直线 $x + 2y = 4$ 所围成的图形面积.

3. 求由星形线 $x = a\cos^3 t, y = a\sin^3 t(a > 0)$(图 9.11) 所围图形的面积.

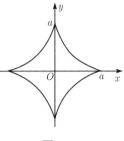

图 9.11

4. 求双纽线 $r^2 = a^2\cos 2\theta$ 所围平面图形的面积.

5. 求心脏线 $r = a(1 + \cos\theta)(a > 0)$ 所围图形的面积.

---

6. 求由曲线 $y = x^2 + 2x + 3$ 和 $y = -x^2 + 3x + 4$ 及直线 $x = 2$ 所围成的图形的面积.

7. 求由抛物线 $y^2 = 2px$ 及其在点 $\left(\frac{p}{2}, p\right)$ 处的法线所围成图形的面积.

8. 求下列各曲线所围图形公共部分的面积:

(1) $r = 3\cos\theta$ 及 $r = 1 + \cos\theta$;

(2) $r = \sqrt{2}\sin\theta$ 及 $r^2 = \cos 2\theta$.

9.3 由平行截面面积求体积

9.3.1 由平行截面面积计算体积

设 Ω 为三维空间中的一立体, 它夹在垂直于 x 轴的两平面 $x = a$ 与 $x = b$ 之

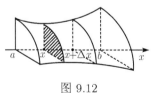

图 9.12

间 $(a < b)$. 为方便起见, 称 Ω 为位于 $[a, b]$ 上的立体, 如图 9.12 所示. 在任意一点 $x \in [a, b]$ 处作垂直于 x 轴的平面, 它截得 Ω 的截面面积是 x 的连续函数, 记为 $A(x)(x \in [a, b])$, 并称之为 Ω 的**截面面积函数**. 求 Ω 的体积.

任取 $[x, x + \Delta x] \subset [a, b]$, 对应于 $[x, x + \Delta x]$ 的部分立体体积为 $\Delta V \approx A(x)\Delta x$ 且 $|\Delta V - A(x)\Delta x| \leqslant (M - m)\Delta x$, 其中 $M = \max\limits_{\xi \in [x, x+\Delta x]} A(\xi), m = \min\limits_{\xi \in [x, x+\Delta x]} A(\xi)$.

由于 $A(x)$ 在 $[a,b]$ 上连续, 所以 $\lim\limits_{\Delta x \to 0}(M-m)=0$, 于是

$$\Delta V = A(x)\Delta x + o(\Delta x),$$

因此, 根据定理 9.1.1 得

$$V = \int_a^b A(x)\mathrm{d}x. \tag{9.3.1}$$

例 1　"夹在两个平行平面间的两个几何体, 被平行于这两个平面的任意平面所截, 如果截得的两个截面面积总相等, 那么这两个几何体的体积相等".

证明　在空间直角坐标系中, 将两个平行平面中的一个作为 xOy 平面, 如图 9.13 所示建立坐标系.

设两个平行平面之间的距离是 h. $\forall \zeta \in [0,h]$, 过点 ζ 作垂直于 z 轴的平面与这两个几何体相截, 设截面的面积分别是 $p(\zeta)$ 与 $q(\zeta)$, 则依题意有 $p(\zeta) = q(\zeta)(\zeta \in [0,h])$. 设这两个几何体的体积分别为 V_1 与 V_2, 于是

$$V_1 = \int_0^h p(\zeta)\mathrm{d}\zeta = \int_0^h q(\zeta)\mathrm{d}\zeta = V_2,$$

即两个几何体的体积相等.　□

例 2　一平面经过半径为 R 的圆柱体的底圆中心, 并与底面交成角 α(图 9.14), 计算这个平面截圆柱体所得立体的体积.

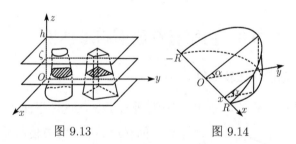

图 9.13　　　　　　　　　图 9.14

解　取这平面与圆柱体的底面的交线为 x 轴, 底面上过圆中心且垂直于 x 轴的直线为 y 轴. 那么, 底圆的方程为 $x^2 + y^2 = R^2$. 立体中过点 x 且垂直于 x 轴的截面是一个直角三角形. 它的两条直角边的长分别为 y 及 $y\tan\alpha$, 即 $\sqrt{R^2-x^2}$ 及 $\sqrt{R^2-x^2}\tan\alpha$, 因而截面积为 $A(x) = \dfrac{1}{2}(R^2-x^2)\tan\alpha$. 于是所求立体体积为

$$V = \int_{-R}^R \frac{1}{2}(R^2-x^2)\tan\alpha\mathrm{d}x = \frac{2}{3}R^3\tan\alpha.　□$$

9.3.2 旋转体体积

旋转体体积的计算. 设 f 是 $[a,b]$ 上的连续函数, Ω 是由平面图形

$$\{(x,y)|0 \leqslant y \leqslant |f(x)|,\ a \leqslant x \leqslant b\}$$

绕 x 轴旋转一周所得的旋转体, 如图 9.15 所示, 易知其截面面积函数为

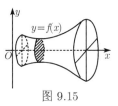

图 9.15

$$A(x) = \pi[f(x)]^2, \quad x \in [a,b],$$

于是所得旋转体 Ω 的体积为

$$V = \pi \int_a^b [f(x)]^2 \mathrm{d}x. \tag{9.3.2}$$

若旋转体由图形

$$\{(x,y)|0 \leqslant x \leqslant |\varphi(y)|,\ c \leqslant y \leqslant d\}$$

绕 y 轴旋转一周而成, 则该旋转体的体积为

$$V = \pi \int_c^d \varphi^2(y)\mathrm{d}y. \tag{9.3.3}$$

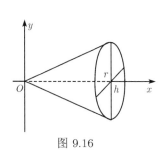

图 9.16

例 3 试导出圆锥体的体积公式.

解 设正圆锥的高为 h, 底圆半径为 r(图 9.16), 这圆锥体可由平面图形 $0 \leqslant y \leqslant \dfrac{r}{h}x, x \in [0,h]$ 绕 x 轴旋转一周而得, 所以其体积为

$$V = \pi \int_0^h \left(\frac{r}{h}x\right)^2 \mathrm{d}x = \frac{1}{3}\pi r^2 h. \qquad \square$$

例 4 求由圆 $x^2 + (y-R)^2 \leqslant r^2 (0 < r < R)$ 绕 x 轴旋转一周所得环状立体的体积.

解 如图 9.17 所示, 圆 $x^2 + (y-R)^2 = r^2$ 的上、下半圆周方程分别为

$$y = f_2(x) = R + \sqrt{r^2 - x^2}, \quad |x| \leqslant r,$$
$$y = f_1(x) = R - \sqrt{r^2 - x^2}, \quad |x| \leqslant r,$$

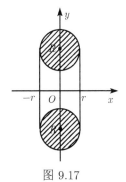

图 9.17

故圆环体的体积为

$$V = \pi \int_{-r}^r (R + \sqrt{r^2 - x^2})^2 \mathrm{d}x - \pi \int_{-r}^r \left(R - \sqrt{r^2 - x^2}\right)^2 \mathrm{d}x$$

$$= 4\pi R \int_{-r}^r \sqrt{r^2 - x^2}\mathrm{d}x = 2\pi^2 r^2 R. \qquad \square$$

例 5　计算由摆线 $x = a(t - \sin t), y = a(1 - \cos t)$ 的第一拱与直线 $y = 0$ 所围成的平面图形分别绕 x 轴、y 轴旋转一周而成旋转体的体积.

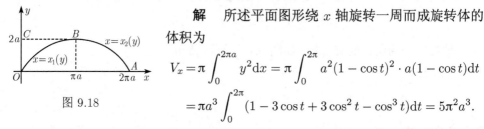

图 9.18

解　所述平面图形绕 x 轴旋转一周而成旋转体的体积为

$$V_x = \pi \int_0^{2\pi a} y^2 \mathrm{d}x = \pi \int_0^{2\pi} a^2(1 - \cos t)^2 \cdot a(1 - \cos t)\mathrm{d}t$$

$$= \pi a^3 \int_0^{2\pi} (1 - 3\cos t + 3\cos^2 t - \cos^3 t)\mathrm{d}t = 5\pi^2 a^3.$$

如图 9.18 所示, 所述平面图形绕 y 轴旋转一周而成旋转体的体积可看成平面图形 $OABC$ 与 OBC 分别绕 y 轴旋转而成的旋转体的体积之差, 因此, 所求的体积为

$$V_y = \pi \int_0^{2a} x_2^2(y)\mathrm{d}y - \pi \int_0^{2a} x_1^2(y)\mathrm{d}y$$

$$= \pi \int_{2\pi}^{\pi} a^2(t - \sin t)^2 \cdot a\sin t\mathrm{d}t - \pi \int_0^{\pi} a^2(t - \sin t)^2 \cdot a\sin t\mathrm{d}t$$

$$= -\pi a^3 \int_0^{2\pi} (t - \sin t)^2 \sin t\mathrm{d}t = 6\pi^3 a^3. \qquad\qquad \square$$

思考题

当平面图形边界曲线由参数方程或极坐标方程给出时, 怎样导出旋转体的体积公式?

习　题　9.3

1. 求以半径为 R 的圆为底, 平行且长度等于底圆直径的线段为顶, 高为 h 的正劈锥体 (图 9.19) 的体积.

2. 求由两个圆柱面 $x^2 + y^2 = a^2$ 与 $z^2 + x^2 = a^2$ 所围立体 (图 9.20) 的体积.

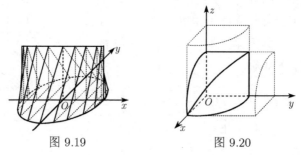

图 9.19　　　　　　　图 9.20

3. 求由椭球面 $\dfrac{x^2}{a^2} + \dfrac{y^2}{b^2} + \dfrac{z^2}{c^2} = 1$ 所围立体 (椭球) 的体积.

4. 计算由椭圆

$$\frac{x^2}{a^2} + \frac{y^2}{b^2} = 1$$

所围成的图形分别绕 x 轴、y 轴旋转一周而成的旋转体 (旋转椭球体) 的体积.

5. 用积分方法证明图 9.21 中球缺的体积为 $V = \pi H^2 \left(R - \dfrac{H}{3} \right)$.

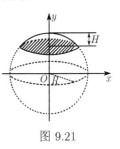

6. 求由曲线 $x = a\cos^3 t, y = a\sin^3 t$ 所围图形绕 x 轴旋转一周所得立体的体积.

7. 求由 $r = a(1+\cos\theta)(a > 0)$ 绕极轴旋转一周所围立体的体积.

8. 证明由平面图形 $0 \leqslant a \leqslant x \leqslant b, 0 \leqslant y \leqslant f(x)$ 绕 y 轴旋转一周所成的旋转体的体积为 $V = 2\pi \displaystyle\int_a^b xf(x)\mathrm{d}x$, 其中 $f(x)$ 在 $[a,b]$ 上连续.

图 9.21

9.4 平面曲线的弧长

9.4.1 平面曲线弧长的概念

设 $x(t), y(t)$ 是闭区间 $[\alpha, \beta]$ 上连续的实函数. 称由参数方程 $C : x = x(t)$, $y = y(t), t \in [\alpha, \beta]$ 所定义的平面曲线 C 为一条**连续曲线**. 若对 $[\alpha, \beta]$ 上任意两个不同点 t_1, t_2, 恒有 $x(t_1) \neq x(t_2)$ 或 $y(t_1) \neq y(t_2)$, 则称曲线 C 为一条平面**简单曲线**. 简单曲线都是非闭的曲线.

设平面简单曲线 $C = \overset{\frown}{AB}$, 如图 9.22 所示, 在 C 上从 A 到 B 依次取分点,

$$A = P_0, P_1, P_2, \cdots, P_{n-1}, P_n = B.$$

它们成为对曲线 C 的一个分割, 记作 T. 用线段连接 T 中相邻两点, 得到曲线 C 的 n 条弦 $\overline{P_{i-1}P_i}(i = 1, 2, \cdots, n)$, 这 n 条弦构成 C 的一条内接折线. 记

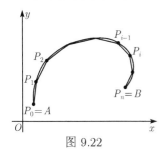

图 9.22

$$\|T\| = \max_{1 \leqslant i \leqslant n} |P_{i-1}P_i|, \quad L_T = \sum_{i=1}^{n} |P_{i-1}P_i|,$$

分别表示最长弦的长度和折线的总长度.

定义 9.4.1 如果存在常数 L, 使对于简单曲线 C 的无论怎样的分割 T 均有

$$\lim_{\|T\| \to 0} L_T = L,$$

则称简单曲线 C 是**可求长的**, 并称极限 L 为简单曲线 C 的**弧长**.

9.4.2 平面曲线弧长的计算

定理 9.4.1 设简单曲线 C 的参数方程为

$$x = x(t), \quad y = y(t), \quad t \in [\alpha, \beta] \tag{9.4.1}$$

且 C 为一光滑曲线, 则 C 是可求长的且弧长为

$$L = \int_\alpha^\beta \sqrt{x'^2(t) + y'^2(t)} \mathrm{d}t. \tag{9.4.2}$$

证明　如前所述, 对 C 作任意分割 $T = \{P_0, P_1, \cdots, P_n\}$, 并设 P_0 与 P_n 分别对应 $t = \alpha$ 与 $t = \beta$ 且

$$P_i(x_i, y_i) = (x(t_i), y(t_i)), \quad i = 1, 2, \cdots, n-1.$$

于是, 与 T 对应得到区间 $[\alpha, \beta]$ 的一个分割

$$T' : \alpha = t_0 < t_1 < \cdots < t_i < \cdots < t_{n-1} < t_n = \beta.$$

在 T' 所属的每个小区间 $\Delta_i = [t_{i-1}, t_i]$ 上, 由微分中值定理得

$$\Delta x_i = x(t_i) - x(t_{i-1}) = x'(\xi_i)\Delta t_i, \quad \xi_i \in \Delta_i,$$

$$\Delta y_i = y(t_i) - y(t_{i-1}) = y'(\eta_i)\Delta t_i, \quad \eta_i \in \Delta_i,$$

从而曲线 C 的内接折线总长为

$$L_T = \sum_{i=1}^n \sqrt{\Delta x_i^2 + \Delta y_i^2} = \sum_{i=1}^n \sqrt{x'^2(\xi_i) + y'^2(\eta_i)} \Delta t_i.$$

注意 C 为简单光滑曲线, 当 $x'(t) \neq 0$ 时, 在 t 的某邻域内 $x = x(t)$ 有连续的反函数, 故当 $\Delta x \to 0$ 时, $\Delta t \to 0$. 类似地, 当 $y'(t) \neq 0$ 时, 亦能由 $\Delta y \to 0$ 推知 $\Delta t \to 0$, 所以当 $|P_{i-1}P_i| = \sqrt{\Delta x_i^2 + \Delta y_i^2} \to 0$ 时, 必有 $\Delta t_i \to 0$. 反之, 当 $\Delta t_i \to 0$ 时, 显然有 $|P_{i-1}P_i| \to 0$. 由此知道, 当 C 为简单光滑曲线时, $\|T\| \to 0$ 与 $\|T'\| \to 0$ 是等价的.

令 $\sigma_i = \sqrt{x'^2(\xi_i) + y'^2(\eta_i)} - \sqrt{x'^2(\xi_i) + y'^2(\xi_i)}$, 易见

$$|\sigma_i| \leqslant \frac{|y'^2(\eta_i) - y'^2(\xi_i)|}{\sqrt{x'^2(\xi_i) + y'^2(\eta_i)} + \sqrt{x'^2(\xi_i) + y'^2(\xi_i)}} \leqslant |y'(\eta_i) - y'(\xi_i)|, \quad i = 1, 2, \cdots, n.$$

因 $y'(t)$ 在 $[\alpha, \beta]$ 上连续, 从而一致连续, 故 $\forall \varepsilon > 0, \exists \delta > 0$, 当 $\|T'\| < \delta$ 时就有

$$|\sigma_i| < \frac{\varepsilon}{\beta - \alpha}, \quad i = 1, 2, \cdots, n.$$

因此有

$$\left| L_T - \sum_{i=1}^{n} \sqrt{x'^2(\xi_i) + y'^2(\xi_i)} \Delta t_i \right| = \left| \sum_{i=1}^{n} \sigma_i \Delta t_i \right| \leqslant \sum_{i=1}^{n} |\sigma_i| \Delta t_i < \varepsilon.$$

于是

$$\lim_{||T|| \to 0} L_T = \lim_{||T'|| \to 0} \sum_{i=1}^{n} \sqrt{x'^2(\xi_i) + y'^2(\xi_i)} \Delta t_i = \int_{\alpha}^{\beta} \sqrt{x'^2(t) + y'^2(t)} \mathrm{d}t,$$

即所求曲线弧长 $L = \int_{\alpha}^{\beta} \sqrt{x'^2(t) + y'^2(t)} \mathrm{d}t$. □

注 (1) 其中

$$\mathrm{d}s = \sqrt{x'^2(t) + y'^2(t)} \mathrm{d}t = \sqrt{\mathrm{d}x^2 + \mathrm{d}y^2} \tag{9.4.3}$$

称为**弧微分**.

(2) 定理 9.4.1 说明每一简单光滑曲线是可求长的.

(3) 若简单曲线 C 由直角坐标方程

$$y = f(x), \quad x \in [a, b]$$

给出, 则当 f 在 $[a, b]$ 上连续可微时, 此曲线即为一光滑曲线. 这时弧长公式为

$$L = \int_a^b \sqrt{1 + f'^2(x)} \mathrm{d}x. \tag{9.4.4}$$

(4) 当简单曲线 C 由极坐标方程

$$r = r(\theta), \quad \theta \in [\alpha, \beta]$$

表示, $r(\theta)$ 在 $[\alpha, \beta]$ 上连续可微且 $r^2(\theta) + r'^2(\theta) \neq 0$ 时, 曲线弧长公式为

$$L = \int_{\alpha}^{\beta} \sqrt{r^2(\theta) + r'^2(\theta)} \mathrm{d}\theta. \tag{9.4.5}$$

例 1 计算曲线 $y = \dfrac{2}{3} x^{\frac{3}{2}}$ 从 $x = 0$ 到 $x = 1$ 那一段的弧长 L.

解 由于 $y' = \sqrt{x}$, 于是所求弧长为

$$L = \int_0^1 \sqrt{1 + y'^2} \mathrm{d}x = \int_0^1 \sqrt{1 + x} \mathrm{d}x = \frac{2}{3}(2\sqrt{2} - 1). \qquad \square$$

例 2　求摆线 $x = a(t - \sin t), y = a(1 - \cos t)(a > 0)$ 一拱的弧长.

解　由于 $x'(t) = a(1 - \cos t), y'(t) = a \sin t$, 于是所求曲线的弧长为

$$L = \int_0^{2\pi} \sqrt{x'^2(t) + y'^2(t)} \mathrm{d}t = \int_0^{2\pi} \sqrt{2a^2(1 - \cos t)} \mathrm{d}t$$

$$= 2a \int_0^{2\pi} \sin \frac{t}{2} \mathrm{d}t = 8a. \qquad \square$$

例 3　求心脏线 $r = a(1 - \cos \theta)(a > 0)$ 的周长.

解　由于 $\sqrt{r^2(\theta) + r'^2(\theta)} = \sqrt{2a^2(1 - \cos \theta)} = 2a \left| \sin \dfrac{\theta}{2} \right|$, 所以根据 (9.4.5) 式可得

$$L = \int_0^{2\pi} \sqrt{r^2(\theta) + r'^2(\theta)} \mathrm{d}\theta = 2a \int_0^{2\pi} \sin \frac{\theta}{2} \mathrm{d}\theta = 8a. \qquad \square$$

思考题

光滑曲线有什么特征? 在定理 9.4.1 的证明中, "光滑" 的条件有哪些作用?

习　题　9.4

1. 求悬链线 $y = \dfrac{\mathrm{e}^x + \mathrm{e}^{-x}}{2}$ 从 $x = 0$ 到 $x = a > 0$ 的弧长.

2. 求下列曲线的弧长:

(1) $y^2 = x^3$, 由 $x = 0$ 到 $x = 1$;

(2) $y = \ln x$, 由 $x = 1$ 到 $x = \sqrt{3}$;

(3) $x = a \cos^3 t, y = a \sin^3 t \, (a > 0), 0 \leqslant t \leqslant 2\pi$;

(4) $x = a(\cos t + t \sin t), y = a(\sin t - t \cos t), 0 \leqslant t \leqslant 2\pi$;

(5) $r = \sin^3 \dfrac{\theta}{3}, 0 \leqslant \theta \leqslant 3\pi$;

(6) $r = a(1 + \cos \theta), a > 0$.

3. 设曲线方程为 $y = \displaystyle\int_0^x \sqrt{\sin t} \mathrm{d}t, 0 \leqslant x \leqslant \pi$, 求该曲线的弧长.

9.5　旋转曲面的面积

9.5.1　旋转曲面面积的概念

假设在 xOy 平面的上半平面有一条简单曲线 $\overparen{AB}$(图 9.23), 以形如

$$x = \Phi(s), \quad y = \Psi(s) \geqslant 0, \quad s \in [0, L] \tag{9.5.1}$$

的方程给出, 其中 L 是 $\overset{\frown}{AB}$ 的弧长, 参数 s 为从点 A 算起的弧长. 取 $\overset{\frown}{AB}$ 的分割

$$T: A = P_0, P_1, P_2, \cdots, P_i, P_{i+1}, \cdots, P_{n-1}, P_n = B, \tag{9.5.2}$$

并作出折线, 如图 9.23 所示.

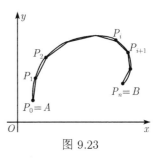

图 9.23

用这条折线代替曲线 $\overset{\frown}{AB}$, 绕 x 轴旋转一周, 它就描出了一个曲面, 记这个曲面的面积为 S_T.

定义 9.5.1 若存在常数 S, 无论简单曲线 $\overset{\frown}{AB}$ 的分割 T 如何取法,

$$\lim_{\|T\| \to 0} S_T = S,$$

则称 S 为简单曲线 $\overset{\frown}{AB}$ 绕 x 轴旋转一周所成**旋转曲面的面积**.

9.5.2 旋转曲面面积的计算

定理 9.5.1 设曲线 C 由 (9.5.1) 式给出且为一简单光滑曲线, 则 C 绕 x 轴旋转一周所得旋转曲面的面积为

$$S = 2\pi \int_0^L \Psi(s) \mathrm{d}s. \tag{9.5.3}$$

*证明 对曲线 C 作分割 (9.5.2), 并设 P_0 与 P_n 分别对应参数 $s = 0$ 与 $s = L, P_i(x_i, y_i) = (\Phi(s_i), \Psi(s_i))(i = 1, 2, \cdots, n-1)$. 于是与 T 对应有区间 $[0, L]$ 的一个分割

$$T': 0 = s_0 < s_1 < \cdots < s_i < \cdots < s_{n-1} < s_n = L.$$

易见, $\|T\| \to 0$ 等价于 $\|T'\| \to 0$(证明见定理 9.4.1 的证明).

折线的每一段 $P_i P_{i+1}(i = 0, 1, 2, \cdots, n-1)$ 当绕 x 轴旋转一周时都得到一个圆台的侧面, 此部分面积 $S_i = 2\pi \dfrac{y_i + y_{i+1}}{2} l_i$, 其中 l_i 为线段 $P_i P_{i+1}$ 的长度. 于是由折线绕 x 轴旋转一周描出的曲面面积为

$$S_T = \sum_{i=0}^{n-1} S_i = 2\pi \sum_{i=0}^{n-1} \frac{y_i + y_{i+1}}{2} l_i = 2\pi \sum_{i=0}^{n-1} y_i l_i + \pi \sum_{i=0}^{n-1} (y_{i+1} - y_i) l_i. \tag{9.5.4}$$

注意到 $y = \Psi(s)$ 是 $[0, L]$ 上的连续函数, 故在 $[0, L]$ 上一致连续. 于是, $\forall \varepsilon > 0, \exists \delta > 0, \forall s', s'' \in [0, L]$, 当 $|s' - s''| < \delta$ 时有 $|\Psi(s') - \Psi(s'')| < \varepsilon$. 从而, 当 $\|T'\| < \delta$ 时有 $|y_{i+1} - y_i| < \varepsilon$, 此时有

$$\left| \pi \sum_{i=0}^{n-1} (y_{i+1} - y_i) l_i \right| \leqslant \varepsilon \pi \sum_{i=0}^{n-1} l_i \leqslant \varepsilon \pi L,$$

即

$$\lim_{\|T'\| \to 0} \pi \sum_{i=0}^{n-1} (y_{i+1} - y_i) l_i = 0. \tag{9.5.5}$$

至于和数 $2\pi \sum\limits_{i=0}^{n-1} y_i l_i$, 则可分为两个和数

$$2\pi \sum_{i=0}^{n-1} y_i \Delta s_i - 2\pi \sum_{i=0}^{n-1} y_i (\Delta s_i - l_i). \tag{9.5.6}$$

由 $\Psi(s)$ 在 $[0, L]$ 上连续知 $\exists M > 0$, 使 $|\Psi(s)| \leqslant M(s \in [0, L])$, 于是 $|y_i| \leqslant M$, 所以

$$\left| 2\pi \sum_{i=0}^{n-1} y_i (\Delta s_i - l_i) \right| \leqslant 2\pi M \sum_{i=0}^{n-1} (\Delta s_i - l_i).$$

注意到 $\lim\limits_{\|T\| \to 0} \sum\limits_{i=0}^{n-1} l_i = L = \sum\limits_{i=0}^{n-1} \Delta s_i$, 所以

$$\lim_{\|T'\| \to 0} 2\pi \sum_{i=0}^{n-1} y_i (\Delta s_i - l_i) = 0. \tag{9.5.7}$$

由 (9.5.4) 式 $\sim$(9.5.7) 式得

$$\lim_{\|T\| \to 0} \sum_{i=0}^{n-1} S_i = \lim_{\|T'\| \to 0} 2\pi \sum_{i=0}^{n-1} y_i \Delta s_i = 2\pi \int_0^L \Psi(s) \mathrm{d}s, \tag{9.5.8}$$

于是所求旋转曲面的面积为 $S = 2\pi \int_0^L \Psi(s) \mathrm{d}s$. $\qquad \square$

注　由定理 9.5.1 的推导过程易知 (9.5.3) 式中 $\mathrm{d}s$ 为曲线 C 的弧长微分, 于是, 当简单曲线 C 的参数方程为

$$x = x(t), \quad y = y(t) \geqslant 0, \quad t \in [\alpha, \beta] \tag{9.5.9}$$

时, 只要曲线 C 光滑, 则对 (9.5.3) 式换元可得

$$S = 2\pi \int_\alpha^\beta y(t) \sqrt{x'^2(t) + y'^2(t)} \mathrm{d}t. \tag{9.5.10}$$

当简单光滑曲线 C 用显式方程 $y = f(x) \geqslant 0 \, (a \leqslant x \leqslant b)$ 给出时有

$$S = 2\pi \int_a^b f(x) \sqrt{1 + f'^2(x)} \mathrm{d}x. \tag{9.5.11}$$

当简单光滑曲线 C 由极坐标方程

$$r = r(\theta), \quad \alpha \leqslant \theta \leqslant \beta, \, [\alpha, \beta] \subset [0, \pi], r(\theta) \geqslant 0$$

给出时, 有

$$S = 2\pi \int_\alpha^\beta r(\theta) \sin\theta \sqrt{r^2(\theta) + r'^2(\theta)} \mathrm{d}\theta. \tag{9.5.12}$$

例 1　计算由摆线 $x = a(t - \sin t), y = a(1 - \cos t)(a > 0)$ 的一拱绕 x 轴旋转一周所得旋转曲面的面积.

解 当 $0 \leqslant t \leqslant 2\pi$ 时, 对应摆线的第一拱, 于是由 (9.5.10) 式得所求面积为

$$S = 2\pi \int_0^{2\pi} y(t) \sqrt{x'^2(t) + y'^2(t)} \mathrm{d}t$$

$$= 2\pi \int_0^{2\pi} a(1 - \cos t) \sqrt{a^2(1 - \cos t)^2 + a^2 \sin^2 t} \mathrm{d}t$$

$$= 4\pi a^2 \int_0^{2\pi} \left(2 - 2\cos^2 \frac{t}{2}\right) \sin \frac{t}{2} \mathrm{d}t$$

$$= \frac{64}{3} \pi a^2. \qquad \square$$

例 2 计算圆 $x^2 + y^2 = R^2$ 在 $[x_1, x_2] \subset [-R, R]$ 上的弧段绕 x 轴旋转一周所得球带的面积.

解 球带是曲线 $y = \sqrt{R^2 - x^2}$ $(x \in [x_1, x_2])$ 绕 x 轴旋转一周所得旋转曲面, 于是根据 (9.5.11) 式得所求面积为

$$S = 2\pi \int_{x_1}^{x_2} \sqrt{R^2 - x^2} \sqrt{1 + \frac{x^2}{R^2 - x^2}} \mathrm{d}x = 2\pi R (x_2 - x_1). \qquad \square$$

当取 $x_1 \to -R, x_2 \to R$ 时得球的表面积 $S = 4\pi R^2$.

定积分在几何上的应用

思考题

设平面光滑曲线 C 的方程为

$$y = f(x), \quad x \in [a, b]$$

(不妨设 $f(x) \geqslant 0$). 这段曲线绕 x 轴旋转一周得到一旋转曲面. 若用微元法导出该曲面面积计算公式, 应怎样操作, 会遇到什么问题?

习 题 9.5

1. 求下列平面曲线绕指定轴旋转一周所得旋转曲面的面积:

(1) $y = \cos x, 0 \leqslant x \leqslant \pi$, 绕 x 轴;

(2) $x = a \cos^3 t, y = a \sin^3 t$ $(a > 0)$, 绕 x 轴;

(3) $\dfrac{x^2}{a^2} + \dfrac{y^2}{b^2} = 1$, 分别绕 x 轴、y 轴;

(4) $(x - a)^2 + (y - b)^2 = r^2$ $(0 < r < \min\{a, b\})$, 分别绕 x 轴、y 轴.

2. 试求下列极坐标方程给出曲线绕极轴旋转一周所得旋转曲面的面积:

(1) 心脏线 $r = a(1 - \cos\theta)(a > 0)$;

(2) 双纽线 $r^2 = 2\cos 2\theta$.

*9.6　定积分在某些物理问题中的应用

定积分在物理上有广泛的应用, 下面通过一些实例介绍几个常见的应用.

9.6.1　变力做功

例 1　自地面垂直向上发射火箭, 问火箭的初速度至少为多少才能飞向太空一去不复返?

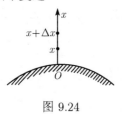

图 9.24

解　如图 9.24 所示, 设地球半径为 R, 地球质量为 M, 火箭的质量为 m, 则当火箭离开地面的距离为 x 时, 按万有引力公式, 火箭受地球引力为

$$f(x) = \frac{kMm}{(R+x)^2}, \tag{9.6.1}$$

其中 k 为万有引力系数.

当 $x = 0$ 时, $f(0) = mg(g$ 为重力加速度), 代入 (9.6.1) 式得 $kM = R^2g$, 于是

$$f(x) = \frac{R^2gm}{(R+x)^2}.$$

任取 $[x, x + \Delta x] \subset [0, +\infty)$, 当 Δx 充分小时, 火箭势能增量为

$$\Delta W \approx \frac{R^2gm}{(R+x)^2}\Delta x, \quad \mathrm{d}W = \frac{R^2gm}{(R+x)^2}\mathrm{d}x,$$

因此, 当火箭自地面 $(x = 0)$ 达到高度 h 时, 由微元法所得势能总量为

$$W = \int_0^h \mathrm{d}W = \int_0^h \frac{R^2gm}{(R+x)^2}\mathrm{d}x = R^2gm\left(\frac{1}{R} - \frac{1}{R+h}\right).$$

若火箭飞向太空一去不复返, 即 $h \to +\infty$, 此时获得的势能为

$$W = \lim_{h \to +\infty}\int_0^h \frac{R^2gm}{(R+x)^2}\mathrm{d}x = \lim_{h \to +\infty}R^2gm\left(\frac{1}{R} - \frac{1}{R+h}\right) = Rgm. \tag{9.6.2}$$

该势能来自动能. 如果火箭离开地面的初速度为 v_0, 则有动能 $\frac{1}{2}mv_0^2$, 要使火箭上升后一去不复返, 必须

$$\frac{1}{2}mv_0^2 \geqslant Rgm. \tag{9.6.3}$$

以 $g = 9.8\mathrm{m/s^2}$, 地球半径为 $R = 6.370 \times 10^6\mathrm{m}$ 代入 (9.6.3) 式, 则

$$v_0 \geqslant \sqrt{2 \times 6.370 \times 10^6 \times 9.8}\mathrm{m/s} \approx 11.2 \times 10^3\mathrm{m/s}. \tag{9.6.4}$$

由 (9.6.4) 式给出的速度称为第二宇宙速度. □

9.6.2　压力

例 2　一直径为 6cm 的圆形管道, 有一道闸门, 问盛水半满时, 闸门所受的压力为多少?

解　以圆心为坐标原点建立坐标系, 如图 9.25 所示. 由对称性, 只需考虑第一象限部分所受的压力 P, 则闸门总压力为 $2P$. 已知水中各点的压强等于水的密度 ρ, 重力加速度 g 与深度 x 的乘积, 现考虑水深为 x 到 $x+\Delta x$ 一层闸门 ΔS 所受的压力 ΔP.

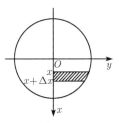

图 9.25

当 Δx 充分小时, ΔS 中各点的压强都近似地看成 $\rho g x$, ΔS 的面积近似为 $\sqrt{3^2 - x^2} \cdot \Delta x$, 于是

$$\Delta P \approx \rho g x \cdot \sqrt{3^2 - x^2}\Delta x, \quad \mathrm{d}P = \rho g x \sqrt{3^2 - x^2}\mathrm{d}x.$$

故

$$P = \int_0^3 \rho g x \sqrt{3^2 - x^2}\mathrm{d}x = -\frac{1}{2}\rho g \int_0^3 (3^2 - x^2)^{\frac{1}{2}}\mathrm{d}(3^2 - x^2)$$

$$= -\frac{1}{3}\rho g (3^2 - x^2)^{\frac{3}{2}}\Big|_0^3 = 8.82 \times 10^4,$$

即闸门所受的压力为 $2P = 1.764 \times 10^5\mathrm{N}$. □

9.6.3　力矩与重心

例 3　设质点 M_1, M_2 的质量分别为 m_1, m_2, 求质点系 M_1, M_2 的重心.

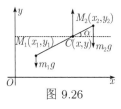

图 9.26

解　质点 M_1, M_2 所受的重力分别为 $m_1 g, m_2 g$, 视其为一个同向平行力系, 此力系平衡的条件为

(1) M_1 与 M_2 的直连线上有一点 C, C 处有一与力 $m_1 g$, $m_2 g$ 平行的力 $-(m_1 g + m_2 g)$, 如图 9.26 所示.

(2)

$$m_1 g \cdot M_1 C \cdot \cos\alpha = m_2 g \cdot CM_2 \cdot \cos\alpha, \tag{9.6.5}$$

其中 C 就是质点系 M_1, M_2 的重心, M_1C, CM_2 表有向线段 $\overline{M_1C}, \overline{CM_2}$ 的长度.

由 (9.6.5) 式得

$$m_1(x - x_1) = m_2(x_2 - x), \qquad m_1(y - y_1) = m_2(y_2 - y),$$

解得

$$x = \frac{m_1x_1 + m_2x_2}{m_1 + m_2}, \quad y = \frac{m_1y_1 + m_2y_2}{m_1 + m_2},$$

即重心坐标为 $\left(\dfrac{m_1x_1 + m_2x_2}{m_1 + m_2}, \dfrac{m_1y_1 + m_2y_2}{m_1 + m_2} \right)$. $\qquad\square$

例 4　求密度均匀薄板的静力矩与重心坐标, 薄板的形状为由曲线 $y = x^2 + 1$, 直线 $x = 2$ 及坐标轴所围的曲边梯形 (图 9.27).

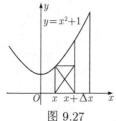
图 9.27

解　设薄板的质量为 M, 重心坐标为 (x_0, y_0), 则薄板对 x 轴, y 轴的静力矩分别为

$$M_x = M \cdot y_0, \quad M_y = M \cdot x_0.$$

下求 M_x, M_y. 设密度 $\rho = 1$.

取一宽为 Δx 的薄板, 如图 9.27 所示, 并近似地看成高为 $1 + x^2$, 底为 Δx 的矩形, 而该矩形的重心坐标为 $\left(x + \dfrac{1}{2}\Delta x, \dfrac{1}{2}(1 + x^2) \right)$, 则

$$\Delta M_x \approx (1 + x^2)\Delta x \cdot \frac{1}{2}(1 + x^2),$$
$$\mathrm{d}M_x = \frac{1}{2}(1 + x^2)^2\mathrm{d}x,$$

于是

$$M_x = \int_0^2 \frac{1}{2}(1 + x^2)^2\mathrm{d}x = \frac{1}{2}\left(\frac{x^5}{5} + \frac{2}{3}x^3 + x \right)\Big|_0^2 = 6\frac{13}{15},$$
$$\Delta M_y \approx (1 + x^2)\Delta x \left(x + \frac{\Delta x}{2} \right) \approx x(1 + x^2)\Delta x,$$
$$M_y = \int_0^2 x(1 + x^2)\mathrm{d}x = \left(\frac{x^4}{4} + \frac{x^2}{2} \right)\Big|_0^2 = 6,$$
$$M = \int_0^2 (1 + x^2)\mathrm{d}x = \left(x + \frac{x^3}{3} \right)\Big|_0^2 = \frac{14}{3}.$$

因此, 所求重心坐标为

$$x_0 = \frac{M_y}{M} = \frac{3}{14} \cdot 6 = \frac{9}{7}, \quad y_0 = \frac{M_x}{M} = \frac{3}{14} \cdot \frac{103}{15} = \frac{103}{70}. \qquad\square$$

思考题

在本节各例题中, 省略了微元法解题的某个步骤, 原因在哪里?

习　题　9.6

1. 一圆柱形水池, 池口直径为 20m, 深 15m, 池中盛满了水, 求将全部池水抽到池口外所做的功.

2. 一半径为 2m 的圆形薄板垂直浸入水中, 圆心到水面的距离为 4m, 求该圆形薄板之一侧所受的压力.

3. 求密度均匀的椭圆 $\dfrac{x^2}{a^2} + \dfrac{y^2}{b^2} \leqslant 1$ 形薄板在第一象限部分的重心.

---

4. 有一长为 a 的细棒, 它在各点处的线密度与相距某一端点距离平方成正比, 求此细棒的平均密度.

5. 有一正圆锥形容器盛满了水, 其上底半径为 r, 高为 h, 而下端锥顶处有一面积为 a 的小孔, 已知水深为 x 时, 从小孔流出的速度 $V = \sqrt{2gx}$, 其中 g 为重力加速度, 当小孔全开时, 问水全部流出需多少时间?

9.7　反常积分的概念与基本性质

9.7.1　反常积分的概念与统一定义

在 9.6 节例 1 考虑发射火箭问题时, 出现了要讨论 (9.6.2) 式, 即

$$W = \lim_{h \to +\infty} \int_0^h \frac{R^2 gm}{(R+x)^2} \mathrm{d}x \tag{9.7.1}$$

的需要, 在这个例子中, 必须突破定积分中 "积分区间的有穷性" 限制.

又若考虑圆周 $x^2 + y^2 = 1$ 的半圆周 $y = \sqrt{1-x^2}\,(-1 \leqslant x \leqslant 1)$ 的周长, 利用弧长公式 (9.4.4) 可以得到在 $[-1+\delta, 1-\delta]\,(0 < \delta < 1)$ 弧段的弧长

$$L_1 = \int_{-1+\delta}^{1-\delta} \sqrt{1 + \left(\frac{-x}{\sqrt{1-x^2}}\right)^2}\,\mathrm{d}x = \int_{-1+\delta}^{1-\delta} \frac{\mathrm{d}x}{\sqrt{1-x^2}} = \arcsin x\big|_{-1+\delta}^{1-\delta}$$
$$= \arcsin(1-\delta) - \arcsin(-1+\delta).$$

不难认同, 当 $\delta \to 0^+$ 时, $L_1 \to \pi$ 应为半圆的周长. 但在此时仍不能直接把半圆周长 L_1 用 $\displaystyle\int_{-1}^{1} \frac{\mathrm{d}x}{\sqrt{1-x^2}}$ 表示, 因为被积函数 $\dfrac{1}{\sqrt{1-x^2}}$ 在 $[-1,1]$ 上无界. 这个案例提出了另一需要, 即必须突破定积分中 "被积函数有界性" 的限制.

出于上述推广定积分的需要, 引入了反常积分的概念.

定义 9.7.1 (1) 设函数 f 在 $[a, +\infty)$ 上有定义且在任一 $[a, u]$ 上可积. 如果存在极限

$$\lim_{u \to +\infty} \int_a^u f(x)\mathrm{d}x = J, \tag{9.7.2}$$

则称此极限值 J 为函数 f 在 $[a, +\infty)$ 上的**无穷限反常积分**, 简称**无穷积分**, 记作

$$J = \int_a^{+\infty} f(x)\mathrm{d}x, \tag{9.7.3}$$

并称反常积分 $\int_a^{+\infty} f(x)\mathrm{d}x$ **收敛**. 如果极限 (9.7.2) 不存在, 则称反常积分 $\int_a^{+\infty} f(x) \mathrm{d}x$ **发散**.

(2) 设函数 f 在任一 $[u, a] \subset (-\infty, a]$ 上可积. 类似定义

$$\int_{-\infty}^a f(x)\mathrm{d}x = \lim_{u \to -\infty} \int_u^a f(x)\mathrm{d}x. \tag{9.7.4}$$

(3) 设函数 f 在 $(-\infty, +\infty)$ 的任一闭子区间上可积. 取 $a \in (-\infty, +\infty)$, 若 $\int_{-\infty}^a f(x)\mathrm{d}x$ 与 $\int_a^{+\infty} f(x)\mathrm{d}x$ 都收敛, 则称 $\int_{-\infty}^{+\infty} f(x)\mathrm{d}x$ **收敛**且

$$\int_{-\infty}^{+\infty} f(x)\mathrm{d}x = \int_{-\infty}^a f(x)\mathrm{d}x + \int_a^{+\infty} f(x)\mathrm{d}x. \tag{9.7.5}$$

注　在判别 $\int_{-\infty}^{+\infty} f(x)\mathrm{d}x$ 的敛散性与计算收敛时的值时, (9.7.5) 式与 a 的选取无关.

例 1　讨论无穷积分

$$\int_1^{+\infty} \frac{\mathrm{d}x}{x^p} \tag{9.7.6}$$

的敛散性.

解　由于对于 $u > 1$, 有

$$\int_1^u \frac{\mathrm{d}x}{x^p} = \begin{cases} \dfrac{1}{1-p}(u^{1-p} - 1), & p \neq 1, \\ \ln u, & p = 1, \end{cases}$$

所以

$$\lim_{u \to +\infty} \int_1^u \frac{\mathrm{d}x}{x^p} = \begin{cases} \dfrac{1}{p-1}, & p > 1, \\ +\infty, & p \leqslant 1, \end{cases}$$

因此, 无穷积分 (9.7.6) 在 $p > 1$ 时收敛, 在 $p \leqslant 1$ 时发散. □

例 2 讨论无穷积分 $\displaystyle\int_{-\infty}^{+\infty} \dfrac{\mathrm{d}x}{1+x^2}$ 的敛散性.

解 任取 $a \in (-\infty, +\infty)$. 讨论 $\displaystyle\int_{-\infty}^{a} \dfrac{\mathrm{d}x}{1+x^2}$ 和 $\displaystyle\int_{a}^{+\infty} \dfrac{\mathrm{d}x}{1+x^2}$ 的敛散性. 由于

$$\lim_{u \to -\infty} \int_u^a \frac{\mathrm{d}x}{1+x^2} = \lim_{u \to -\infty} (\arctan a - \arctan u) = \arctan a + \frac{\pi}{2},$$

$$\lim_{v \to +\infty} \int_a^v \frac{\mathrm{d}x}{1+x^2} = \lim_{v \to +\infty} (\arctan v - \arctan a) = \frac{\pi}{2} - \arctan a,$$

所以 $\displaystyle\int_{-\infty}^{a} \dfrac{\mathrm{d}x}{1+x^2}, \int_{a}^{+\infty} \dfrac{\mathrm{d}x}{1+x^2}$ 都收敛, 因此根据定义 9.7.1(3) 得无穷积分 $\displaystyle\int_{-\infty}^{+\infty}$ $\dfrac{\mathrm{d}x}{1+x^2}$ 收敛且

$$\int_{-\infty}^{+\infty} \frac{\mathrm{d}x}{1+x^2} = \left(\arctan a + \frac{\pi}{2}\right) + \left(\frac{\pi}{2} - \arctan a\right) = \pi.$$ □

定义 9.7.2 (1) 设 f 在 $[a, b)$ 上有定义且在任一 $[a, u] \subset [a, b)$ 上可积, f 在点 b 的任一左半去心邻域内无界. 若存在极限

$$\lim_{u \to b^-} \int_a^u f(x)\mathrm{d}x = J, \tag{9.7.7}$$

则称 J 为无界函数 f 在 $[a, b)$ 上的反常积分, 也称为**瑕积分**, 称 b 为**瑕点**, 记作 $J = \displaystyle\int_a^b f(x)\mathrm{d}x$, 并称瑕积分 $\displaystyle\int_a^b f(x)\mathrm{d}x$ **收敛**.

若 (9.7.7) 式中的极限不存在, 则称瑕积分 $\displaystyle\int_a^b f(x)\mathrm{d}x$ **发散**.

(2) 设 f 在任一 $[u, b] \subset (a, b]$ 上可积, 在 a 的任一右半去心邻域内无界. 若存在极限

$$\lim_{u \to a^+} \int_u^b f(x)\mathrm{d}x = J, \tag{9.7.8}$$

则称 J 为无界函数 f 在 $(a, b]$ 上的反常积分, 也称为**瑕积分**, 称 a 为**瑕点**, 记作 $J = \displaystyle\int_a^b f(x)\mathrm{d}x$, 并称瑕积分 $\displaystyle\int_a^b f(x)\mathrm{d}x$ **收敛**. 若 (9.7.8) 式中的极限不存在, 则称瑕积分 $\displaystyle\int_a^b f(x)\mathrm{d}x$ **发散**.

(3) 若 f 在任一 $[a, u] \subset [a, c)$ 和 $[v, b] \subset (c, b]$ 上可积, 但 f 在点 c 的任一去心邻域内无界且瑕积分 $\displaystyle\int_a^c f(x)\mathrm{d}x$ 及 $\displaystyle\int_c^b f(x)\mathrm{d}x$ 都收敛, 则称瑕积分 $\displaystyle\int_a^b f(x)\mathrm{d}x$ **收**

敛且

$$\int_a^b f(x)\mathrm{d}x = \int_a^c f(x)\mathrm{d}x + \int_c^b f(x)\mathrm{d}x = \lim_{u\to c^-}\int_a^u f(x)\mathrm{d}x + \lim_{v\to c^+}\int_v^b f(x)\mathrm{d}x. \quad (9.7.9)$$

否则称瑕积分 $\int_a^b f(x)\mathrm{d}x$ **发散**.

例 3　讨论瑕积分 $\int_0^1 \dfrac{\mathrm{d}x}{x^p} (p>0)$ 的敛散性.

解　显然, 函数 $f(x) = \dfrac{1}{x^p}$ 在 $(0,1]$ 上连续, $x=0$ 为其瑕点. 由于当 $0 < u < 1$ 时,

$$\int_u^1 \frac{\mathrm{d}x}{x^p} = \begin{cases} \dfrac{1}{1-p}(1 - u^{1-p}), & p \neq 1, \\ -\ln u, & p = 1, \end{cases}$$

所以瑕积分 $\int_0^1 \dfrac{\mathrm{d}x}{x^p}$ 当 $0 < p < 1$ 时收敛且 $\int_0^1 \dfrac{\mathrm{d}x}{x^p} = \dfrac{1}{1-p}$, 当 $p \geqslant 1$ 时, 瑕积分 $\int_0^1 \dfrac{\mathrm{d}x}{x^p}$ 发散.　　　　　　□

注　(1) 类似于例 3 不难得到瑕积分 $\int_a^b \dfrac{\mathrm{d}x}{(x-a)^p}$ 及 $\int_a^b \dfrac{\mathrm{d}x}{(b-x)^p}$ 在 $0 < p < 1$ 时收敛, 在 $p \geqslant 1$ 时发散.

(2) 对反常积分 $\int_0^{+\infty} \dfrac{\mathrm{d}x}{x^p}$, 定义积分收敛当且仅当 $\int_0^a \dfrac{\mathrm{d}x}{x^p}$ 与 $\int_a^{+\infty} \dfrac{\mathrm{d}x}{x^p}$ 都收敛 $(a>0)$. 易见对任意实数 p, $\int_0^{+\infty} \dfrac{\mathrm{d}x}{x^p}$ 发散.

反常积分收敛性定义为变限定积分的极限, 这点无论对无穷限反常积分还是瑕积分都是一致的. 在不少场合, 会把这两种情形放在一起讨论. 为此引入下面的统一定义.

定义 9.7.3　设 f 在任一 $[a,u] \subset [a,\omega)$ 上可积, 其中 $a < \omega < +\infty$ 且 f 在 ω 的任一左半去心邻域内无界, 或 $\omega = +\infty$. 如果存在极限

$$\lim_{\substack{u\to\omega \\ u\in[a,\omega)}} \int_a^u f(x)\mathrm{d}x = J \quad \left(简记为 \lim_{u\to\omega^-}\int_a^u f(x)\mathrm{d}x = J\right), \quad\quad (9.7.10)$$

则称极限值 J 为函数 f 在 $[a,\omega)$ 上的**反常积分**, 记作 $J = \int_a^\omega f(x)\mathrm{d}x$, 并称反常积分 $\int_a^\omega f(x)\mathrm{d}x$ **收敛**. 若极限 (9.7.10) 不存在, 则称反常积分 $\int_a^\omega f(x)\mathrm{d}x$ **发散**.

注　在下面讨论中, 当提及反常积分 $\int_a^\omega f(x)\mathrm{d}x$ 时, 总假定 $\int_a^\omega f(x)\mathrm{d}x$ 符合定义 9.7.3.

9.7.2　反常积分的基本性质

定理 9.7.1(线性性质)　设 f, g 在 $[a, \omega)$ 的任一闭子区间 $[a, u]$ 上可积, 则当反常积分 $\int_a^\omega f(x)\mathrm{d}x$ 及 $\int_a^\omega g(x)\mathrm{d}x$ 收敛时, 对任何 $\lambda_1, \lambda_2 \in \mathbb{R}$ 有 $\int_a^\omega (\lambda_1 f(x) + \lambda_2 g(x))\mathrm{d}x$ 收敛且

$$\int_a^\omega (\lambda_1 f(x) + \lambda_2 g(x))\mathrm{d}x = \lambda_1 \int_a^\omega f(x)\mathrm{d}x + \lambda_2 \int_a^\omega g(x)\mathrm{d}x. \tag{9.7.11}$$

定理 9.7.2　如果 $c \in [a, \omega)$, 则反常积分 $\int_a^\omega f(x)\mathrm{d}x$ 与 $\int_c^\omega f(x)\mathrm{d}x$ 同敛态 (即同时收敛或同时发散), 并且当收敛时有

$$\int_a^\omega f(x)\mathrm{d}x = \int_a^c f(x)\mathrm{d}x + \int_c^\omega f(x)\mathrm{d}x. \tag{9.7.12}$$

定理 9.7.3(反常积分换元法)　如果 f 在 $[a, \omega)$ 上连续, $\varphi : [\alpha, \gamma) \longrightarrow [a, \omega)$ 有连续导数且严格单调, $\varphi(\alpha) = a$, 当 $\beta \in [\alpha, \gamma)$ 且 $\beta \to \gamma$ 时有 $\varphi(\beta) \to \omega$, 那么反常积分 $\int_a^\omega f(x)\mathrm{d}x$ 与 $\int_\alpha^\gamma f(\varphi(t))\varphi'(t)\mathrm{d}t$ 同敛态, 并且收敛时有

$$\int_a^\omega f(x)\mathrm{d}x = \int_\alpha^\gamma (f \circ \varphi)(t)\varphi'(t)\mathrm{d}t. \tag{9.7.13}$$

证明　利用定积分换元法得 $\forall u \in [a, \omega)$ 有

$$\int_{a=\varphi(\alpha)}^{u=\varphi(\beta)} f(x)\mathrm{d}x = \int_\alpha^\beta f(\varphi(t))\varphi'(t)\mathrm{d}t. \tag{9.7.14}$$

于是考虑 (9.7.14) 式左、右两端在 $u \to \omega^-$(即 $\beta \to \gamma^-$) 时的极限, 可得结论.　□

定理 9.7.4(反常积分分部积分法)　如果 f, g 在 $[a, \omega)$ 上有连续导数且极限 $\lim\limits_{x \to \omega^-} f(x)g(x)$ 存在, 则反常积分 $\int_a^\omega f(x)g'(x)\mathrm{d}x$ 与 $\int_a^\omega f'(x)g(x)\mathrm{d}x$ 同敛态, 并且当反常积分收敛时有

$$\int_a^\omega f(x)g'(x)\mathrm{d}x = f(x)g(x)|_a^\omega - \int_a^\omega f'(x)g(x)\mathrm{d}x, \tag{9.7.15}$$

其中

$$f(x)g(x)|_a^\omega = \lim_{x \to \omega^-} f(x)g(x) - f(a)g(a).$$

由定积分分部积分法易得 (9.7.15) 式, 此处证略.

例 4　讨论无穷积分 $\displaystyle\int_2^{+\infty}\frac{\mathrm{d}x}{x(\ln x)^p}(p>0)$ 的敛散性.

解　作变换 $t=\ln x$, 则根据定理 9.7.3 得,

$$\int_2^{+\infty}\frac{\mathrm{d}x}{x(\ln x)^p}\ \text{与}\ \int_{\ln 2}^{+\infty}\frac{\mathrm{d}t}{t^p}\ \text{同敛态},$$

于是根据定理 9.7.2 和例 1 得无穷积分 $\displaystyle\int_2^{+\infty}\frac{\mathrm{d}x}{x(\ln x)^p}$ 当 $p>1$ 时收敛, 当 $0<p\leqslant 1$ 时发散.　　　　□

例 5　讨论无穷积分 $\displaystyle\int_0^{+\infty}\mathrm{e}^{-x}\cos x\,\mathrm{d}x$ 的敛散性.

解　记 $I(u)=\displaystyle\int_0^u\mathrm{e}^{-x}\cos x\,\mathrm{d}x$, 则

$$
\begin{aligned}
I(u)&=\int_0^u\mathrm{e}^{-x}\mathrm{d}\sin x=\mathrm{e}^{-x}\sin x\big|_0^u+\int_0^u\sin x\mathrm{e}^{-x}\mathrm{d}x\\
&=\mathrm{e}^{-u}\sin u-\mathrm{e}^{-x}\cos x\big|_0^u-\int_0^u\mathrm{e}^{-x}\cos x\mathrm{d}x\\
&=\mathrm{e}^{-u}\sin u-\mathrm{e}^{-u}\cos u+1-I(u),
\end{aligned}
$$

于是 $I(u)=\dfrac{1}{2}\mathrm{e}^{-u}(\sin u-\cos u)+\dfrac{1}{2}$, 所以

$$\lim_{u\to+\infty}I(u)=\lim_{u\to+\infty}\left[\frac{1}{2}\mathrm{e}^{-u}(\sin u-\cos u)+\frac{1}{2}\right]=\frac{1}{2},$$

因此, 无穷积分 $\displaystyle\int_0^{+\infty}\mathrm{e}^{-x}\cos x\mathrm{d}x$ 收敛且其值为 $\dfrac{1}{2}$.　　　　□

反常积分的概念和计算

思考题

1. 函数极限的哪些极限存在条件、极限存在性质可以推广到反常积分?

2. 反常积分的几何意义是什么?

3. 两类反常积分能否相互转换?

习　题　9.7

1. 判断下列各反常积分的敛散性, 如果收敛, 计算反常积分的值:

(1) $\displaystyle\int_1^{+\infty} \frac{\mathrm{d}x}{x^3}$;　　　　　　　　　　(2) $\displaystyle\int_0^{+\infty} \mathrm{e}^{-ax}\mathrm{d}x(a>0)$;

(3) $\displaystyle\int_0^{+\infty} \mathrm{e}^{-ax}\sin bx\mathrm{d}x(a>0,b>0)$;　　(4) $\displaystyle\int_{-\infty}^{+\infty} \frac{\mathrm{d}x}{x^2+2x+2}$;

(5) $\displaystyle\int_0^1 \frac{x\mathrm{d}x}{\sqrt{1-x^2}}$;　　　　　　　　(6) $\displaystyle\int_0^2 \frac{\mathrm{d}x}{x\sqrt{(1-x)^2}}$;

(7) $\displaystyle\int_0^{+\infty} \frac{\mathrm{d}x}{\sqrt{x}}$;　　　　　　　　(8) $\displaystyle\int_1^e \frac{\mathrm{d}x}{x\sqrt{1-(\ln x)^2}}$;

(9) $\displaystyle\int_0^1 \frac{\mathrm{d}x}{\sqrt{x-x^2}}$;　　　　　　　(10) $\displaystyle\int_0^1 \frac{\mathrm{d}x}{x(-\ln x)^p}$.

2. 试举例说明当瑕积分 $\displaystyle\int_a^b f(x)\mathrm{d}x$ 收敛时, $\displaystyle\int_a^b f^2(x)\mathrm{d}x$ 不一定收敛.

3. 设 $\displaystyle\int_a^{+\infty} f(x)\mathrm{d}x$ 收敛且存在极限 $\displaystyle\lim_{x\to+\infty} f(x)=A$, 试证明 $A=0$.

4. 试举例说明当 $\displaystyle\int_a^{+\infty} f(x)\mathrm{d}x$ 收敛, 并且 $f(x)$ 在 $[a,+\infty)$ 上连续时不一定有

$$\lim_{x\to+\infty} f(x)=0.$$

9.8　反常积分的敛散性

9.8.1　反常积分的 Cauchy 收敛准则

根据定义 9.7.3, 反常积分 $\displaystyle\int_a^\omega f(x)\mathrm{d}x$ 的收敛性等价于函数

$$F(u)=\int_a^u f(x)\mathrm{d}x \tag{9.8.1}$$

当 $u\to\omega, u\in[a,\omega)$ 时极限的存在性, 故由函数极限的 Cauchy 收敛准则不难得到如下定理.

定理 9.8.1(反常积分的 Cauchy 收敛准则)　如果 f 在任一 $[a,u]\subset[a,\omega)$ 上可积, $\displaystyle\int_a^\omega f(x)\mathrm{d}x$ 为反常积分, 则 $\displaystyle\int_a^\omega f(x)\mathrm{d}x$ 收敛的充要条件是: 对任意给定的 $\varepsilon>0$, 存在 $B\in[a,\omega)$, 使对一切 $u_1,u_2\in[B,\omega)$ 有

$$\left|\int_{u_1}^{u_2} f(x)\mathrm{d}x\right|<\varepsilon. \tag{9.8.2}$$

证明　由于当 $u_1,u_2\in[a,\omega)$ 时,

$$\int_{u_1}^{u_2} f(x)\mathrm{d}x=-\int_a^{u_1} f(x)\mathrm{d}x+\int_a^{u_2} f(x)\mathrm{d}x=F(u_2)-F(u_1). \tag{9.8.3}$$

又 $\displaystyle\int_a^\omega f(x)\mathrm{d}x$ 收敛等价于 $\displaystyle\lim_{u\to\omega^-} F(u)$ 存在, 而 $\displaystyle\lim_{u\to\omega^-} F(u)$ 存在当且仅当对任意给定的 $\varepsilon > 0, \exists B \in (a,\omega)$, 当 $B \leqslant u_1,\, u_2 < \omega$ 时有

$$|F(u_2) - F(u_1)| < \varepsilon,$$

即 $\left| \displaystyle\int_{u_1}^{u_2} f(x)\mathrm{d}x \right| < \varepsilon.$ 　　　　　　　　　　　　　　　　□

9.8.2　反常积分的绝对收敛与条件收敛

定义 9.8.1　如果积分 $\displaystyle\int_a^\omega |f(x)|\mathrm{d}x$ 收敛, 则称反常积分 $\displaystyle\int_a^\omega f(x)\mathrm{d}x$ 是**绝对收敛**的. 如果积分收敛但非绝对收敛, 则称反常积分 $\displaystyle\int_a^\omega f(x)\mathrm{d}x$ 是**条件收敛**的.

定理 9.8.2　绝对收敛的反常积分必收敛.

证明　即要证若反常积分 $\displaystyle\int_a^\omega |f(x)|\mathrm{d}x$ 收敛, 则 $\displaystyle\int_a^\omega f(x)\mathrm{d}x$ 收敛. 事实上, 若 $\displaystyle\int_a^\omega |f(x)|\mathrm{d}x$ 收敛, 则根据反常积分的 Cauchy 收敛准则, $\forall \varepsilon > 0, \exists B \in [a,\omega)$, 使当 $u_1, u_2 \in [B, \omega)$ 时有

$$\left| \int_{u_1}^{u_2} |f(x)|\mathrm{d}x \right| < \varepsilon,$$

于是

$$\left| \int_{u_1}^{u_2} f(x)\mathrm{d}x \right| \leqslant \left| \int_{u_1}^{u_2} |f(x)|\mathrm{d}x \right| < \varepsilon,$$

所以根据定理 9.8.1 得 $\displaystyle\int_a^\omega f(x)\mathrm{d}x$ 收敛. 　　　　　　　　　　□

收敛但非绝对收敛的反常积分是大量存在的, 将在本节的例 5 给出案例.

9.8.3　反常积分的比较判别法

定理 9.8.3　如果 f 在任一 $[a,u] \subset [a, \omega)$ 上非负可积, $\displaystyle\int_a^\omega f(x)\mathrm{d}x$ 为反常积分, 则反常积分 $\displaystyle\int_a^\omega f(x)\mathrm{d}x$ 收敛的充分必要条件是 $F(u) = \displaystyle\int_a^u f(x)\mathrm{d}x$ 在 $[a,\omega)$ 上有上界.

证明　由 f 在 $[a,\omega)$ 上非负可积可得 $F(u) \geqslant 0\,(u \in [a,\omega))$ 且 $F(u)$ 在 $[a, \omega)$ 上递增, 故极限 $\displaystyle\lim_{u\to\omega^-} F(u)$ 存在当且仅当 $F(u)$ 在 $[a, \omega)$ 上有上界. 而由定义 9.7.3 知 $\displaystyle\int_a^\omega f(x)\mathrm{d}x$ 收敛当且仅当 $\displaystyle\lim_{u\to\omega^-} F(u)$ 存在. 于是 $\displaystyle\int_a^\omega f(x)\mathrm{d}x$ 收敛当且仅当 $F(u)$ 在 $[a, \omega)$ 上有上界. 　　　　　　　　　　□

定理 9.8.4(比较判别法) 设 f, g 在任一 $[a, u] \subset [a, \omega)$ 上可积, $\int_a^\omega f(x)\mathrm{d}x$ 及 $\int_a^\omega g(x)\mathrm{d}x$ 为反常积分. 如果在 $[a, \omega)$ 上有 $0 \leqslant f(x) \leqslant g(x)$, 则

(1) 当 $\int_a^\omega g(x)\mathrm{d}x$ 收敛时有 $\int_a^\omega f(x)\mathrm{d}x$ 收敛;

(2) 当 $\int_a^\omega f(x)\mathrm{d}x$ 发散时有 $\int_a^\omega g(x)\mathrm{d}x$ 发散.

证明 令 $F(u) = \int_a^u f(x)\mathrm{d}x$, $G(u) = \int_a^u g(x)\mathrm{d}x$, 则由假设得,

$$F(u) \leqslant G(u), \quad u \in [a, \omega).$$

(1) 由于 $\int_a^\omega g(x)\mathrm{d}x$ 收敛, 根据定理 9.8.3 知 $G(u)$ 在 $[a, \omega)$ 上有上界, 所以由上式得 $F(u)$ 在 $[a, \omega)$ 上有上界, 因此, 根据定理 9.8.3, $\int_a^\omega f(x)\mathrm{d}x$ 收敛.

(2) 当 $\int_a^\omega f(x)\mathrm{d}x$ 发散时, $F(u)$ 在 $[a, \omega)$ 上无上界, 所以 $G(u)$ 在 $[a, \omega)$ 上无上界, 因此, 根据定理 9.8.3 得反常积分 $\int_a^\omega g(x)\mathrm{d}x$ 发散. □

例 1 证明无穷积分 $\int_1^{+\infty} \mathrm{e}^{-x^2}\mathrm{d}x$ 收敛.

证明 由于 $0 < \mathrm{e}^{-x^2} < \mathrm{e}^{-x}(x \in [1, +\infty))$ 及

$$\int_1^{+\infty} \mathrm{e}^{-x}\mathrm{d}x = -\mathrm{e}^{-x}|_1^{+\infty} = \frac{1}{\mathrm{e}}$$

收敛, 所以根据比较判别法得无穷积分 $\int_1^{+\infty} \mathrm{e}^{-x^2}\mathrm{d}x$ 收敛. □

例 2 讨论瑕积分 $\int_0^1 \dfrac{\mathrm{d}x}{x(1+x)}$ 的敛散性.

解 显然 $x = 0$ 为瑕点且

$$\frac{1}{x(1+x)} \geqslant \frac{1}{2x} > 0, \quad x \in (0, 1].$$

又因为 $\int_0^1 \dfrac{\mathrm{d}x}{2x}$ 发散, 所以根据比较判别法得瑕积分 $\int_0^1 \dfrac{\mathrm{d}x}{x(1+x)}$ 发散. □

推论 9.8.1(比较判别法的极限形式) 设 f, g 在任一 $[a, u] \subset [a, \omega)$ 上非负可积, $\int_a^\omega f(x)\mathrm{d}x$ 及 $\int_a^\omega g(x)\mathrm{d}x$ 为反常积分. 如果 $\lim\limits_{x \to \omega^-} \dfrac{f(x)}{g(x)} = c$, 则有

(1) 当 $0 < c < +\infty$ 时, $\int_a^\omega f(x)\mathrm{d}x$ 与 $\int_a^\omega g(x)\mathrm{d}x$ 同敛态;

(2) 当 $c = 0$ 时, 由 $\displaystyle\int_a^\omega g(x)\mathrm{d}x$ 收敛可推知 $\displaystyle\int_a^\omega f(x)\mathrm{d}x$ 收敛;

(3) 当 $c = +\infty$ 时, 由 $\displaystyle\int_a^\omega g(x)\mathrm{d}x$ 发散可推知 $\displaystyle\int_a^\omega f(x)\mathrm{d}x$ 发散.

证明　(1) 取 $\varepsilon_0 = \dfrac{c}{2} > 0$, 则 $\exists B \in [a, \omega)$, 使当 $x \in [B, \omega)$ 时有

$$\left| \frac{f(x)}{g(x)} - c \right| < \varepsilon_0 = \frac{c}{2},$$

即 $\dfrac{c}{2} < \dfrac{f(x)}{g(x)} < \dfrac{3}{2}c$, 也即

$$\frac{c}{2}g(x) < f(x) < \frac{3}{2}cg(x),$$

所以由上式及比较判别法易见当 $\displaystyle\int_a^\omega g(x)\mathrm{d}x$ 收敛时, $\displaystyle\int_a^\omega f(x)\mathrm{d}x$ 收敛; 而当 $\displaystyle\int_a^\omega g(x)\mathrm{d}x$ 发散时有 $\displaystyle\int_a^\omega f(x)\mathrm{d}x$ 发散.

(2) 取 $\varepsilon_0 = 1, \exists B \in [a, \omega)$, 使当 $x \in [B, \omega)$ 时有 $0 \leqslant \dfrac{f(x)}{g(x)} < 1$, 即

$$0 \leqslant f(x) < g(x),$$

所以, 由 $\displaystyle\int_a^\omega g(x)\mathrm{d}x$ 收敛可得 $\displaystyle\int_a^\omega f(x)\mathrm{d}x$ 收敛.

(3) 取 $G_0 = 1, \exists B \in [a, \omega)$, 当 $x \in [B, \omega)$ 时有

$$\frac{f(x)}{g(x)} > G_0 = 1, \quad 即 f(x) > g(x).$$

因此, 当 $\displaystyle\int_a^\omega g(x)\mathrm{d}x$ 发散时, 有 $\displaystyle\int_a^\omega f(x)\mathrm{d}x$ 发散.　　　　□

推论 9.8.2(Cauchy 判别法)　设 f 在 $[a, +\infty)(a > 0)$ 的任一闭子区间上可积.

(1) 若存在 $p > 1$ 和 $C > 0$, 使得 $|f(x)| \leqslant \dfrac{C}{x^p}, x \in [a, +\infty)$, 则 $\displaystyle\int_a^{+\infty} |f(x)|\mathrm{d}x$ 收敛;

(2) 若存在 $p \leqslant 1$ 和 $C > 0$, 使得 $|f(x)| \geqslant \dfrac{C}{x^p}, x \in [a, +\infty)$, 则 $\displaystyle\int_a^{+\infty} |f(x)|\mathrm{d}x$ 发散.

推论 9.8.3(Cauchy 判别法)　设 f 在 $[a, +\infty)(a > 0)$ 的任一闭子区间上可积, 且存在实数 p, 使得

$$\lim_{x \to +\infty} x^p |f(x)| = c,$$

则

(1) 当 $0 \leqslant c < +\infty$ 且 $p > 1$ 时, $\int_a^{+\infty} |f(x)| \mathrm{d}x$ 收敛;

(2) 当 $0 < c \leqslant +\infty$ 且 $p \leqslant 1$ 时, $\int_a^{+\infty} |f(x)| \mathrm{d}x$ 发散.

例 3　判断下列无穷积分的敛散性:

(1) $\int_1^{+\infty} \dfrac{\sqrt{x}\mathrm{d}x}{\sqrt{1+x^4}}$;　(2) $\int_1^{+\infty} \dfrac{\sin x}{1+x^2} \mathrm{d}x$.

解　(1) 由于 $\dfrac{\sqrt{x}}{\sqrt{1+x^4}} > 0 (x \in [1,+\infty))$ 和存在 $p = \dfrac{3}{2} > 1$ 使得

$$c = \lim_{x \to +\infty} \left(x^p \cdot \dfrac{\sqrt{x}}{\sqrt{1+x^4}} \right) = \lim_{x \to +\infty} \dfrac{1}{\sqrt{\frac{1}{x^4}+1}} = 1,$$

所以由推论 9.8.3 得 $\int_1^{+\infty} \dfrac{\sqrt{x}}{\sqrt{1+x^4}} \mathrm{d}x$ 收敛.

(2) 由于存在 $p = 2 > 1$ 和 $C = 1$ 使得

$$\left| \dfrac{\sin x}{1+x^2} \right| \leqslant \dfrac{1}{1+x^2} < \dfrac{C}{x^2}, \quad x \geqslant 1$$

所以根据推论 9.8.2 得 $\int_1^{+\infty} \dfrac{\sin x}{1+x^2} \mathrm{d}x$ 绝对收敛.　□

推论 9.8.4(Cauchy 判别法)　设 f 在 $[a,b)$ 的任一闭子区间上可积且 b 为瑕点.

(1) 若存在 $0 < p < 1$ 和 $C > 0$, 使 $|f(x)| \leqslant \dfrac{C}{(b-x)^p}, x \in [a,b)$, 则瑕积分 $\int_a^b |f(x)| \mathrm{d}x$ 收敛;

(2) 若存在 $p \geqslant 1$ 和 $C > 0$, 使得 $|f(x)| \geqslant \dfrac{C}{(b-x)^p}, x \in [a,b)$, 则瑕积分 $\int_a^b |f(x)| \mathrm{d}x$ 发散;

推论 9.8.5(Cauchy 判别法)　设 f 在 $[a,b)$ 的任一闭子区间上可积, b 为瑕点, 且存在实数 p, 使得

$$\lim_{x \to b^-} (b-x)^p |f(x)| = c,$$

则

(1) 当 $0 \leqslant c < +\infty$ 且 $0 < p < 1$ 时, 瑕积分 $\int_a^b |f(x)| \mathrm{d}x$ 收敛;

(2) 当 $0 < c \leqslant +\infty$ 且 $p \geqslant 1$ 时, 瑕积分 $\int_a^b |f(x)| \mathrm{d}x$ 发散.

例 4　判别下列瑕积分的敛散性:

(1) $\int_0^{\frac{\pi}{2}} \ln \sin x \mathrm{d}x$(Euler 积分);

(2) $\int_0^1 \dfrac{\mathrm{d}x}{\sqrt{(1-x^2)(1-k^2x^2)}}(0 \leqslant k^2 < 1)$(椭圆积分).

解　(1) 显然 $x=0$ 为瑕点. 因为

$$\lim_{x \to 0^+} \left(\sqrt{x}|\ln \sin x|\right) = \lim_{x \to 0^+} \frac{-\ln \sin x}{\dfrac{1}{\sqrt{x}}} = \lim_{x \to 0^+} \frac{-\dfrac{\cos x}{\sin x}}{-\dfrac{1}{2}x^{-\frac{3}{2}}}$$

$$= 2\lim_{x \to 0^+} \frac{x \cos x}{\sin x} \cdot \sqrt{x} = 0,$$

所以根据推论 9.8.5 得 $\int_0^{\frac{\pi}{2}} \ln \sin x \mathrm{d}x$ 绝对收敛.

(2) 显然 $x=1$ 为瑕点. 因为 $\dfrac{1}{\sqrt{(1-x^2)(1-k^2x^2)}} > 0(x \in [0,1))$ 和

$$\lim_{x \to 1^-} (1-x)^{\frac{1}{2}} \frac{1}{\sqrt{(1-x^2)(1-k^2x^2)}} = \lim_{x \to 1^-} \frac{1}{\sqrt{(1+x)(1-k^2x^2)}}$$

$$= \frac{1}{\sqrt{2(1-k^2)}},$$

所以根据推论 9.8.5 得 $\int_0^1 \dfrac{\mathrm{d}x}{\sqrt{(1-x^2)(1-k^2x^2)}}$ 收敛.　　　□

反常积分的 Cauchy 判别法

9.8.4　Dirichlet 判别法与 Abel 判别法

下面介绍的判别法是以积分第二中值定理为基础建立起来的.

定理 9.8.5(Dirichlet 判别法)　设 $f(x), g(x)$ 在任一 $[a,u] \subset [a,\omega)$ 上可积, $\int_a^\omega f(x)g(x)\mathrm{d}x$ 是反常积分. 若

(1) $F(u) = \int_a^u f(x)\mathrm{d}x$ 在 $[a,\omega)$ 上有界;

(2) $g(x)$ 在 $[a, \omega)$ 上单调且 $\lim\limits_{x \to \omega^-} g(x) = 0$,

则反常积分 $\int_a^\omega f(x)g(x)\mathrm{d}x$ 收敛.

*证明 由条件设 $\left| \int_a^u f(x)\mathrm{d}x \right| \leqslant M \, (u \in [a, \omega))$. 任意给定 $\varepsilon > 0, \exists B \in [a, \omega)$, 当 $x \in [B, \omega)$ 时有 $|g(x)| < \varepsilon$.

因为 g 为单调函数, 利用积分第二中值定理, 对任意 $\omega > u_2 > u_1 > B$, 存在 $\xi \in [u_1, u_2]$, 使

$$\int_{u_1}^{u_2} f(x)g(x)\mathrm{d}x = g(u_1) \int_{u_1}^{\xi} f(x)\mathrm{d}x + g(u_2) \int_{\xi}^{u_2} f(x)\mathrm{d}x,$$

于是有

$$\left| \int_{u_1}^{u_2} f(x)g(x)\mathrm{d}x \right| \leqslant |g(u_1)| \left| \int_{u_1}^{\xi} f(x)\mathrm{d}x \right| + |g(u_2)| \left| \int_{\xi}^{u_2} f(x)\mathrm{d}x \right|$$

$$= |g(u_1)| \left| \int_a^{\xi} f(x)\mathrm{d}x - \int_a^{u_1} f(x)\mathrm{d}x \right|$$

$$+ |g(u_2)| \left| - \int_a^{\xi} f(x)\mathrm{d}x + \int_a^{u_2} f(x)\mathrm{d}x \right|$$

$$\leqslant 4M\varepsilon,$$

根据反常积分的 Cauchy 收敛准则得 $\int_a^\omega f(x)g(x)\mathrm{d}x$ 收敛. □

与上述证明方法类似可得如下 Abel 判别法:

定理 9.8.6(Abel 判别法) 设 f, g 在任一 $[a, u] \subset [a, \omega)$ 上可积, $\int_a^\omega f(x)g(x)\mathrm{d}x$ 是反常积分. 若 $\int_a^\omega f(x)\mathrm{d}x$ 收敛, $g(x)$ 在 $[a, \omega)$ 上单调有界, 则 $\int_a^\omega f(x)g(x)\mathrm{d}x$ 收敛.

例 5 讨论无穷积分 $\int_1^{+\infty} \dfrac{\sin x}{x^p}\mathrm{d}x$ 与 $\int_1^{+\infty} \dfrac{\cos x}{x^p}\mathrm{d}x(p > 0)$ 的敛散性. 若收敛, 是绝对收敛, 还是条件收敛?

解 这里只讨论前一个无穷积分, 后一无穷积分有完全相同的结论.

(1) 当 $p > 1$ 时, 由于

$$\left| \frac{\sin x}{x^p} \right| \leqslant \frac{1}{x^p}, \quad x \in [1, +\infty),$$

所以根据推论 9.8.2 得 $\int_1^{+\infty} \dfrac{\sin x}{x^p}\mathrm{d}x$ 绝对收敛.

(2) 当 $0 < p \leqslant 1$ 时, 由于

$$\left| \int_1^u \sin x \mathrm{d}x \right| = |\cos 1 - \cos u| \leqslant 2$$

及 $\dfrac{1}{x^p}$ 在 $[1,+\infty)$ 上递减, $\lim\limits_{x\to+\infty}\dfrac{1}{x^p}=0$, 所以根据定理 9.8.5 得 $\displaystyle\int_1^{+\infty}\dfrac{\sin x}{x^p}\mathrm{d}x$ 收敛.
另一方面, 由于

$$\left|\frac{\sin x}{x^p}\right| \geqslant \frac{\sin^2 x}{x} = \frac{1}{2x} - \frac{\cos 2x}{2x}, \quad x \in [1,+\infty),$$

其中 $\displaystyle\int_1^{+\infty}\dfrac{1}{2x}\mathrm{d}x(=+\infty)$ 发散, 而

$$\int_1^{+\infty}\frac{\cos 2x}{2x}\mathrm{d}x = \frac{1}{2}\int_2^{+\infty}\frac{\cos t}{t}\mathrm{d}t$$

满足 Dirichlet 判别法条件, 所以 $\displaystyle\int_1^{+\infty}\dfrac{\cos 2x}{2x}\mathrm{d}x$ 收敛, 因此, 无穷积分 $\displaystyle\int_1^{+\infty}\left|\dfrac{\sin x}{x^p}\right|\mathrm{d}x$
发散, 故 $\displaystyle\int_1^{+\infty}\dfrac{\sin x}{x^p}\mathrm{d}x$ 条件收敛. □

例 6　讨论 $\displaystyle\int_0^{+\infty}\dfrac{\sin x}{x^{\frac{3}{2}}}\mathrm{d}x$ 的敛散性.

解　分别考虑 $\displaystyle\int_0^1\dfrac{\sin x}{x^{\frac{3}{2}}}\mathrm{d}x$ 及 $\displaystyle\int_1^{+\infty}\dfrac{\sin x}{x^{\frac{3}{2}}}\mathrm{d}x$. 由于 $x=0$ 为瑕点且

$$\lim_{x\to 0^+}\sqrt{x}\left|\frac{\sin x}{x^{\frac{3}{2}}}\right| = 1,$$

所以瑕积分 $\displaystyle\int_0^1\dfrac{\sin x}{x^{\frac{3}{2}}}\mathrm{d}x$ 绝对收敛. 又因为无穷积分 $\displaystyle\int_1^{+\infty}\dfrac{\sin x}{x^{\frac{3}{2}}}\mathrm{d}x$ 绝对收敛, 故原
反常积分绝对收敛. □

思考题

1. 若 $\displaystyle\int_a^b f(x)\mathrm{d}x$ 是以 a 为瑕点的瑕积分, 试写出它的收敛判别法中的比较判别法及主要
推论.

2. 对有几个瑕点的反常积分应怎样判别其敛散性?

3. 条件收敛与绝对收敛有怎样的关系?

<h2 style="text-align:center">习　题　9.8</h2>

1. 讨论下列反常积分的敛散性:

(1) $\displaystyle\int_0^{+\infty}\dfrac{\mathrm{d}x}{\sqrt[5]{x^3+1}}$;　　　　(2) $\displaystyle\int_1^{+\infty}\dfrac{x\,\mathrm{arccot}x}{1+x^4}\mathrm{d}x$;

(3) $\displaystyle\int_0^2\dfrac{\mathrm{d}x}{(x-1)^2}$;　　　　(4) $\displaystyle\int_0^1\dfrac{\ln x}{1-x}\mathrm{d}x$;

(5) $\displaystyle\int_0^{+\infty}\frac{\mathrm{d}x}{\sqrt[3]{x^2(x-1)^2}}$;　(6) $\displaystyle\int_0^{+\infty}\frac{\mathrm{d}x}{x^p(1+x^2)}$;

(7) $\displaystyle\int_0^{\frac{\pi}{2}}\frac{1-\cos x}{x^p}\mathrm{d}x$;　　(8) $\displaystyle\int_0^{+\infty}\frac{x^q}{1+x^p}\mathrm{d}x\ (p\geqslant 0, q\geqslant 0)$.

2. 判别下列反常积分是绝对收敛还是条件收敛:

(1) $\displaystyle\int_0^{+\infty}\frac{\sqrt{x}\sin x}{100+x}\mathrm{d}x$;　(2) $\displaystyle\int_0^1\frac{1}{x^\alpha}\sin\frac{1}{x}\mathrm{d}x(\alpha>0)$.

3. 设 f 与 g 是定义在 $[a,+\infty)$ 上的函数, 在任一 $[a,u]\subset[a,+\infty)$ 上可积. 若 $\displaystyle\int_a^{+\infty}f^2(x)\mathrm{d}x$ 与 $\displaystyle\int_a^{+\infty}g^2(x)\mathrm{d}x$ 收敛,

(1) 试证明: $\displaystyle\int_a^{+\infty}f(x)g(x)\mathrm{d}x$ 与 $\displaystyle\int_a^{+\infty}[f(x)+g(x)]^2\mathrm{d}x$ 也都收敛.

(2) 还可推出哪些反常积分收敛?

4. 设 f,g,h 是 $[a,+\infty)$ 上的三个连续函数, 并且成立不等式 $h(x)\leqslant f(x)\leqslant g(x)$. 试证明:

(1) 若 $\displaystyle\int_a^{+\infty}h(x)\mathrm{d}x$ 与 $\displaystyle\int_a^{+\infty}g(x)\mathrm{d}x$ 都收敛, 则 $\displaystyle\int_a^{+\infty}f(x)\mathrm{d}x$ 也收敛;

(2) 又若 $\displaystyle\int_a^{+\infty}h(x)\mathrm{d}x=\int_a^{+\infty}g(x)\mathrm{d}x=A$, 则 $\displaystyle\int_a^{+\infty}f(x)\mathrm{d}x=A$.

5. 讨论下列积分的敛散性. 若收敛, 试判别是绝对收敛, 还是条件收敛:

(1) $\displaystyle\int_0^{+\infty}\frac{\sin x}{x^p+\sin x}\mathrm{d}x(p>1)$;　(2) $\displaystyle\int_2^{+\infty}\frac{\ln(\ln x)}{\ln x}\sin x\mathrm{d}x$;

(3) $\displaystyle\int_0^1(\ln x)^n\mathrm{d}x$;　　　　　(4) $\displaystyle\int_0^1\frac{x^\alpha}{\sqrt{1-x}}\mathrm{d}x(\alpha\in\mathbb{R})$.

小　　结

本章涉及定积分在几何和物理学中的应用及反常积分相关问题.

根据定积分定义, 通过"分割、近似代替、取极限"三个步骤把某些"对区间具有可加性"的量用定积分表达出来是定积分应用的根本. "微元法"在特定条件下简化求解过程的表达, 把"分割、近似代替、取极限"三步骤操作进一步"算式化", 方便工程技术人员使用.

通过学习建立平面图形面积、空间立体体积、平面曲线弧长和旋转曲面面积等几何量计算公式的方法深入理解、掌握定积分定义法及微元法是本章的重点之一. 熟记不同方程 (或不同坐标系下)4 个几何量的如下计算公式是公式运用的关键:

1. 两条曲线 $y = f(x), y = g(x)$ 与直线 $x = a,\ x = b$ 所围成图形的面积 A 为

$$A = \int_a^b |f(x) - g(x)| \mathrm{d}x.$$

2. 由参数方程 $\begin{cases} x = \varphi(t), \\ y = \psi(t) \end{cases}$ $(\alpha \leqslant t \leqslant \beta)$(其中 $\varphi(t)$ 连续可微) 所确定的曲线与直线 $x = a,\ x = b,\ y = 0$ 所围成图形的面积 A 为

$$A = \int_\alpha^\beta |\psi(t)\varphi'(t)| \mathrm{d}t.$$

3. 在极坐标系下, 曲线 C 由方程 $r = r(\theta)(\theta \in [\alpha, \beta])$ 给出时, 由射线 $\theta = \alpha, \theta = \beta$ 及 C 所围成图形的面积 A 为

$$A = \frac{1}{2} \int_\alpha^\beta r^2(\theta) \mathrm{d}\theta.$$

4. 设 Ω 为位于 $[a, b]$ 上的立体, 对每个 $x \in [a, b]$, 垂直于 x 轴截 Ω 所得的面积为 $A(x)$, 则 Ω 的体积 V 为

$$V = \int_a^b A(x) \mathrm{d}x.$$

5. 由平面图形 $0 \leqslant y \leqslant |f(x)|\ (a \leqslant x \leqslant b)$ 绕 x 轴旋转一周所得的旋转体体积 V 为

$$V = \pi \int_a^b f^2(x) \mathrm{d}x.$$

6. 由参数方程 $C : \begin{cases} x = \varphi(t), \\ y = \psi(t) \end{cases}$ $(\alpha \leqslant t \leqslant \beta)$ 所给出光滑曲线 C 的弧长为

$$L = \int_\alpha^\beta \sqrt{x'^2(t) + y'^2(t)} \mathrm{d}t.$$

特别地, 当曲线 C 由极坐标方程 $r = r(\theta)(\theta \in [\alpha, \beta])$ 给出时, 弧长为

$$L = \int_\alpha^\beta \sqrt{r^2(\theta) + r'^2(\theta)} \mathrm{d}\theta.$$

7. 平面光滑曲线 $C : \begin{cases} x = x(t), \\ y = y(t) \end{cases}$ $(\alpha \leqslant t \leqslant \beta)$ 绕 x 轴旋转一周所得的旋转曲面面积 S 为

$$S = 2\pi \int_\alpha^\beta |y(t)|\sqrt{x'^2(t) + y'^2(t)}\mathrm{d}t.$$

反常积分作为变限定积分的极限, 其性质和计算方法与定积分有相似之处. 但反常积分的讨论毕竟需要融入较多的函数极限知识与技巧, 问题的综合度较高.

掌握反常积分收敛性判别是本章的另一个重点, 也是本章的难点. 在本章的论述中, 应注意从定义、性质及判别法三个方面看, 无穷限积分与瑕积分都有本质上的一致性, 在具体运用中只需针对相应 "反常" 状况的适当调整即可. 重点掌握判别反常积分绝对收敛的 Cauchy 判别法和判别反常积分条件收敛的 Dirichlet 判别法.

8. Cauchy 判别法 —— 绝对收敛判别法

(A) 设 $f(x)$ 定义于 $[a, +\infty)$ $(a > 0)$, 在任何有限区间 $[a, u]$ 上可积且存在实数 p, 使得

$$\lim_{x \to +\infty} x^p |f(x)| = \lambda,$$

则有

(1) 当 $p > 1, 0 \leqslant \lambda < +\infty$ 时, $\displaystyle\int_a^{+\infty} |f(x)|\mathrm{d}x$ 收敛;

(2) 当 $p \leqslant 1, 0 < \lambda \leqslant +\infty$ 时, $\displaystyle\int_a^{+\infty} |f(x)|\mathrm{d}x$ 发散.

(B) 设 $f(x)$ 定义于 $(a, b]$(a 为其瑕点) 且在任何有限区间 $[u, b] \subset (a, b]$ 上可积, 并且存在实数 p, 使得

$$\lim_{x \to a^+} (x - a)^p |f(x)| = \lambda,$$

则有

(1) 当 $0 < p < 1, 0 \leqslant \lambda < +\infty$ 时, $\displaystyle\int_a^b |f(x)|\mathrm{d}x$ 收敛;

(2) 当 $p \geqslant 1, 0 < \lambda \leqslant +\infty$ 时, $\displaystyle\int_a^b |f(x)|\mathrm{d}x$ 发散.

9. Dirichlet 判别法 —— 条件收敛判别法

Dirichlet 判别法: 若 $F(u) = \displaystyle\int_a^u f(x)\mathrm{d}x$ 在 $[a, \omega)$ 上有界, $g(x)$ 在 $[a, \omega)$ 上当 $x \to \omega^-$ 时单调趋于 0, 则 $\displaystyle\int_a^\omega f(x)g(x)\mathrm{d}x$ 收敛.

复 习 题

1. 如图 9.28 所示, 由点 $M(2a, 0)$ 向椭圆 $\dfrac{x^2}{a^2} + \dfrac{y^2}{b^2} = 1$ 作两条切线 MP 和 MQ. 试求椭

圆与切线所围阴影区域的面积 A 和该区域绕 y 轴旋转所得旋转体的体积 V.

2. 求由两椭圆 $\dfrac{x^2}{a^2} + \dfrac{y^2}{b^2} = 1$ 与 $\dfrac{x^2}{b^2} + \dfrac{y^2}{a^2} = 1(a > 0, b > 0)$ 所围公共部分的面积.

3. 求由曲线 $x = t - t^3, y = 1 - t^4$ 所围图形的面积.

4. 设阿基米德螺线方程为 $r = a\theta(a > 0)$, 并设每相邻两卷螺线之间部分的面积依次为 $A_0, A_1, A_2, \cdots$(图 9.29). 证明 $A_1, A_2, \cdots$ 成等差数列.

5. 设悬链线方程为 $y = \dfrac{1}{2}(\mathrm{e}^x + \mathrm{e}^{-x})$,它在 $[0, u]$ 上的一段弧 L 的长度和曲边梯形 A 的面积分别记为 $L(u)$ 与 $A(u)$(图 9.30); 该曲边梯形绕 x 轴旋转所得旋转体的体积、侧面积和 $x = u$ 处的端面积分别记为 $V(u), S(u)$ 与 $F(u)$. 试证明:

(1) $L(u) = A(u), \forall u > 0$;

(2) $S(u) = 2V(u), \forall u > 0$;

(3) $\displaystyle\lim_{u \to +\infty} \dfrac{S(u)}{F(u)} = 1$.

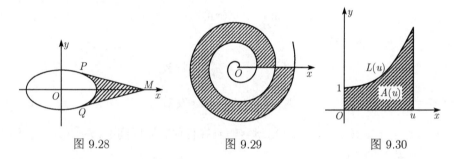

图 9.28   图 9.29   图 9.30

6. 讨论下列反常积分的敛散性, 若收敛, 还需讨论是条件收敛还是绝对收敛:

(1) $\displaystyle\int_0^{+\infty} x \sin^4 x \ \mathrm{d}x$;

(2) $\displaystyle\int_0^{+\infty} \dfrac{1}{x}\mathrm{e}^{\cos x} \sin x \ \mathrm{d}x$;

(3) $\displaystyle\int_1^{+\infty} \ln\left(\cos\dfrac{1}{x} + \sin\dfrac{1}{x}\right) \ \mathrm{d}x$;

(4) $\displaystyle\int_0^1 \dfrac{1}{x} \ln\dfrac{1+x}{1-x} \ \mathrm{d}x$;

(5) $\displaystyle\int_0^{\frac{\pi}{2}} \dfrac{\mathrm{d}x}{\sin^m x \cos^n x}$;

(6) $\displaystyle\int_0^{+\infty} \dfrac{\sin x}{x^p} \ \mathrm{d}x$.

7. 设 $f'(x)$ 在 $[0, 1]$ 上连续且 $f'(x)$ 处处大于 0, 证明反常积分 $\displaystyle\int_0^1 \dfrac{f(x) - f(0)}{x^p}\mathrm{d}x$ 在 $1 < p < 2$ 时收敛, $p \geqslant 2$ 时发散.

8. 设 $\displaystyle\int_a^{+\infty} f(x)\mathrm{d}x$ 收敛且 $f(x)$ 单调. 试证明 $\displaystyle\lim_{x \to +\infty} xf(x) = 0$.

9. 判断下列命题的真伪 (对真命题简述理由, 对伪命题举出反例):

(1) 若 $f(x)$ 在 $[a, +\infty)$ 上无界, 则 $\displaystyle\int_a^{+\infty} f(x)\mathrm{d}x$ 发散;

(2) 若极限 $\lim\limits_{x \to +\infty} f(x)$ 不存在, 则 $\int_a^{+\infty} f(x)\mathrm{d}x$ 发散;

(3) 若 $f(x)$ 非负、连续且 $\int_a^{+\infty} f(x)\mathrm{d}x$ 收敛, 则 $\lim\limits_{x \to +\infty} f(x) = 0$;

(4) 若 $\int_a^{+\infty} |f(x)|\mathrm{d}x$ 收敛, 则 $\int_a^{+\infty} f^2(x)\mathrm{d}x$ 必收敛;

(5) 若 $\int_a^{+\infty} f(x)\mathrm{d}x = A$, 则 $\lim\limits_{n \to +\infty} \int_a^n f(x)\mathrm{d}x = A(n$ 为自然数$)$; 反之不真.

10. 设 $a_1, \cdots, a_n$ 为互不相同的实数, $p_1, \cdots, p_n > 0$. 试讨论反常积分

$$\int_{-\infty}^{+\infty} \frac{\mathrm{d}x}{|x - a_1|^{p_1} \cdot |x - a_2|^{p_2} \cdots |x - a_n|^{p_n}}$$

的敛散性.

第 10 章　数 项 级 数

数项级数理论实际上是数列极限理论的另一种表现形式. 先看一个例子.

我国古代重要典籍《庄子》(约公元前 300 年) 一书中记有 "一尺之棰, 日取其半, 万事不竭". 从数学上看, 这与下列无穷项求和有着密切联系:

$$\frac{1}{2} + \frac{1}{4} + \cdots + \frac{1}{2^n} + \cdots = 1.$$

这里遇到了 "无限个数相加" 的问题. 很自然地要问, 这种 "无限个数相加" 是否一定有意义? 若不一定有意义, 那么怎样判断? 进一步, "有限个数相加" 的一些运算, 如加法结合律和乘法交换律等, 对 "无限个数相加" 是否仍然成立? 如此等等, 都是级数理论研究的核心问题.

10.1　数项级数的概念与性质

10.1.1　数项级数的概念

本节将把有限个数的加法推广到无限个数的加法.

定义 10.1.1　设 $\{a_n\}$ 是一个给定数列, 则以下表达式:

$$a_1 + a_2 + \cdots + a_n + \cdots \tag{10.1.1}$$

称为**数项级数**或**无穷级数**, 简称**级数**, 上式也记作 $\sum\limits_{n=1}^{\infty} a_n$, 其中 $a_1, a_2, \cdots, a_n$ 分别称为级数 (10.1.1) 的第一项, 第二项, $\cdots$, 第 n 项, a_n 称为级数 (10.1.1) 的**通项**. 称

$$s_n = a_1 + a_2 + \cdots + a_n$$

为级数 (10.1.1) 的**前 n 项部分和**. 如果由部分和组成的数列 $\{s_n\}$ 收敛于 s, 则称级数 (10.1.1) **收敛**于 s, 并称 s 为级数 (10.1.1) **的和**, 记作

$$\sum_{n=1}^{\infty} a_n = s.$$

若数列 $\{s_n\}$ 发散, 则称级数 (10.1.1) **发散**.

特别地, 约定: 如果 $\lim\limits_{n \to \infty} s_n = +\infty$ 或 $-\infty$, 则称级数 (10.1.1) 发散到 $+\infty$, 或 $-\infty$, 记作

$$\sum_{n=1}^{\infty} a_n = +\infty \quad \text{或} \quad \sum_{n=1}^{\infty} a_n = -\infty.$$

注 有时一个级数不是从 $n=1$ 开始, 如 $\sum\limits_{n=0}^{\infty}\left(\dfrac{1}{2}\right)^n$ 和 $\sum\limits_{n=2}^{\infty}\left(\dfrac{1}{\ln n}\right)^n$ 就是两个这样的级数. 在第二个级数中必须从 $n=2$ 开始, 因为它的通项当 $n=1$ 时没有意义.

例 1 证明级数 $\sum\limits_{n=1}^{\infty}\dfrac{1}{n(n+1)}$ 收敛, 并求其和.

证明 原级数的通项为 $a_n=\dfrac{1}{n(n+1)}$, 由此, 其前 n 项部分和为

$$s_n=\sum_{k=1}^{n}\frac{1}{k(k+1)}=\sum_{k=1}^{n}\left(\frac{1}{k}-\frac{1}{k+1}\right)=1-\frac{1}{n+1}\to 1,\quad n\to\infty,$$

因此, 级数 $\sum\limits_{n=1}^{\infty}\dfrac{1}{n(n+1)}$ 收敛且

$$\sum_{n=1}^{\infty}\frac{1}{n(n+1)}=\lim_{n\to\infty}s_n=1.\qquad\Box$$

例 2 设 $r\in\mathbb{R}$, 讨论**等比级数** $\sum\limits_{n=1}^{\infty}r^{n-1}$ 的敛散性.

解 原级数前 n 项的部分和为

$$s_n=1+r+\cdots+r^{n-1}=\begin{cases}n, & r=1,\\[2mm]\dfrac{1-r^n}{1-r}, & r\neq 1,\end{cases}$$

所以, 当 $|r|<1$ 时, $\lim\limits_{n\to\infty}s_n=\dfrac{1}{1-r}$, 级数 $\sum\limits_{n=1}^{\infty}r^{n-1}$ 收敛于 $\dfrac{1}{1-r}$;

当 $r=1$ 时, $s_n=n\to+\infty$, 级数 $\sum\limits_{n=1}^{\infty}r^{n-1}$ 发散;

当 $r=-1$ 时, 由于部分和数列 $\{s_n\}=\left\{\dfrac{1-(-1)^n}{2}\right\}$ 发散, 所以 $\sum\limits_{n=1}^{\infty}r^{n-1}$ 发散;

当 $|r|>1$ 时, $\lim\limits_{n\to\infty}s_n=\infty$, 级数 $\sum\limits_{n=1}^{\infty}r^{n-1}$ 发散. $\qquad\Box$

例 3 考察**调和级数** $\sum\limits_{n=1}^{\infty}\dfrac{1}{n}$ 的敛散性.

证明 原级数的前 n 项部分和为

$$s_n=1+\frac{1}{2}+\cdots+\frac{1}{n}.$$

因为对任意正整数 n,

$$s_{2n} - s_n = \frac{1}{n+1} + \frac{1}{n+2} + \cdots + \frac{1}{2n} \geqslant \frac{n}{2n} = \frac{1}{2},$$

所以根据数列的 Cauchy 收敛准则知数列 $\{s_n\}$ 发散, 因此, $\sum\limits_{n=1}^{\infty} \frac{1}{n}$ 为发散级数.   □

10.1.2   级数的 Cauchy 收敛准则

由数列的 Cauchy 收敛准则, 容易得到下面的结果.

定理 10.1.1(级数的 Cauchy 收敛准则)   级数 $\sum\limits_{n=1}^{\infty} a_n$ 收敛的充分必要条件是: 对任意给定的 $\varepsilon > 0$, 存在正整数 N, 使对任意 $m > n \geqslant N$ 有

$$|a_{n+1} + a_{n+2} + \cdots + a_m| < \varepsilon.$$

也可叙述为: 使当 $n > N$ 时, 对任意正整数 p 有

$$|a_{n+1} + a_{n+2} + \cdots + a_{n+p}| < \varepsilon.$$

这一准则在理论上十分重要, 当 $p = 1$ 时, 得到如下的重要结果:

推论 10.1.1(级数收敛的必要条件)   若级数 $\sum\limits_{n=1}^{\infty} a_n$ 收敛, 则它的通项趋于 0, 即 $\lim\limits_{n \to \infty} a_n = 0$.

这一推论也可直接从级数收敛的定义得到, 把它留作练习.

例 4   判断下列级数的敛散性:

(1) $\sum\limits_{n=1}^{\infty} \frac{n}{n+1}$;   (2) $\sum\limits_{n=1}^{\infty} \frac{\sin n}{n(n+1)}$.

解   (1) 由于

$$\lim_{n \to \infty} \frac{n}{n+1} = \lim_{n \to \infty} \frac{1}{1 + 1/n} = 1 \neq 0,$$

所以根据级数收敛的必要条件得级数 $\sum\limits_{n=1}^{\infty} \frac{n}{n+1}$ 发散.

(2) 令 $a_n = \frac{\sin n}{n(n+1)}$, 则对任意正整数 n, p 有

$$\begin{aligned}
&|a_{n+1} + a_{n+2} + \cdots + a_{n+p}| \\
&\leqslant \frac{1}{(n+1)(n+2)} + \frac{1}{(n+2)(n+3)} + \cdots + \frac{1}{(n+p)(n+p+1)} \\
&= \left(\frac{1}{n+1} - \frac{1}{n+2} \right) + \left(\frac{1}{n+2} - \frac{1}{n+3} \right) + \cdots + \left(\frac{1}{n+p} - \frac{1}{n+p+1} \right) \\
&= \frac{1}{n+1} - \frac{1}{n+p+1} < \frac{1}{n+1} < \frac{1}{n},
\end{aligned}$$

于是对任意给定的 $\varepsilon > 0$, 存在正整数 $N = \left[\dfrac{1}{\varepsilon}\right] + 1$, 使当 $n > N$ 时, 对任意正整数 p 有

$$|a_{n+1} + a_{n+2} + \cdots + a_{n+p}| < \varepsilon,$$

所以根据级数的 Cauchy 收敛准则得原级数收敛. $\qquad\square$

10.1.3 级数的基本性质

由定义 10.1.1 知收敛级数 $\displaystyle\sum_{n=1}^{\infty} a_n$ 的求和问题其实是转化成由其部分和组成的数列 $\{s_n\}$ 的求极限问题, 利用数列极限性质, 容易得到

定理 10.1.2(收敛级数的线性性质) 若级数 $\displaystyle\sum_{n=1}^{\infty} a_n$ 和 $\displaystyle\sum_{n=1}^{\infty} b_n$ 都收敛, 则对任意的实数 $c, d \in \mathbb{R}$, 级数 $\displaystyle\sum_{n=1}^{\infty} (ca_n + db_n)$ 收敛且

$$\sum_{n=1}^{\infty} (ca_n + db_n) = c\sum_{n=1}^{\infty} a_n + d\sum_{n=1}^{\infty} b_n.$$

易知若 $\displaystyle\sum_{n=1}^{\infty} a_n$ 发散, $\displaystyle\sum_{n=1}^{\infty} b_n$ 收敛, 则 $\displaystyle\sum_{n=1}^{\infty} ca_n \ (c \neq 0)$ 与 $\displaystyle\sum_{n=1}^{\infty} (a_n + b_n)$ 也都发散.

定理 10.1.3 若改变级数有限项的数值, 则级数的敛散性不变.

证明 设原级数为 $\displaystyle\sum_{n=1}^{\infty} a_n$, 任意改变有限项的数值之后, 得到新的级数为 $\displaystyle\sum_{n=1}^{\infty} b_n$. 因为改变数值的仅有有限项, 所以存在正整数 N, 使当 $n > N$ 时有 $a_n = b_n$. 记 $c_n = a_n - b_n$, 则

$$\sum_{n=1}^{\infty} c_n = \sum_{n=1}^{\infty} (a_n - b_n) = (a_1 - b_1) + (a_2 - b_2) + \cdots + (a_N - b_N) + 0 + \cdots + 0,$$

显然该级数是收敛的. 由于

$$b_n = a_n - (a_n - b_n) = a_n - c_n,$$

所以, 由定理 10.1.2 知当 $\displaystyle\sum_{n=1}^{\infty} a_n$ 收敛时, $\displaystyle\sum_{n=1}^{\infty} b_n$ 也收敛. 同理, 当 $\displaystyle\sum_{n=1}^{\infty} a_n$ 发散时, $\displaystyle\sum_{n=1}^{\infty} b_n$ 也发散. $\qquad\square$

定理 10.1.3 说明: 考虑级数是否收敛, 可以不管它前面有限项的数值, 甚至可以把前面有限项去掉, 其收敛性并不改变. 正是基于这一点, 在考虑某一级数的敛散性时, 往往不考虑级数的前面有限项的状况.

称 $\displaystyle\sum_{k=n+1}^{\infty} a_k$ 为级数 (10.1.1) 的**余级数**. 由定理 10.1.3 知级数 $\displaystyle\sum_{n=1}^{\infty} a_n$ 收敛当且

仅当对任意正整数 n, 其余级数 $\displaystyle\sum_{k=n+1}^{\infty} a_k$ 都收敛. 此时余级数也称为级数 (10.1.1)

的第 n 个**余项**, 记作 R_n, 即

$$R_n = \sum_{k=n+1}^{\infty} a_k.$$

显然, 当 $n \to +\infty$ 时, $R_n \to 0$.

众所周知, 有限个数相加满足加法结合律, 收敛级数也有类似的性质.

定理 10.1.4　设级数 $\displaystyle\sum_{n=1}^{\infty} a_n$ 收敛, 则在它的表达式中任意加括号后所得的级

数仍然收敛且其和不变.

证明　设级数 $\displaystyle\sum_{n=1}^{\infty} a_n$ 添加括号后, 表示为

$$(a_1 + a_2 + \cdots + a_{n_1}) + (a_{n_1+1} + a_{n_1+2} + \cdots + a_{n_2}) + \cdots$$
$$+ (a_{n_{k-1}+1} + a_{n_{k-1}+2} + \cdots + a_{n_k}) + \cdots.$$

令

$$b_1 = a_1 + a_2 + \cdots + a_{n_1}, \quad b_2 = a_{n_1+1} + a_{n_1+2} + \cdots + a_{n_2}, \quad \cdots,$$
$$b_k = a_{n_{k-1}+1} + a_{n_{k-1}+2} + \cdots + a_{n_k}, \quad \cdots,$$

则 $\displaystyle\sum_{n=1}^{\infty} a_n$ 按上面方式添加括号后得到级数 $\displaystyle\sum_{n=1}^{\infty} b_n$.

令 $\displaystyle\sum_{n=1}^{\infty} a_n$ 的部分和数列为 $\{s_n\}$, $\displaystyle\sum_{n=1}^{\infty} b_n$ 的部分和数列为 $\{t_n\}$, 则

$$t_1 = s_{n_1}, \quad t_2 = s_{n_2}, \quad \cdots, \quad t_k = s_{n_k}, \quad \cdots.$$

显然, $\{t_k\}$ 是 $\{s_n\}$ 的一个子列 $\{s_{n_k}\}$, 于是由 $\{s_n\}$ 收敛得 $\{t_k\}$ 收敛, 且它们的极

限相等. 　　　　　　　　　　　　　　　　　　　　　　　　　　　　　　　□

在极限理论中已经知道, 一个数列的子列收敛并不能保证数列本身收敛. 相应

地, 在一个级数的和式中添加括号之后, 所得到的级数收敛, 并不能保证原来的级

数收敛, 即上面的级数 $\displaystyle\sum_{n=1}^{\infty} b_n$ 收敛并不能保证级数 $\displaystyle\sum_{n=1}^{\infty} a_n$ 收敛.

例 5　在例 2 已经知道, 级数

$$\sum_{n=1}^{\infty} (-1)^{n-1} = 1 - 1 + 1 - \cdots + (-1)^{n-1} + \cdots$$

是发散, 但若在每两项之间加上括号, 则有

$$(1-1)+(1-1)+\cdots+(1-1)+\cdots=0+0+\cdots+0+\cdots=0,$$

即添加括号之后得到的级数是收敛的.

更有甚者, 对于一个发散的级数, 若按不同方式加括号, 所得的级数可能收敛到不同的极限. 仍以级数 $\sum\limits_{n=1}^{\infty}(-1)^{n-1}$ 为例. 除上面加括号之外, 还可以有

$$1+(-1+1)+(-1+1)+\cdots=1+0+0+\cdots=1$$

的不同结果. 这就是说, 发散的级数不满足结合律.

在结束本节之前, 再次提起注意级数的收敛性定理与数列的收敛性定理之间的紧密联系. 任何级数都产生一个部分和数列, 它决定级数的收敛性. 反过来, 结论仍然成立. 也就是说, 任何数列都可以看成是某个级数的部分和数列. 实际上, 如果 $\{s_n\}$ 是某个数列, 那么可将它联系于级数 $\sum\limits_{n=1}^{\infty}a_n$, 其中 $a_1=s_1$ 且对于 $n\geqslant 2$, $a_n=s_n-s_{n-1}$.

数项级数的敛散性与求和

思考题

1. 什么是无穷级数? 能不能简单地说 "无穷级数就是无穷个数相加"?

2. 级数 $\sum\limits_{n=1}^{\infty}a_n$ 的收敛与发散是怎样定义的? 如何理解级数的敛散性定理与数列的敛散性定理的相互转化?

3. 级数收敛的必要条件是什么, 它对判定级数的敛散性有什么意义?

4. 设 $\sum\limits_{n=1}^{\infty}a_n$ 与 $\sum\limits_{n=1}^{\infty}b_n$ 都是发散级数, 对下列级数:

$$\sum_{n=1}^{\infty}(a_n+b_n),\quad \sum_{n=1}^{\infty}(a_n-b_n),\quad \sum_{n=1}^{\infty}a_nb_n,\quad \sum_{n=1}^{\infty}\frac{a_n}{b_n},\quad b_n\neq 0$$

的敛散性能否得到肯定的结论?

5. 若对级数 $\sum\limits_{n=1}^{\infty}a_n$ 的各项加括号得到级数 $\sum\limits_{n=1}^{\infty}b_n$, 则 $\sum\limits_{n=1}^{\infty}a_n$ 与 $\sum\limits_{n=1}^{\infty}b_n$ 的敛散性之间有何联系?

习 题　10.1

1. 讨论下列级数的敛散性, 如果收敛求出级数的和:

(1) $\displaystyle\sum_{n=1}^{\infty} \frac{1}{(2n-1)(2n+1)}$;　　　　(2) $\displaystyle\sum_{n=1}^{\infty} \frac{2n-1}{3^n}$;

(3) $\displaystyle\sum_{n=1}^{\infty} (\sqrt{n+2} - 2\sqrt{n+1} + \sqrt{n})$;　　　(4) $\displaystyle\sum_{n=1}^{\infty} \frac{n}{(n+1)!}$.

2. 作一无穷级数 $\displaystyle\sum_{n=1}^{\infty} a_n$ 使其部分和 $s_n = \dfrac{1}{n}$.

3. 证明下列级数是发散的:

(1) $\displaystyle\sum_{n=1}^{\infty} \sin n$;　　　(2) $\displaystyle\sum_{n=1}^{\infty} (-1)^n \frac{n^2+1}{3n^2-2}$;

(3) $\displaystyle\sum_{n=1}^{\infty} n \sin\frac{1}{n}$;　　　(4) $\displaystyle\sum_{n=1}^{\infty} \left(1 - \frac{1}{n}\right)^n$.

4. 设 $\displaystyle\sum_{n=1}^{\infty} a_n$ 收敛, 证明 $\displaystyle\sum_{n=1}^{\infty} (a_n - b_n)$ 与 $\displaystyle\sum_{n=1}^{\infty} b_n$ 同敛散.

5. 证明若数列 $\{a_n\}$ 收敛于 a, 则 $\displaystyle\sum_{n=1}^{\infty} (a_n - a_{n+1}) = a_1 - a$.

6. 应用 Cauchy 收敛准则判定下列级数的敛散性:

(1) $\displaystyle\sum_{n=1}^{\infty} \frac{\cos 3^n}{3^n}$;　　　(2) $\displaystyle\sum_{n=1}^{\infty} \frac{1}{\sqrt{n^2+2n}}$.

---

7. 证明若级数 $\displaystyle\sum_{n=1}^{\infty} a_{2n-1}$ 与 $\displaystyle\sum_{n=1}^{\infty} a_{2n}$ 都收敛, 则 $\displaystyle\sum_{n=1}^{\infty} a_n$ 收敛.

8. 设 $\displaystyle\lim_{n\to\infty} na_n = a \neq 0$, 证明 $\displaystyle\sum_{n=1}^{\infty} a_n$ 发散.

9. 证明若级数 $\displaystyle\sum_{n=1}^{\infty} a_n$ 与 $\displaystyle\sum_{n=1}^{\infty} b_n$ 都收敛且当 n 充分大时, $a_n \leqslant c_n \leqslant b_n$, 则 $\displaystyle\sum_{n=1}^{\infty} c_n$ 收敛.

若级数 $\displaystyle\sum_{n=1}^{\infty} a_n$ 与 $\displaystyle\sum_{n=1}^{\infty} b_n$ 都发散, 试问 $\displaystyle\sum_{n=1}^{\infty} c_n$ 一定发散吗?

10. 证明若数列 $\{na_n\}$ 收敛且级数 $\displaystyle\sum_{n=1}^{\infty} n(a_{n+1} - a_n)$ 收敛, 则级数 $\displaystyle\sum_{n=1}^{\infty} a_n$ 也收敛.

10.2　正 项 级 数

若级数的每一项都是正的, 则称此级数为**正项级数**; 若级数的每一项都是负的, 则称此级数为**负项级数**. 正项级数和负项级数统称为**同号级数**.

10.2.1 正项级数收敛性的一般判别法

本节考虑正项级数. 由于 $a_n > 0$, 并且 $s_{n+1} = s_n + a_{n+1}$, 所以部分和数列 $\{s_n\}$ 是一个单调递增数列. 因此, 如果 $\{s_n\}$ 有上界, 则由定理 1.6.2 知它是收敛的, 反之亦然. 一般有

定理 10.2.1 设 $a_n \geqslant 0 \, (n = 1, 2, \cdots)$, 则级数 $\displaystyle\sum_{n=1}^{\infty} a_n$ 收敛的充要条件是: 它的部分和数列 $\{s_n\}$ 有上界.

例 1 设 b_n 是正的, $\{b_n\}$ 单调递增且趋于 $+\infty$, 证明级数 $\displaystyle\sum_{n=1}^{\infty} (b_{n+1} - b_n)$ 发散, 而级数 $\displaystyle\sum_{n=1}^{\infty} \left(\frac{1}{b_n} - \frac{1}{b_{n+1}} \right)$ 收敛.

证明 由于 $\{b_n\}$ 单调递增且 $b_n > 0$, 所以

$$b_{n+1} - b_n \geqslant 0, \quad \frac{1}{b_n} - \frac{1}{b_{n+1}} \geqslant 0, \quad n = 1, 2, \cdots.$$

设这两个级数的部分和分别为 s_n 和 t_n, 则 $s_n = b_{n+1} - b_1$ 单调递增且趋于 $+\infty$, $t_n = \dfrac{1}{b_1} - \dfrac{1}{b_{n+1}}$ 单调递增且以 $\dfrac{1}{b_1}$ 为上界. 于是根据定理 10.2.1, 推知结论成立. □

由定理 10.2.1 知一个正项级数的敛散性依赖于它的部分和数列是否有上界, 基于这一点可建立如下的 Cauchy 积分判别法和比较判别法:

设函数 $f(x)$ 在 $[1, +\infty)$ 上单调递减, 并且非负. 借助于图 10.1 中面积大小的比较, 可以作出 Cauchy 积分判别法的一个明晰的几何解释.

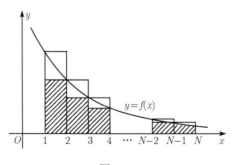

图 10.1

在图 10.1 中画阴影的那些矩形的面积之和等于 $\displaystyle\sum_{n=2}^{N} f(n)$, 较大的那些矩形的面积之和等于 $\displaystyle\sum_{n=1}^{N-1} f(n)$. 将上述两个和数所表示的面积与积分 $\displaystyle\int_{1}^{N} f(x)\mathrm{d}x$ 所表示

的面积作比较得到

$$\sum_{n=2}^{N} f(n) \leqslant \int_{1}^{N} f(x)\mathrm{d}x \leqslant \sum_{n=1}^{N-1} f(n). \tag{10.2.1}$$

由此得到级数 $\sum\limits_{n=1}^{\infty} f(n)$ 与无穷积分 $\int_{1}^{+\infty} f(x)\mathrm{d}x$ 具有相同的敛散性. 因此, 有如下的 Cauchy 积分判别法:

定理 10.2.2(Cauchy 积分判别法)　设函数 $f(x)$ 在 $[1, +\infty)$ 上单调递减, 并且非负, 则级数 $\sum\limits_{n=1}^{\infty} f(n)$ 与无穷积分 $\int_{1}^{+\infty} f(x)\mathrm{d}x$ 具有相同的敛散性.

证明　(1) 如果无穷积分 $\int_{1}^{+\infty} f(x)\mathrm{d}x$ 收敛, 那么 $A = \int_{1}^{+\infty} f(x)\mathrm{d}x$ 有限, 于是对任意 $N \in \mathbb{N}_+$, 由 (10.2.1) 式有

$$\sum_{n=1}^{N} f(n) \leqslant \int_{1}^{N} f(x)\mathrm{d}x + f(1) \leqslant A + f(1),$$

所以, 根据定理 10.2.1 得级数 $\sum\limits_{n=1}^{\infty} f(n)$ 收敛.

(2) 如果无穷积分 $\int_{1}^{+\infty} f(x)\mathrm{d}x$ 发散, 那么由 $f(x)$ 非负得 $\int_{1}^{+\infty} f(x)\mathrm{d}x = +\infty$, 于是由 (10.2.1) 式有

$$\sum_{n=1}^{N} f(n) \geqslant \int_{1}^{N} f(x)\mathrm{d}x + f(N) \geqslant \int_{1}^{N} f(x)\mathrm{d}x \to +\infty, \quad N \to +\infty,$$

所以, 根据定理 10.2.1 得级数 $\sum\limits_{n=1}^{\infty} f(n)$ 发散. □

例 2　证明 p **级数** $\sum\limits_{n=1}^{\infty} \dfrac{1}{n^p}$ 当 $p \leqslant 1$ 时发散, 当 $p > 1$ 时收敛.

证明　令 $f(x) = \dfrac{1}{x^p}$, 显然当 $p > 0$ 时, 它在 $[1, +\infty)$ 上非负且单调递减. 由于 $\int_{1}^{+\infty} \dfrac{\mathrm{d}x}{x^p}$ 当 $0 < p \leqslant 1$ 时发散, 当 $p > 1$ 时收敛, 所以, 根据定理 10.2.2 得 p 级数 $\sum\limits_{n=1}^{\infty} \dfrac{1}{n^p}$ 当 $0 < p \leqslant 1$ 时发散, 当 $p > 1$ 时收敛.

当 $p \leqslant 0$ 时, $\lim\limits_{n \to \infty} \dfrac{1}{n^p} \neq 0$, 所以, 根据推论 10.1.1 知 p 级数 $\sum\limits_{n=1}^{\infty} \dfrac{1}{n^p}$ 发散. □

例 3 讨论 $\displaystyle\sum_{n=2}^{\infty}\frac{1}{n\ln^q n}$ 的敛散性, 其中 $q>0$.

解 令 $f(x)=\dfrac{1}{x\ln^q x}$, 显然它在 $[2,+\infty)$ 上非负且单调递减. 由于

$$\int_2^{+\infty}\frac{\mathrm{d}x}{x\ln^q x}\ \text{与}\ \int_{\ln 2}^{+\infty}\frac{\mathrm{d}u}{u^q}(u=\ln x)\ \text{同敛态},$$

可见, 上述积分当 $q>1$ 时收敛, 当 $0<q\leqslant 1$ 时发散, 所以, 根据 Cauchy 积分判别法, $\displaystyle\sum_{n=2}^{\infty}\frac{1}{n\ln^q n}$ 当 $q>1$ 时收敛, 当 $0<q\leqslant 1$ 时发散. $\qquad\square$

定理 10.2.3(比较判别法) 设 $\displaystyle\sum_{n=1}^{\infty}a_n$ 和 $\displaystyle\sum_{n=1}^{\infty}b_n$ 是两个级数. 若存在正整数 N, 使当 $n\geqslant N$ 时有 $0\leqslant a_n\leqslant b_n$, 则

(1) 当级数 $\displaystyle\sum_{n=1}^{\infty}b_n$ 收敛时, 级数 $\displaystyle\sum_{n=1}^{\infty}a_n$ 收敛;

(2) 当级数 $\displaystyle\sum_{n=1}^{\infty}a_n$ 发散时, 级数 $\displaystyle\sum_{n=1}^{\infty}b_n$ 发散.

证明 仅证 (1), (2) 留作练习. 显然只需考察级数 $\displaystyle\sum_{k=N+1}^{\infty}a_k$, 这是因为级数的敛散性与其前 N 项无关.

由于 $b_k\geqslant 0(k\geqslant N+1)$ 及 $\displaystyle\sum_{k=N+1}^{\infty}b_k$ 是收敛的, 所以, 根据定理 10.2.1 得其部分和数列 $t_n=\displaystyle\sum_{k=N+1}^{N+n}b_k$ 有上界. 令 $s_n=\displaystyle\sum_{k=N+1}^{N+n}a_k$, 则由条件知 $s_n\leqslant t_n$, 所以 s_n 也有上界. 因此, 根据定理 10.2.1 得 $\displaystyle\sum_{k=N+1}^{\infty}a_k$ 是收敛的, 故 $\displaystyle\sum_{k=1}^{\infty}a_k$ 收敛. $\qquad\square$

称 (1) 中的级数 $\displaystyle\sum_{n=1}^{\infty}b_n$ 与 (2) 中的级数 $\displaystyle\sum_{n=1}^{\infty}a_n$ 为**比较级数**. 一般常用的比较级数有等比级数 $\displaystyle\sum_{n=1}^{\infty}aq^n$ 和 p 级数 $\displaystyle\sum_{n=1}^{\infty}\frac{1}{n^p}$.

例 4 判别级数 $\displaystyle\sum_{n=1}^{\infty}\frac{1}{n!}$ 的敛散性.

解法 1 由于 $n!=1\cdot 2\cdots n\geqslant 2^{n-1}$, 所以 $0<\dfrac{1}{n!}\leqslant\dfrac{1}{2^{n-1}}$, 而 $\displaystyle\sum_{n=1}^{\infty}\frac{1}{2^{n-1}}$ 是收敛的等比级数, 因此, 由比较判别法知级数 $\displaystyle\sum_{n=1}^{\infty}\frac{1}{n!}$ 收敛. $\qquad\square$

解法 2   由于当 $n \geqslant 2$ 时, $n! = n \cdot (n-1) \cdots 2 \cdot 1 \geqslant n \cdot \dfrac{n}{2} = \dfrac{n^2}{2}$, 所以 $0 < \dfrac{1}{n!} \leqslant \dfrac{2}{n^2}$, 而 $\displaystyle\sum_{n=1}^{\infty} \dfrac{2}{n^2}$ 是收敛的, 因此, 由比较判别法知级数 $\displaystyle\sum_{n=1}^{\infty} \dfrac{1}{n!}$ 收敛.   □

事实上, 将在 12.2 节中证明它收敛于 $\mathrm{e} - 1$, 即 $\displaystyle\sum_{n=1}^{\infty} \dfrac{1}{n!} = \mathrm{e} - 1$.

为方便使用定理 10.2.3, 往往采用它的极限形式.

定理 10.2.4(比较判别法的极限形式)   设有正项级数 $\displaystyle\sum_{n=1}^{\infty} a_n$ 和 $\displaystyle\sum_{n=1}^{\infty} b_n$. 如果 $\lim\limits_{n \to \infty} \dfrac{a_n}{b_n} = l$, 则

(1) 当 $0 < l < +\infty$ 时, 级数 $\displaystyle\sum_{n=1}^{\infty} a_n$ 与级数 $\displaystyle\sum_{n=1}^{\infty} b_n$ 同敛散;

(2) 当 $l = 0$ 且级数 $\displaystyle\sum_{n=1}^{\infty} b_n$ 收敛时, 级数 $\displaystyle\sum_{n=1}^{\infty} a_n$ 收敛;

(3) 当 $l = +\infty$ 且级数 $\displaystyle\sum_{n=1}^{\infty} b_n$ 发散时, 级数 $\displaystyle\sum_{n=1}^{\infty} a_n$ 发散.

证明   仅证 (1), 其余两个留作练习. 由极限的定义知对 $\varepsilon = \dfrac{l}{2} > 0$, 存在正整数 N, 使当 $n \geqslant N$ 时有

$$\left| \frac{a_n}{b_n} - l \right| < \frac{l}{2},$$

即

$$0 < \frac{l}{2} b_n < a_n < \frac{3l}{2} b_n,$$

于是由定理 10.2.3 知级数 $\displaystyle\sum_{n=1}^{\infty} a_n$ 与 $\displaystyle\sum_{n=1}^{\infty} b_n$ 具有相同的敛散性.   □

下面从无穷小阶的比较的观点来分析定理 10.2.4. 如果正项级数 $\displaystyle\sum_{n=1}^{\infty} a_n$ 与 $\displaystyle\sum_{n=1}^{\infty} b_n$ 的通项构成的数列 $\{a_n\}$, $\{b_n\}$ 都是无穷小数列, 那么定理 10.2.4(1) 对应于 $\{a_n\}$ 与 $\{b_n\}$ 是同阶无穷小数列, 定理 10.2.4(2) 对应于 $a_n = o(b_n)$ $(n \to \infty)$, 定理 10.2.4(3) 对应于 $b_n = o(a_n)$ $(n \to \infty)$.

例 5   判别级数 $\displaystyle\sum_{n=1}^{\infty} \ln\left(1 + \dfrac{1}{n}\right)$ 的敛散性.

解　显然这是正项级数, 设

$$a_n = \ln\left(1+\frac{1}{n}\right), \quad b_n = \frac{1}{n},$$

则由于

$$\lim_{n\to\infty} \frac{a_n}{b_n} = \lim_{n\to\infty} \frac{\ln\left(1+\dfrac{1}{n}\right)}{\dfrac{1}{n}} = 1$$

及级数 $\displaystyle\sum_{n=1}^{\infty} \frac{1}{n}$ 发散, 所以, 根据定理 10.2.4(1) 知级数 $\displaystyle\sum_{n=1}^{\infty} \ln\left(1+\frac{1}{n}\right)$ 发散.　　□

例 6　判别级数 $\displaystyle\sum_{n=1}^{\infty} 2^n \tan\frac{1}{3^n}$ 的敛散性.

解　显然这是正项级数. 由于

$$\lim_{n\to\infty} \frac{2^n \tan\dfrac{1}{3^n}}{\left(\dfrac{2}{3}\right)^n} = 1$$

及级数 $\displaystyle\sum_{n=1}^{\infty} \left(\frac{2}{3}\right)^n$ 收敛, 所以由定理 10.2.4(1) 知级数 $\displaystyle\sum_{n=1}^{\infty} 2^n \tan\frac{1}{3^n}$ 收敛.　　□

例 7　判别正项级数 $\displaystyle\sum_{n=1}^{\infty} \left(\mathrm{e}^{\frac{1}{n^2}} - \cos\frac{\pi}{n}\right)$ 的敛散性.

解　显然这是正项级数. 注意到当 $x\to 0$ 时, $\mathrm{e}^x - 1 \sim x$, $1-\cos x \sim \frac{1}{2}x^2$. 由 L'Hospital 法则知

$$\lim_{x\to+\infty} \frac{\mathrm{e}^{\frac{1}{x^2}} - \cos\dfrac{\pi}{x}}{\dfrac{1}{x^2}} = \lim_{x\to+\infty} \left(\mathrm{e}^{\frac{1}{x^2}} + \frac{\pi x}{2}\sin\frac{\pi}{x}\right) = 1 + \frac{\pi^2}{2},$$

所以由归结原则得

$$\lim_{n\to+\infty} \frac{\mathrm{e}^{\frac{1}{n^2}} - \cos\dfrac{\pi}{n}}{\dfrac{1}{n^2}} = \lim_{x\to+\infty} \frac{\mathrm{e}^{\frac{1}{x^2}} - \cos\dfrac{\pi}{x}}{\dfrac{1}{x^2}} = 1 + \frac{\pi^2}{2},$$

而 $\displaystyle\sum_{n=1}^{\infty} \frac{1}{n^2}$ 收敛, 因此, 根据定理 10.2.4 知正项级数 $\displaystyle\sum_{n=1}^{\infty} \left(\mathrm{e}^{\frac{1}{n^2}} - \cos\frac{\pi}{n}\right)$ 收敛.　　□

10.2.2　根值法与比值法

10.2.1 小节比较判别法有一个共同特性, 就是都需要有比较级数. 对于给定的级数去寻找合适的比较级数往往不是一件容易的事, 其原因是预先并不知道所给级数究竟是收敛还是发散, 因此, 是按照定理 10.2.4 中的 (1) 还是 (2) 或 (3) 去寻找比较级数, 一般只能是通过尝试和摸索来解决. 一种新的解决途径是取定某些特定的比较级数, 导出简单易用的判别法. 下面来介绍这方面的定理.

定理 10.2.5(Cauchy 根值法)　设 $\sum\limits_{n=1}^{\infty} a_n$ 为正项级数.

(1) 如果存在 $q \in (0,1)$, $N \in \mathbb{N}_+$, 使得

$$\sqrt[n]{a_n} \leqslant q < 1, \quad n > N,$$

则级数 $\sum\limits_{n=1}^{\infty} a_n$ 收敛;

(2) 如果 $\sqrt[n]{a_n} \geqslant 1$ 对无穷多个 n 成立, 则级数 $\sum\limits_{n=1}^{\infty} a_n$ 发散.

证明　(1) 由条件得当 $n > N$ 时,

$$0 < a_n \leqslant q^n.$$

由于 $0 < q < 1$, 所以等比级数 $\sum\limits_{n=1}^{\infty} q^n$ 收敛, 因此, 根据比较判别法得级数 $\sum\limits_{n=1}^{\infty} a_n$ 收敛.

(2) 如果 $\sqrt[n]{a_n} \geqslant 1$ 对无穷多个 n 成立, 则对无穷多个 n 有 $a_n \geqslant 1$, 于是 $\lim\limits_{n \to \infty} a_n \neq 0$, 因此, 根据推论 10.1.1 知级数 $\sum\limits_{n=1}^{\infty} a_n$ 发散.　□

利用数列极限的定义和定理 10.2.5, 易证如下推论:

推论 10.2.1(Cauchy 根值法的极限形式)　设 $\sum\limits_{n=1}^{\infty} a_n$ 是正项级数. 如果

$$\lim_{n \to \infty} \sqrt[n]{a_n} = r,$$

则

(1) 当 $r < 1$ 时, 级数 $\sum\limits_{n=1}^{\infty} a_n$ 收敛;

(2) 当 $r > 1$ 时, 级数 $\sum\limits_{n=1}^{\infty} a_n$ 发散.

例 8　讨论级数 $\displaystyle\sum_{n=1}^{\infty} \frac{r^n}{n^p}$ $(r>0)$ 的敛散性.

解　设 $a_n = \dfrac{r^n}{n^p}$. 由于 $a_n > 0$, 且

$$\lim_{n\to\infty} \sqrt[n]{a_n} = \lim_{n\to\infty} \frac{r}{n^{\frac{p}{n}}} = r,$$

因此, 根据 Cauchy 根值法知当 $r < 1$ 时, 原级数收敛; 当 $r > 1$ 时, 原级数发散, 此结论对任意的 p 都成立. 但当 $r = 1$ 时, 原级数为 p 级数. 此时, 原级数当 $p \leqslant 1$ 时发散, 当 $p > 1$ 时收敛.　　　　　　　　　　　　　　　　　　　□

定理 10.2.6(D'Alembert 比值法)　设 $\displaystyle\sum_{n=1}^{\infty} a_n$ 为正项级数.

(1) 如果存在 $q \in (0,1)$, $N \in \mathbb{N}_+$, 使得

$$\frac{a_{n+1}}{a_n} \leqslant q, \quad n > N,$$

则级数 $\displaystyle\sum_{n=1}^{\infty} a_n$ 收敛;

(2) 如果存在 $N \in \mathbb{N}_+$, 使得 $\dfrac{a_{n+1}}{a_n} \geqslant 1$ 对 $n > N$ 成立, 则级数 $\displaystyle\sum_{n=1}^{\infty} a_n$ 发散.

证明　(1) 由条件得当 $n > N + 1$ 时,

$$0 < \frac{a_{N+2}}{a_{N+1}} \leqslant q, \quad 0 < \frac{a_{N+3}}{a_{N+2}} \leqslant q, \quad \cdots, \quad 0 < \frac{a_n}{a_{n-1}} \leqslant q,$$

于是将上述不等式两边相乘得, 当 $n > N + 1$ 时有

$$0 < a_n \leqslant a_{N+1} \cdot q^{n-N-1}.$$

由于 $0 < q < 1$, 所以等比级数 $\displaystyle\sum_{n=1}^{\infty} a_{N+1} \cdot q^{n-N-1}$ 收敛, 因此, 根据比较判别法得级数 $\displaystyle\sum_{n=1}^{\infty} a_n$ 收敛.

(2) 如果存在 $N \in \mathbb{N}_+$, 使得 $\dfrac{a_{n+1}}{a_n} \geqslant 1$ 对 $n > N$ 成立, 则对 $n > N$ 有 $a_n \geqslant a_{N+1} > 0$, 于是 $\displaystyle\lim_{n\to\infty} a_n \neq 0$, 因此, 根据推论 10.1.1 知级数 $\displaystyle\sum_{n=1}^{\infty} a_n$ 发散.　　□

利用数列极限的定义和定理 10.2.6, 易证如下推论:

推论 10.2.2(D'Alembert 比值法的极限形式)　设 $\sum\limits_{n=1}^{\infty} a_n$ 是正项级数. 如果

$$\lim_{n\to\infty} \frac{a_{n+1}}{a_n} = s,$$

则

(1) 当 $s < 1$ 时, 级数 $\sum\limits_{n=1}^{\infty} a_n$ 收敛;

(2) 当 $s > 1$ 时, 级数 $\sum\limits_{n=1}^{\infty} a_n$ 发散.

注　当 $q = r = s = 1$ 时, 级数 $\sum\limits_{n=1}^{\infty} \dfrac{1}{n}$ 与 $\sum\limits_{n=1}^{\infty} \dfrac{1}{n^2}$ 的敛散性说明 Cauchy 根值法和 D'Alembert 比值法失效.

例 9　讨论级数 $\sum\limits_{n=1}^{\infty} \dfrac{n!}{n^n}$ 的敛散性.

解　设 $a_n = \dfrac{n!}{n^n}$. 由于 $a_n > 0$, 且

$$\lim_{n\to\infty} \frac{a_{n+1}}{a_n} = \lim_{n\to\infty} \left(\frac{n}{n+1}\right)^n = \frac{1}{\mathrm{e}} < 1,$$

因此, 根据比值法得原级数收敛.　　　　　　　　　　　　　　　　　　　　　□

由例 9, 根据级数收敛的必要条件可得 $\lim\limits_{n\to\infty} \dfrac{n!}{n^n} = 0$.

正项级数的比较判别法

*10.2.3　其他判别法

在推论 10.2.1 与推论 10.2.2 中, 要求根式或比式的极限存在. 如果根式或比式的极限不存在, 则有如下结果:

定理 10.2.7(Cauchy 根值法)　设 $\sum\limits_{n=1}^{\infty} a_n$ 为正项级数. 如果

$$\overline{\lim_{n\to\infty}} \sqrt[n]{a_n} = r,$$

则

(1) 当 $r < 1$ 时, 级数 $\sum\limits_{n=1}^{\infty} a_n$ 收敛;

(2) 当 $r > 1$ 时, 级数 $\sum\limits_{n=1}^{\infty} a_n$ 发散.

利用上极限的定义和定理 10.2.5, 易证定理 10.2.7. 类似地, 利用上极限、下极限的定义和定理 10.2.6, 易证如下定理:

定理 10.2.8(D'Alembert 比值法)　设 $\sum\limits_{n=1}^{\infty} a_n$ 是正项级数.

(1) 若 $\varlimsup\limits_{n\to\infty} \dfrac{a_{n+1}}{a_n} = s < 1$, 则级数 $\sum\limits_{n=1}^{\infty} a_n$ 收敛;

(2) 若 $\varliminf\limits_{n\to\infty} \dfrac{a_{n+1}}{a_n} = s' > 1$, 则级数 $\sum\limits_{n=1}^{\infty} a_n$ 发散.

例 10　判定级数

$$\frac{1}{3} + \frac{1}{2^2} + \frac{1}{3^3} + \frac{1}{2^4} + \cdots + \frac{1}{3^{2n-1}} + \frac{1}{2^{2n}} + \cdots$$

的敛散性.

解法 1　令

$$a_n = \begin{cases} \dfrac{1}{3^{2k-1}}, & n = 2k-1, \\[2mm] \dfrac{1}{2^{2k}}, & n = 2k, \end{cases} \quad k = 1, 2, \cdots,$$

由于 $\varlimsup\limits_{n\to\infty} \sqrt[n]{a_n} = \dfrac{1}{2}$, 所以根据定理 10.2.7 知原级数收敛. □

解法 2　由于

$$\sqrt[n]{a_n} = \begin{cases} \dfrac{1}{3}, & n = 2k-1, \\[2mm] \dfrac{1}{2}, & n = 2k, \end{cases} \quad k = 1, 2, \cdots$$

$$\leqslant \frac{1}{2} < 1,$$

所以, 根据定理 10.2.5 得原级数收敛. □

Cauchy 判别法和 D'Alembert 判别法是基于把要判定的级数与某一等比级数相比较的思想而得到的, 也就是说, 只有那些级数的通项收敛于零的速度比某一等比级数的通项收敛于零的速度快的级数, 这两种方法才能判定它的收敛性. 如果级数的通项收敛于零的速度较慢, 它们就无能为力了. 因此, 寻找更为精细的判定法成为必要, 下面的 Raabe 判别法便是其中之一.

定理 10.2.9(Raabe 判别法)　设 $\sum\limits_{n=1}^{\infty} a_n$ 是正项级数, 满足

$$\lim_{n \to \infty} n\Big(\frac{a_n}{a_{n+1}} - 1\Big) = r,$$

则

(1) 当 $r > 1$ 时, 级数 $\displaystyle\sum_{n=1}^{\infty} a_n$ 收敛;

(2) 当 $r < 1$ 时, 级数 $\displaystyle\sum_{n=1}^{\infty} a_n$ 发散.

证明   (1) 当 $r > 1$ 时, 取 $\varepsilon > 0$, 使得 $\varepsilon < \frac{1}{2}(r-1)$, 由假设知当 n 充分大时,

$$n\Big(\frac{a_n}{a_{n+1}} - 1\Big) - r > -\varepsilon, \quad \text{即 } n\Big(\frac{a_n}{a_{n+1}} - 1\Big) > r - \varepsilon > \varepsilon + 1,$$

因而

$$n a_n - (n+1)a_{n+1} > \varepsilon a_{n+1} > 0,$$

则数列 $\{na_n\}$ 是单调递减的, 所以 $\{na_n\}$ 收敛, 即级数

$$\sum_{n=1}^{\infty}[na_n - (n+1)a_{n+1}]$$

收敛, 再由比较判别法知 $\displaystyle\sum_{n=1}^{\infty} a_n$ 也收敛.

(2) 如果

$$\lim_{n \to \infty} n\Big(\frac{a_n}{a_{n+1}} - 1\Big) = r < 1,$$

取 $\varepsilon > 0$, 使得 $\varepsilon < \frac{1}{2}(1-r)$, 则存在正整数 N, 使当 $n > N$ 时,

$$n\Big(\frac{a_n}{a_{n+1}} - 1\Big) < r + \varepsilon < 1 - \varepsilon.$$

于是

$$n a_n - (n+1)a_{n+1} < -\varepsilon a_{n+1} \leqslant 0,$$

所以

$$\frac{a_{n+1}}{a_n} \geqslant \frac{n}{n+1},$$

即

$$a_{n+1} \geqslant \frac{n}{n+1}a_n \geqslant \cdots \geqslant \frac{Na_N}{n+1},$$

注意到 $\displaystyle\sum_{n=1}^{\infty} \frac{1}{n+1}$ 发散, 因此 $\displaystyle\sum_{n=1}^{\infty} a_n$ 发散.   □

例 11 判定级数 $\displaystyle\sum_{n=1}^{\infty} \frac{(2n-1)!!}{(2n)!!} \cdot \frac{1}{2n+1}$ 的敛散性.

注 令 $a_n = \dfrac{(2n-1)!!}{(2n)!!} \cdot \dfrac{1}{2n+1}$. 由于 $a_n > 0$, 且

$$\lim_{n\to\infty} \frac{a_{n+1}}{a_n} = \lim_{n\to\infty} \frac{(2n+1)^2}{(2n+2)(2n+3)} = 1,$$

因此, 不能用 D'Alembert 判别法.

解 令 $a_n = \dfrac{(2n-1)!!}{(2n)!!} \cdot \dfrac{1}{2n+1}$, 则 $a_n > 0$, 且

$$\lim_{n\to\infty} n\left(\frac{a_n}{a_{n+1}} - 1\right) = \lim_{n\to\infty} \frac{n(6n+5)}{(2n+1)^2} = \frac{3}{2} > 1,$$

于是由 Raabe 判别法知原级数收敛. □

思考题

1. 正项级数有哪些敛散性判别法? 它们的理论基础是什么? 判别法之间有什么关系?

2. 写出正项级数 $\displaystyle\sum_{n=1}^{\infty} a_n$ 发散的充要条件.

3. 经常被用作比较级数的级数有哪些?

4. 对于积分判别法, 函数所设定的条件是什么?

5. 若正项级数 $\displaystyle\sum_{n=1}^{\infty} a_n$ 收敛, $\displaystyle\sum_{n=1}^{\infty} b_n$ 发散, 是否除有限项外必有 $a_n \leqslant b_n$?

6. 对于一个正项级数, 一般应如何选择合适的判别法去判定其敛散性?

习 题 10.2

1. 用 Cauchy 积分判别法判定下列级数的敛散性:

(1) $\displaystyle\sum_{n=1}^{\infty} \frac{\ln n}{n^p} \ (p > 0)$;   (2) $\displaystyle\sum_{n=2}^{\infty} \frac{1}{n^p \ln n} \ (p > 0)$;

(3) $\displaystyle\sum_{n=3}^{\infty} \frac{1}{n \ln n (\ln\ln n)^p} \ (p > 0)$;   (4) $\displaystyle\sum_{n=3}^{\infty} \frac{1}{n(\ln n)^\sigma (\ln\ln n)} \ (\sigma > 0)$.

2. 用比较法判定下列级数的敛散性:

(1) $\displaystyle\sum_{n=1}^{\infty} \frac{1}{n+2^n}$;   (2) $\displaystyle\sum_{n=1}^{\infty} \frac{n}{3n^2+1}$;

(3) $\displaystyle\sum_{n=1}^{\infty} \frac{1}{n} \sin \frac{1}{n}$;   (4) $\displaystyle\sum_{n=1}^{\infty} \left(\sqrt[n]{a} - 1\right) \ (a > 1)$;

(5) $\displaystyle\sum_{n=2}^{\infty} \frac{1}{(\ln n)^n}$;   (6) $\displaystyle\sum_{n=1}^{\infty} \left(1 - \cos \frac{1}{n}\right)$.

3. 用 Cauchy 根值法或 D'Alembert 比值法判定下列级数的敛散性:

(1) $\displaystyle\sum_{n=1}^{\infty} n \tan \frac{\pi}{2^{n+1}}$; (2) $\displaystyle\sum_{n=1}^{\infty} \frac{n^2}{3^n}$;

(3) $\displaystyle\sum_{n=1}^{\infty} \frac{3^n \cdot n!}{n^n}$; (4) $\displaystyle\sum_{n=1}^{\infty} n^n \sin^n \frac{1}{2n}$.

4. 用级数收敛的必要条件证明下列等式:

(1) $\displaystyle\lim_{n\to\infty} \frac{n^n}{(n!)^2} = 0$; (2) $\displaystyle\lim_{n\to\infty} \frac{(2n)!}{2^{n(n+1)}} = 0$.

5. 设 $\displaystyle\sum_{n=1}^{\infty} a_n$ 与 $\displaystyle\sum_{n=1}^{\infty} b_n$ 为两个正项级数且存在正整数 N, 使对一切的 $n > N$ 有

$$\frac{a_{n+1}}{a_n} \leqslant \frac{b_{n+1}}{b_n}.$$

证明

(1) 若级数 $\displaystyle\sum_{n=1}^{\infty} b_n$ 收敛, 则级数 $\displaystyle\sum_{n=1}^{\infty} a_n$ 也收敛;

(2) 若级数 $\displaystyle\sum_{n=1}^{\infty} a_n$ 发散, 则级数 $\displaystyle\sum_{n=1}^{\infty} b_n$ 也发散.

6. 证明若级数 $\displaystyle\sum_{n=1}^{\infty} a_n^2$ 和 $\displaystyle\sum_{n=1}^{\infty} b_n^2$ 收敛, 则下列级数也收敛:

$$\sum_{n=1}^{\infty} |a_n b_n|, \quad \sum_{n=1}^{\infty} \left(a_n^2 + b_n^2\right), \quad \sum_{n=1}^{\infty} \frac{|a_n|}{n}.$$

7. 证明若 $\{a_n\}$ 是等差数列, 且 $a_n \neq 0$, 则级数 $\displaystyle\sum_{n=1}^{\infty} \frac{1}{a_n}$ 发散.

8. 证明若正项级数 $\displaystyle\sum_{n=1}^{\infty} a_n$ 收敛, 则 $\displaystyle\sum_{n=1}^{\infty} a_n^2$ 也收敛. 反之成立否? 证明或举例说明之?

9. 设正项级数 $\displaystyle\sum_{n=1}^{\infty} a_n$ 收敛, 证明级数 $\displaystyle\sum_{n=1}^{\infty} \sqrt{a_n a_{n+1}}$ 也收敛. 举例说明其逆不真. 但若 $\{a_n\}$ 为单调递减数列, 则逆命题为真.

10. 设 $a_n \geqslant 0$, 证明级数 $\displaystyle\sum_{n=1}^{\infty} \frac{a_n}{(1+a_1)(1+a_2)\cdots(1+a_n)}$ 收敛.

11. 用 Raabe 判别法判定下列级数的敛散性:

(1) $\displaystyle\sum_{n=1}^{\infty} \frac{(2n-1)!!}{(2n)!!}$; (2) $\displaystyle\sum_{n=1}^{\infty} \frac{\sqrt{n!}}{(1+1)(1+\sqrt{2})\cdots(1+\sqrt{n})}$;

(3) $\displaystyle\sum_{n=1}^{\infty} \frac{1}{3^{\ln n}}$; (4) $\displaystyle\sum_{n=1}^{\infty} a^{1+\frac{1}{2}+\cdots+\frac{1}{n}} \left(a > 0, a \neq \frac{1}{e}\right)$.

10.3 一般项级数

如果对级数通项的符号不作任何限制, 称为**一般项级数**. 所有的数项级数都是一般项级数.

10.3.1 绝对收敛与条件收敛

定义 10.3.1 若级数 $\displaystyle\sum_{n=1}^{\infty}|a_n|$ 收敛, 则称级数 $\displaystyle\sum_{n=1}^{\infty}a_n$ 为**绝对收敛**; 若级数 $\displaystyle\sum_{n=1}^{\infty}a_n$ 收敛, 但级数 $\displaystyle\sum_{n=1}^{\infty}|a_n|$ 发散, 则称级数 $\displaystyle\sum_{n=1}^{\infty}a_n$ 为**条件收敛**.

由级数的 Cauchy 收敛准则得到

定理 10.3.1 若级数 $\displaystyle\sum_{n=1}^{\infty}a_n$ 绝对收敛, 则它必收敛.

证明 根据级数的 Cauchy 收敛准则, 由级数 $\displaystyle\sum_{n=1}^{\infty}|a_n|$ 的收敛性得对任意给定的 $\varepsilon>0$, 存在正整数 N, 使当 $n>N$ 时, 对任意的 $p\in\mathbb{N}_+$ 有 $\displaystyle\sum_{m=n+1}^{n+p}|a_m|<\varepsilon$, 进而,

$$\left|\sum_{m=n+1}^{n+p}a_m\right|\leqslant\sum_{m=n+1}^{n+p}|a_m|<\varepsilon.$$

再利用级数的 Cauchy 收敛准则的充分性得, 级数 $\displaystyle\sum_{n=1}^{\infty}a_n$ 收敛. $\square$

根据定义 10.3.1 和定理 10.3.1, 不难证明, 下列级数中:

$$(1)\ \sum_{n=1}^{\infty}(-1)^{n-1}\frac{1}{n^2};\quad (2)\ \sum_{n=1}^{\infty}(-1)^{n-1}\frac{1}{n};\quad (3)\ \sum_{n=2}^{\infty}(-1)^{n-1}\frac{1}{\ln n},$$

级数 (1) 是绝对收敛的, 而级数 (2) 和 (3) 不是绝对收敛的. 为了讨论级数 (2) 和 (3) 是否条件收敛, 下面两小节介绍判别一般项级数收敛的方法.

10.3.2 交错级数

先研究一类特殊但十分常见的一般项级数, 它的项是正负相间的, 称之为**交错级数**, 它形式上写成

$$\sum_{n=1}^{\infty}(-1)^{n-1}a_n=a_1-a_2+\cdots+(-1)^{n-1}a_n+\cdots \tag{10.3.1}$$

或

$$\sum_{n=1}^{\infty}(-1)^n a_n = -a_1 + a_2 - \cdots + (-1)^n a_n + \cdots, \tag{10.3.2}$$

其中 $a_n > 0 (n = 1, 2, \cdots)$.

定义 10.3.2(Leibniz 级数)   对于交错级数 (10.3.1) 或 (10.3.2), 若 $\{a_n\}$ 单调递减趋于 0, 则称之为**Leibniz 级数**.

定理 10.3.2(Leibniz 判别法)   Leibniz 级数必收敛.

证明   对于 Leibniz 级数 (10.3.1), 先考虑这个级数的部分和

$$s_{2n-1} = (a_1 - a_2) + (a_3 - a_4) + \cdots + (a_{2n-3} - a_{2n-2}) + a_{2n-1}.$$

由于 $\{a_n\}$ 是递减趋于 0 的, 所以上述每一括号内是非负的, 和 $a_{2n-1} \geqslant 0$, 因此, 对每一个 n, $s_{2n-1} \geqslant 0$. 又因为

$$s_{2n+1} = s_{2n-1} - a_{2n} + a_{2n+1} = s_{2n-1} - (a_{2n} - a_{2n+1})$$

及 $a_{2n} - a_{2n+1} \geqslant 0$, 所以 $s_{2n+1} \leqslant s_{2n-1}$, 因此, 数列 $\{s_{2n-1}\}$ 单调递减且以 0 为下界, 故由单调有界定理知它是收敛的, 设

$$\lim_{n \to \infty} s_{2n-1} = l.$$

其次考虑这个级数的部分和 $s_{2n} = s_{2n-1} - a_{2n}$. 由于

$$\lim_{n \to \infty} a_{2n} = 0,$$

所以

$$\lim_{n \to \infty} s_{2n} = \lim_{n \to \infty} s_{2n-1} - \lim_{n \to \infty} a_{2n} = l.$$

因此, 数列 $\{s_n\}$ 收敛, 即 Leibniz 级数收敛.   □

根据 Leibniz 判别法, 容易判定前面的级数 (2) 和 (3) 是收敛的交错级数, 从而是条件收敛.

注   由定理 10.3.2 的证明, 可以进一步得到下述结果:

(1) 对于 Leibniz 级数 $\sum_{n=1}^{\infty}(-1)^{n-1}a_n$ 成立

$$0 \leqslant \sum_{n=1}^{\infty}(-1)^{n-1}a_n \leqslant a_1;$$

(2) 对于 Leibniz 级数的余项 $R_n = \sum_{k=n+1}^{\infty}(-1)^{k-1}a_k$ 成立

$$|R_n| \leqslant a_{n+1}.$$

例 1 证明级数 $\displaystyle\sum_{n=1}^{\infty} \sin\left(\sqrt{n^2+1}\,\pi\right)$ 收敛.

证明 注意到

$$\sin\left(\sqrt{n^2+1}\,\pi\right) = (-1)^n \sin\left(\sqrt{n^2+1}-n\right)\pi$$

$$= (-1)^n \sin \frac{\pi}{\sqrt{n^2+1}+n},$$

显然 $\left\{\sin\dfrac{\pi}{\sqrt{n^2+1}+n}\right\}$ 是正的单调递减数列且

$$\lim_{n\to\infty} \sin \frac{\pi}{\sqrt{n^2+1}+n} = 0,$$

所以 $\displaystyle\sum_{n=1}^{\infty} \sin\left(\sqrt{n^2+1}\,\pi\right)$ 是 Leibniz 级数. 因此, 根据定理 10.3.2 可知其收敛. □

10.3.3 Dirichlet 判别法和 Abel 判别法

按定义 10.3.1, 一般项级数的收敛可分成两类, 即绝对收敛和条件收敛. 绝对收敛级数可归结为正项级数. 而一般项级数的收敛性, 本质上取决于级数通项趋于 0 的速度的快慢. 注意到对于有些一般项级数, 尽管通项趋于 0 (或许比较慢, 如交错级数 $\displaystyle\sum_{n=1}^{\infty}(-1)^{n-1}\frac{1}{n}$), 但其绝对值构成的级数发散. 出现这种现象的部分原因是由于级数中有正负项可以互相抵消. 因此, 它可能是条件收敛. 基于此, 当讨论级数的条件收敛性时, 需要更为精细的判别法. 下面首先推广 Leibniz 判别法, 得到 Dirichlet 判别法, 然后介绍 Abel 判别法.

Dirichlet 判别法的证明要用到级数的 Cauchy 收敛准则和如下的 Abel 变换:

引理 10.3.1(Abel 变换和 Abel 不等式) 设 $\{a_n\}$ 是单调数列, 并且存在常数 $M > 0$, 使数列 $\{b_n\}$ 满足对于任意 $n \in \mathbb{N}_+$, $\left|\displaystyle\sum_{k=1}^{n} b_k\right| \leqslant M$, 则对于任意 $n \in \mathbb{N}_+$,

$$\left|\sum_{k=1}^{n} a_k b_k\right| \leqslant M(|a_1| + 2|a_n|).$$

上式称为**Abel 不等式**.

证明 令

$$B_0 = 0, \quad B_n = \sum_{k=1}^{n} b_k.$$

对 $\displaystyle\sum_{k=1}^{n} a_k b_k$ 应用 **Abel** 变换

$$\sum_{k=1}^{n} a_k b_k = \sum_{k=1}^{n} a_k \left(B_k - B_{k-1}\right) = \sum_{k=1}^{n} a_k B_k - \sum_{k=1}^{n} a_k B_{k-1}$$
$$= a_n B_n + \sum_{k=1}^{n-1} (a_k - a_{k+1}) B_k$$

得到

$$\left| \sum_{k=1}^{n} a_k b_k \right| \leqslant |a_n B_n| + \sum_{k=1}^{n-1} |a_k - a_{k+1}||B_k|$$
$$\leqslant M \left[\sum_{k=1}^{n-1} |a_k - a_{k+1}| + |a_n| \right].$$

注意到 $\{a_n\}$ 是单调数列, 所有 $a_k - a_{k+1}\ (k = 1, 2, \cdots, n)$ 是同号的, 因此

$$\sum_{k=1}^{n-1} |a_k - a_{k+1}| = |a_1 - a_n|,$$

从而

$$\left| \sum_{k=1}^{n} a_k b_k \right| \leqslant M\big(|a_1 - a_n| + |a_n|\big) \leqslant M\big(|a_1| + 2|a_n|\big). \qquad \square$$

定理 10.3.3(Dirichlet 判别法)   如果数列 $\{a_n\}$ 单调趋于 0, 而级数 $\displaystyle\sum_{n=1}^{\infty} b_n$ 的部分和数列有界, 则 $\displaystyle\sum_{n=1}^{\infty} a_n b_n$ 收敛.

证明   由于 $\displaystyle\sum_{n=1}^{\infty} b_n$ 的部分和数列有界, 所以存在 $M > 0$, 使对任意 $n \in \mathbb{N}_+$ 有

$$|b_1 + b_2 + \cdots + b_n| \leqslant M.$$

对任意正整数 n 和 p, $|b_{n+1} + b_{n+2} + \cdots + b_{n+p}| \leqslant 2M$, 于是由 $\{a_n\}$ 单调, 根据 Abel 不等式得

$$\left| \sum_{k=n+1}^{n+p} a_k b_k \right| \leqslant 2M(|a_{n+1}| + 2|a_{n+p}|).$$

由于数列 $\{a_n\}$ 趋于 0, 所以对任意给定的 $\varepsilon > 0$, 存在正整数 N, 使当 $n > N$ 时有 $|a_n| < \dfrac{\varepsilon}{6M}$. 因此, 对 $n > N$ 和任意 $p \in \mathbb{N}_+$ 有

$$\left| \sum_{k=n+1}^{n+p} a_k b_k \right| < \varepsilon,$$

故根据级数的 Cauchy 收敛准则得级数 $\displaystyle\sum_{n=1}^{\infty} a_n b_n$ 收敛. □

注　在 Dirichlet 判别法中取 $b_n = (-1)^n$, 便得 Leibniz 判别法.

将 Dirichlet 判别法的两个条件, 一个减弱, 一个加强, 可得如下的 Abel 判别法:

定理 10.3.4(Abel 判别法)　如果数列 $\{a_n\}$ 单调有界, 而级数 $\displaystyle\sum_{n=1}^{\infty} b_n$ 收敛, 则 $\displaystyle\sum_{n=1}^{\infty} a_n b_n$ 收敛.

证明　由于数列 $\{a_n\}$ 单调有界, 根据单调有界定理知数列 $\{a_n\}$ 收敛. 设 $\displaystyle\lim_{n\to\infty} a_n = a$, 则数列 $\{a_n - a\}$ 单调趋于 0. 而级数 $\displaystyle\sum_{n=1}^{\infty} b_n$ 收敛, 所以其部分和数列有界, 因此, 根据 Dirichlet 判别法得级数 $\displaystyle\sum_{n=1}^{\infty} (a_n - a) b_n$ 收敛, 故级数

$$\sum_{n=1}^{\infty} a_n b_n = \sum_{n=1}^{\infty} (a_n - a) b_n + a \sum_{n=1}^{\infty} b_n$$

收敛. □

例 2　设 $\displaystyle\sum_{n=1}^{\infty} b_n$ 收敛, 则由 Abel 判别法知级数

$$\sum_{n=1}^{\infty} \frac{b_n}{\sqrt{n}}, \quad \sum_{n=1}^{\infty} \frac{n}{n+1} b_n, \quad \sum_{n=1}^{\infty} \left(1 + \frac{1}{n}\right)^n b_n$$

都收敛.

例 3　证明当 $0 < x < \pi$ 时, 级数 $\displaystyle\sum_{n=1}^{\infty} \frac{\sin nx}{n}$ 条件收敛.

证明　先证对任意 $x \in (0, \pi)$, 部分和数列 $\left\{\displaystyle\sum_{k=1}^{n} \sin kx\right\}$ 有界, 即

$$\left| \sum_{k=1}^{n} \sin kx \right| \leqslant \frac{1}{|\sin \frac{x}{2}|}. \tag{10.3.3}$$

事实上, 对任意取定的 $x \in (0, \pi)$,

$$-2 \sin \frac{x}{2} \sum_{k=1}^{n} \sin kx = \sum_{k=1}^{n} \left(\cos \left(k + \frac{1}{2}\right) x - \cos \left(k - \frac{1}{2}\right) x \right)$$
$$= \cos \left(n + \frac{1}{2}\right) x - \cos \frac{1}{2} x,$$

于是 (10.3.3) 式成立. 又由于 $\left\{\dfrac{1}{n}\right\}$ 单调递减趋于 0, 所以由 Dirichlet 判别法得 $\displaystyle\sum_{n=1}^{\infty}\dfrac{\sin nx}{n}$ 当 $0 < x < \pi$ 时收敛.

下面证明对任意取定的 $x \in (0,\pi)$, $\displaystyle\sum_{n=1}^{\infty}\left|\dfrac{\sin nx}{n}\right|$ 发散. 事实上, 注意到

$$\left|\frac{\sin nx}{n}\right| \geqslant \frac{\sin^2 nx}{n} = \frac{1-\cos 2nx}{2n} = \frac{1}{2n} - \frac{\cos 2nx}{2n}.$$

同样, 由 Dirichlet 判别法知 $\displaystyle\sum_{n=1}^{\infty}\dfrac{\cos 2nx}{2n}$ 当 $0 < x < \pi$ 时收敛, 但 $\displaystyle\sum_{n=1}^{\infty}\dfrac{1}{n} = +\infty$, 所以级数 $\displaystyle\sum_{n=1}^{\infty}\dfrac{\sin^2 nx}{n}$ 当 $0 < x < \pi$ 时发散, 因此根据比较判别法得, 级数 $\displaystyle\sum_{n=1}^{\infty}\left|\dfrac{\sin nx}{n}\right|$ 发散, 即 $\displaystyle\sum_{n=1}^{\infty}\dfrac{\sin nx}{n}$ 当 $0 < x < \pi$ 时条件收敛. □

一般项级数的判别法

思考题

1. 对于正项级数 $\displaystyle\sum_{n=1}^{\infty} a_n$ 有如下结论: $\displaystyle\sum_{n=1}^{\infty} a_n$ 收敛, 则 $\displaystyle\sum_{n=1}^{\infty} a_n^2$ 收敛 (见习题 10.2 第 8 题). 这个结论对任意项级数是否成立? 证明或举例说明你的判断.

2. 试举例说明 Leibniz 判别法中, 缺了其中的任一条件都不能保证 $\displaystyle\sum_{n=1}^{\infty}(-1)^{n-1}a_n$ 收敛.

3. 讨论下列的结论, 正确的给予证明, 不正确的举例说明:

(1) 若级数 $\displaystyle\sum_{n=1}^{\infty} a_n$ 不收敛, 则 $\displaystyle\sum_{n=1}^{\infty} a_n$ 不绝对收敛;

(2) 绝对收敛的级数也是条件收敛;

(3) 任何收敛的正项级数都不是条件收敛的;

(4) 若级数 $\displaystyle\sum_{n=1}^{\infty} a_n$ 不是条件收敛的, 则 $\displaystyle\sum_{n=1}^{\infty} a_n$ 发散.

4. 对于给定任意项级数 $\displaystyle\sum_{n=1}^{\infty} a_n$ 与 $\displaystyle\sum_{n=1}^{\infty} b_n$. 如果 $\displaystyle\lim_{n\to\infty}\dfrac{a_n}{b_n} = l \neq 0$, 能否推出 $\displaystyle\sum_{n=1}^{\infty} a_n$ 与

$\sum\limits_{n=1}^{\infty} b_n$ 具有相同的敛散性.

5. 如果级数 $\sum\limits_{n=1}^{\infty} a_n$ 是条件收敛, 而级数 $\sum\limits_{n=1}^{\infty} b_n$ 是绝对收敛, 则 $\sum\limits_{n=1}^{\infty} (a_n + b_n)$ 是条件收敛还是绝对收敛?

习　题　10.3

1. 讨论下列级数的敛散性 (绝对收敛、条件收敛、发散):

(1) $\sum\limits_{n=1}^{\infty} (-1)^{n-1} \dfrac{\sqrt{n}}{n+1}$;　　(2) $\sum\limits_{n=1}^{\infty} (-1)^{n-1} \dfrac{n}{n+1}$;

(3) $\sum\limits_{n=1}^{\infty} (-1)^{n-1} \sin \dfrac{1}{n}$;　　(4) $\sum\limits_{n=1}^{\infty} \left((-1)^{n-1} \dfrac{1}{\sqrt{n}} + \dfrac{1}{n} \right)$;

(5) $\sum\limits_{n=1}^{\infty} (-1)^{n-1} \dfrac{\ln(n+1)}{n}$;　　(6) $\sum\limits_{n=1}^{\infty} \dfrac{1}{3^n} \sin \dfrac{n\pi}{2}$.

2. 应用 Dirichlet 判别法或 Abel 判别法判定下列级数的敛散性:

(1) $\sum\limits_{n=1}^{\infty} \dfrac{x^n}{1+x^n}$ $(x > 0)$;　　(2) $\sum\limits_{n=1}^{\infty} \dfrac{\sin nx}{n^p}$ $(x \in (0, 2\pi),\ p > 0)$;

(3) $\sum\limits_{n=1}^{\infty} (-1)^{n-1} \dfrac{\sin^2 n}{n}$;　　(4) $\sum\limits_{n=1}^{\infty} \dfrac{1}{\sqrt{n}} \cos \dfrac{n\pi}{3}$.

3. 证明若级数 $\sum\limits_{n=1}^{\infty} a_n$ 绝对收敛, 数列 $\{b_n\}$ 有界, 则级数 $\sum\limits_{n=1}^{\infty} a_n b_n$ 绝对收敛.

4. 设 $\{a_n\}$ 单调递减趋于 0, $x \in (0, 2\pi)$, 讨论下列级数的敛散性:

$$\sum\limits_{n=1}^{\infty} a_n \cos nx, \quad \sum\limits_{n=1}^{\infty} a_n \sin nx.$$

5. 设 $a_n \geqslant a_{n+1} > 0 (n = 1, 2, \cdots)$ 且 $\lim\limits_{n\to\infty} a_n = 0$. 证明下列级数收敛:

$$\sum\limits_{n=1}^{\infty} (-1)^{n-1} \dfrac{a_1 + a_2 + \cdots + a_n}{n}.$$

6. 设 $a_n > 0$, $\lim\limits_{n\to\infty} n \left(\dfrac{a_n}{a_{n+1}} - 1 \right) > 0$. 证明交错级数 $\sum\limits_{n=1}^{\infty} (-1)^{n-1} a_n$ 收敛.

*10.4　绝对收敛级数与条件收敛级数的性质

收敛级数可以看成是"有限和"的推广, "无限和"包含"有限和"过程, 但并不是"有限和"的所有性质都为"无限和"所保持. 粗糙地说, 绝对收敛级数保持了"有限和"的较多性质, 条件收敛级数在某些方面与"有限和"有较多差异.

10.4.1　收敛级数的可结合性

下面的定理说明收敛级数, 无论是绝对收敛, 还是条件收敛都具有**可结合性**.

定理 10.4.1　若在收敛级数 $\displaystyle\sum_{n=1}^{\infty} a_n$ 中把某些相继的项归并为一项, 所得的新级数仍然收敛且和不变.

此定理的证明可循定理 10.1.4 的证明, 留作练习.

注　如果 $\displaystyle\sum_{n=1}^{\infty} a_n$ 为同号级数, 那么定理 10.4.1 的逆也成立, 证明留作练习. 但对于变号级数 $\displaystyle\sum_{n=1}^{\infty} a_n$, 定理 10.4.1 的逆不成立. 请读者举例说明之.

10.4.2　收敛级数的重排

定义 10.4.1　数列 $\{a_n'\}$ 称为数列 $\{a_n\}$ 的一个**重排**, 如果 $\{a_n'\}$ 中的每一项都是 $\{a_n\}$ 的项, 而 $\{a_n\}$ 中的每一项在 $\{a_n'\}$ 中出现且仅出现一次. 相应的级数 $\displaystyle\sum_{n=1}^{\infty} a_n'$ 称为 $\displaystyle\sum_{n=1}^{\infty} a_n$ 的一个**重排**.

注　级数的重排性, 习惯上称为**交换性**.

定理 10.4.2　设级数 $\displaystyle\sum_{n=1}^{\infty} a_n$ 绝对收敛, 则重排的级数 $\displaystyle\sum_{n=1}^{\infty} a_n'$ 也绝对收敛, 并且

$$\sum_{n=1}^{\infty} a_n' = \sum_{n=1}^{\infty} a_n.$$

证明　先设 $\displaystyle\sum_{n=1}^{\infty} a_n$ 是收敛的, 且 $a_n \geqslant 0 (n = 1, 2, \cdots)$. 这时显然有

$$\sum_{n=1}^{N} a_n' \leqslant \sum_{n=1}^{\infty} a_n, \quad \forall N \in \mathbb{N}_{+},$$

因此根据定理 10.2.1 推知 $\displaystyle\sum_{n=1}^{\infty} a_n'$ 也是收敛级数, 并且有

$$\sum_{n=1}^{\infty} a_n' \leqslant \sum_{n=1}^{\infty} a_n.$$

由于 $\displaystyle\sum_{n=1}^{\infty} a_n$ 也可以看成 $\displaystyle\sum_{n=1}^{\infty} a_n'$ 重排而成的级数, 依据同样的理由也有

$$\sum_{n=1}^{\infty} a_n \leqslant \sum_{n=1}^{\infty} a_n',$$

于是

$$\sum_{n=1}^{\infty} a_n = \sum_{n=1}^{\infty} a_n'.$$

其次, 考虑一般的情形. 设 $\sum_{n=1}^{\infty} a_n$ 是绝对收敛的任意项级数. 令

$$p_n = \frac{1}{2}(|a_n| + a_n), \quad q_n = \frac{1}{2}(|a_n| - a_n), \quad n = 1, 2, \cdots,$$

显然有

$$0 \leqslant p_n \leqslant |a_n|, \quad 0 \leqslant q_n \leqslant |a_n|, \quad n = 1, 2, \cdots$$

且

$$|a_n| = p_n + q_n, \quad a_n = p_n - q_n, \quad n = 1, 2, \cdots.$$

与收敛级数 $\sum_{n=1}^{\infty} |a_n|$ 作比较可以看出级数 $\sum_{n=1}^{\infty} p_n$ 与 $\sum_{n=1}^{\infty} q_n$ 都是收敛级数, 因而重排后的级数 $\sum_{n=1}^{\infty} p_n'$ 与 $\sum_{n=1}^{\infty} q_n'$ 也都收敛, 并且有

$$\sum_{n=1}^{\infty} p_n' = \sum_{n=1}^{\infty} p_n, \quad \sum_{n=1}^{\infty} q_n' = \sum_{n=1}^{\infty} q_n.$$

由此得知

$$\sum_{n=1}^{\infty} |a_n'| = \sum_{n=1}^{\infty} (p_n' + q_n')$$

也收敛, 即 $\sum_{n=1}^{\infty} a_n'$ 绝对收敛, 并且有

$$\sum_{n=1}^{\infty} a_n' = \sum_{n=1}^{\infty} (p_n' - q_n') = \sum_{n=1}^{\infty} p_n' - \sum_{n=1}^{\infty} q_n'$$

$$= \sum_{n=1}^{\infty} p_n - \sum_{n=1}^{\infty} q_n = \sum_{n=1}^{\infty} (p_n - q_n) = \sum_{n=1}^{\infty} a_n. \qquad \square$$

下面的 Riemann 定理说明与绝对收敛级数截然不同, 条件收敛级数根本不具有可交换性, 其证明参见文献 [1].

定理 10.4.3(Riemann 定理) 如果 $\sum_{n=1}^{\infty} a_n$ 是条件收敛级数, 则对任意给定的 $A \in \mathbb{R} \cup \{\pm\infty\}$ 都存在序列 $\{a_n\}$ 的一个重排 $\{a_n'\}$, 使得 $\sum_{n=1}^{\infty} a_n' = A$.

10.4.3　级数的乘积

两个有限和 $\sum\limits_{n=1}^{N} a_n$ 与 $\sum\limits_{n=1}^{N} b_n$ 的乘积是一切可能的 $a_i b_j$ 这样的项的和,

$$\left(\sum_{n=1}^{N} a_n\right) \cdot \left(\sum_{n=1}^{N} b_n\right) = \sum_{i,j=1}^{N} a_i b_j.$$

对于两个无穷级数 $\sum\limits_{n=1}^{\infty} a_n$ 与 $\sum\limits_{n=1}^{\infty} b_n$, 也可写出一切可能的 $a_i b_j$ 排列成如下无穷矩形的形式:

$$
\begin{array}{ccccc}
a_1 b_1 & a_1 b_2 & a_1 b_3 & \cdots & a_1 b_n & \cdots \\
a_2 b_1 & a_2 b_2 & a_2 b_3 & \cdots & a_2 b_n & \cdots \\
\cdots & \cdots & \cdots & & \cdots & \\
a_n b_1 & a_n b_2 & a_n b_3 & \cdots & a_n b_n & \\
\cdots & \cdots & \cdots & & \cdots &
\end{array}
$$

这些 $a_i b_j$ 可以用多种方式排成数列, 如可按 “三角形方式”

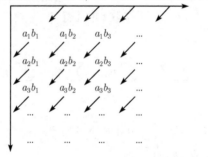

或者按 “正方形方式”

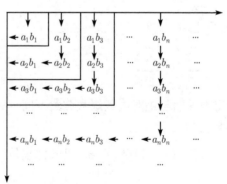

这两种方式分别给出数列

$$a_1 b_1, \ a_1 b_2, \ a_2 b_1, \ a_1 b_3, \ a_2 b_2, \ a_3 b_1, \ \cdots$$

和

$$a_1 b_1, \ a_1 b_2, \ a_2 b_2, \ a_2 b_1, \ a_1 b_3, \ a_2 b_3, \ a_3 b_3, \ a_3 b_2, \ a_3 b_1, \ \cdots .$$

定理 10.4.4(Cauchy 定理) 如果级数 $\displaystyle\sum_{n=1}^{\infty} a_n$ 和 $\displaystyle\sum_{n=1}^{\infty} b_n$ 绝对收敛, 并且

$$\sum_{n=1}^{\infty} a_n = A, \quad \sum_{n=1}^{\infty} b_n = B,$$

那么 $a_i b_j \, (i, j = 1, 2, \cdots)$ 按任意方式排列成的级数都是绝对收敛, 并且其和等于 AB.

证明 设 $a_{i_k} b_{j_k} \, (k = 1, 2, \cdots)$ 是 $a_i b_j (i, j = 1, 2, \cdots)$ 的任意一种排列. 如果把 $i_1, \cdots, i_n$ 和 $j_1, \cdots, j_n$ 中的最大者记为 N, 那么就有

$$\sum_{k=1}^{n} |a_{i_k} b_{j_k}| \leqslant \left(\sum_{i=1}^{N} |a_i| \right) \left(\sum_{i=1}^{N} |b_j| \right) \leqslant \left(\sum_{k=1}^{\infty} |a_i| \right) \left(\sum_{k=1}^{\infty} |b_j| \right).$$

由此得知级数 $\displaystyle\sum_{k=1}^{\infty} a_{i_k} b_{j_k}$ 绝对收敛.

按 "正方形方式" 重新排列这级数得到

$$\sum_{k=1}^{\infty} a_{i_k} b_{j_k} = \lim_{N \to \infty} \sum_{j=1}^{N^2} a_j b_j = \lim_{N \to \infty} \left(\sum_{j=1}^{N} a_j \right) \left(\sum_{j=1}^{N} b_j \right)$$

$$= \left(\sum_{j=1}^{\infty} a_j \right) \left(\sum_{j=1}^{\infty} b_j \right) = AB. \qquad \square$$

例 1 容易看出级数 $\displaystyle\sum_{n=0}^{\infty} \dfrac{x^n}{n!}$ 对任意 $x \in \mathbb{R}$ 都是绝对收敛的, 将两级数

$$\sum_{m=0}^{\infty} \frac{x^m}{m!} \quad \text{和} \quad \sum_{n=0}^{\infty} \frac{y^n}{n!}$$

相乘, 并按 "三角形方式" 排列乘积各项的顺序得到 (此时称为 Cauchy 乘积)

$$\left(\sum_{m=0}^{\infty} \frac{x^m}{m!} \right) \left(\sum_{n=0}^{\infty} \frac{y^n}{n!} \right) = \sum_{p=0}^{\infty} \left(\sum_{k=0}^{p} \frac{x^k y^{p-k}}{k!(p-k)!} \right) = \sum_{p=0}^{\infty} \frac{(x+y)^p}{p!},$$

即

$$\sum_{p=0}^{\infty} \frac{(x+y)^p}{p!} = \left(\sum_{m=0}^{\infty} \frac{x^m}{m!} \right) \left(\sum_{n=0}^{\infty} \frac{y^n}{n!} \right). \qquad \square$$

上式对应指数函数的加法定理

$$e^{x+y} = e^x \times e^y.$$

事实上, 将在 12.2.2 小节中证明 $e^x = \sum_{n=0}^{\infty} \dfrac{x^n}{n!}$.

例 2   容易看出级数

$$C(x) = \sum_{n=0}^{\infty} (-1)^n \frac{x^{2n}}{(2n)!} \quad \text{和} \quad S(x) = \sum_{n=0}^{\infty} (-1)^n \frac{x^{2n+1}}{(2n+1)!}$$

对任意 $x \in \mathbb{R}$ 都是绝对收敛的, 利用级数乘法可以得到

$$C(x+y) = C(x)C(y) - S(x)S(y),$$

$$S(x+y) = S(x)C(y) + C(x)S(y). \qquad \square$$

上述两式就是三角函数 $\cos x$ 和 $\sin x$ 的加法定理.

事实上, 将在 12.2.2 小节中证明

$$\cos x = \sum_{n=0}^{\infty} (-1)^n \frac{x^{2n}}{(2n)!}, \quad \sin x = \sum_{n=0}^{\infty} (-1)^n \frac{x^{2n+1}}{(2n+1)!}, \quad x \in (-\infty, +\infty).$$

思考题

1. 对任意项级数 $\sum\limits_{n=1}^{\infty} a_n$, 把某些相继的项归并在一起, 其收敛性是否改变?

2. 满足什么条件的级数, 其重排后收敛性不变?

3. 两个级数的乘积是怎么定义的? 在什么条件下两级数的乘积必是收敛?

4. 条件收敛和绝对收敛的任意项级数各具有什么性质? 并比较之.

习　题　10.4

1. 证明: 将收敛级数 $\sum\limits_{n=1}^{\infty} a_n$ 相邻奇偶项交换位置后所得的新级数仍收敛, 并且具有相同的和数.

2. 设 $\sum\limits_{n=1}^{\infty} a_n$ 条件收敛, p_n, q_n 定义如下:

$$p_n = \frac{|a_n| + a_n}{2}, \quad q_n = \frac{|a_n| - a_n}{2}.$$

证明级数 $\sum\limits_{n=1}^{\infty} p_n$ 与 $\sum\limits_{n=1}^{\infty} q_n$ 均发散.

3. 写出下列级数的乘积:

(1) $\left(\sum\limits_{n=1}^{\infty} x^{n-1}\right)\left(\sum\limits_{n=1}^{\infty} (-1)^{n-1} x^{n-1}\right)$;　　(2) $\left(\sum\limits_{n=0}^{\infty} \dfrac{1}{n!}\right)\left(\sum\limits_{n=0}^{\infty} (-1)^{n-1} \dfrac{1}{n!}\right)$.

4. 证明若 $|q| < 1$, 则有

$$\left(\sum_{n=0}^{\infty} q^n\right)^2 = \sum_{n=0}^{\infty} (n+1) q^n.$$

5. 证明级数 $\sum\limits_{n=1}^{\infty} (-1)^{n-1} \dfrac{1}{n}$ 自乘的 Cauchy 乘积收敛.

小　　结

本章主要学习了级数的基本概念和性质、正项级数及其判别法、一般项级数及其判别法以及收敛级数的性质.

1. 级数 $\sum\limits_{n=1}^{\infty} a_n$ 的敛散性是通过其前 n 项的部分和数列 $\{s_n\}$ 的敛散性来确定. 在级数 $\sum\limits_{n=1}^{\infty} a_n$ 收敛时, 其和由 $\lim\limits_{n\to\infty} s_n$ 确定. 级数的基本问题如下:

(1) 讨论级数的敛散性;

(2) 在级数收敛时, 求它的和.

2. Cauchy 准则是判别级数收敛的充分必要条件, 其否定形式是判别级数发散的充分必要条件. "$\lim\limits_{n\to\infty} a_n = 0$" 是级数收敛的必要条件而非充分条件, 是体现无穷级数收敛的一个基本性质.

3. 对于正项级数 $\sum\limits_{n=1}^{\infty} a_n$, 其收敛的充分必要条件是它的部分和数列有上界, 由此推出积分判别法和比较判别法. 在使用比较判别法时, 常用的比较级数有等比级数和 p 级数. 由比较判别法可推出 Cauchy 根值法、D'Alembert 比值法和 Raabe 判别法. 这些判别法是判定正项级数敛散性的基本方法.

4. 对于一般项级数, 先考虑其绝对收敛性, 相当于考虑正项级数的敛散性; 当非绝对收敛时, 才考虑其条件收敛性, 可利用判别交错级数收敛的 Leibniz 判别法, 或者利用 Dirichlet 判别法和 Abel 判别法.

5. 收敛级数具有可结合性, 绝对收敛级数具有可交换性或可重排, 具有关于级数乘法的 Cauchy 定理, 条件收敛级数不具有可交换性 (见 Riemann 定理).

复　习　题

1. 判别下列级数的敛散性, 如果收敛, 求其和:

(1) $\sum_{n=1}^{\infty}\left[\dfrac{\sin(n+2)}{n+2}-2\dfrac{\sin(n+1)}{n+1}+\dfrac{\sin n}{n}\right]$;　　(2) $\sum_{n=1}^{\infty}(-1)^n\dfrac{3n-1}{2^n}$;

(3) $\sum_{n=1}^{\infty}\dfrac{1}{n(n+1)(n+2)(n+3)}$;　　　　　(4) $\sum_{n=1}^{\infty}\dfrac{2n-1}{a^n}\ (a>1)$.

2. 证明若级数 $\sum_{n=1}^{\infty}(a_{2n-1}+a_{2n})$ 收敛且 $\lim_{n\to\infty}a_n=0$, 则级数 $\sum_{n=1}^{\infty}a_n$ 收敛.

3. 证明若 $a_1\geqslant a_2\geqslant\cdots\geqslant a_n\geqslant 0$ 且 $\sum_{n=1}^{\infty}a_n$ 收敛, 则 $\lim_{n\to\infty}na_n=0$.

4. 证明若级数 $\sum_{n=1}^{\infty}a_n$ 收敛, 则 $\lim_{n\to\infty}\dfrac{1}{n}\sum_{k=1}^{n}ka_k=0$.

5. 证明若数列 $\{a_n\}$ 单调递减且 $\lim_{n\to\infty}a_n=0$, 并对任意正整数 $n\geqslant 2$ 有

$$(a_1-a_n)+(a_2-a_n)+\cdots+(a_{n-1}-a_n)$$

有界, 则级数 $\sum_{n=1}^{\infty}a_n$ 收敛.

6. 若 $\lim_{n\to\infty}\dfrac{a_n}{b_n}=l\neq 0$ 且级数 $\sum_{n=1}^{\infty}b_n$ 绝对收敛, 证明级数 $\sum_{n=1}^{\infty}a_n$ 也收敛. 若上述条件中仅知道 $\sum_{n=1}^{\infty}b_n$ 收敛能推得 $\sum_{n=1}^{\infty}a_n$ 收敛吗?

7. 设 $a_n>0$ 且 $\dfrac{a_{n+1}}{a_n}>1-\dfrac{1}{n}(n=1,2,\cdots)$, 证明级数 $\sum_{n=1}^{\infty}a_n$ 发散.

8. 证明若正项级数 $\sum_{n=1}^{\infty}a_n$ 发散, $S_n=a_1+a_2+\cdots+a_n$, 则级数 $\sum_{n=1}^{\infty}\dfrac{a_n}{S_n}$ 也发散.

9. 证明若级数 $\sum_{n=1}^{\infty}\dfrac{a_n}{n^{\alpha}}$ 收敛, 则对任意的数 $\beta>\alpha$, $\sum_{n=1}^{\infty}\dfrac{a_n}{n^{\beta}}$ 也收敛.

10. 设数列 $\{a_n\}$ 为单调递增正数列且发散到 $+\infty$, 证明级数 $\sum_{n=1}^{\infty}\left(1-\dfrac{a_n}{a_{n+1}}\right)$ 发散.

11. 设数列 $\{na_n\}$ 为单调递减正数列, 证明级数 $\sum_{n=1}^{\infty}(-1)^{n-1}a_n$ 收敛.

12. 证明下面的命题:

(1) 若对任意的满足 $\lim_{n\to\infty}b_n=0$ 的数列 $\{b_n\}$, 级数 $\sum_{n=1}^{\infty}a_nb_n$ 都收敛, 则 $\sum_{n=1}^{\infty}a_n$ 绝对收敛.

(2) 设 $\sum_{n=1}^{\infty}a_n$ 收敛且 $\lim_{n\to\infty}na_n=0$, 则级数 $\sum_{n=1}^{\infty}n(a_n-a_{n+1})=\sum_{n=1}^{\infty}a_n$.

级数的柯西准则的应用

13. 证明若正项级数 $\sum\limits_{n=1}^{\infty} a_n$ 收敛, $r_n = \sum\limits_{k=n}^{\infty} a_k$, 则级数 $\sum\limits_{n=1}^{\infty} \dfrac{a_n}{r_n}$ 发散.

14. 证明若级数 $\sum\limits_{n=1}^{\infty} a_n$ 收敛且有数列 $\{b_n\}$, 存在 $M > 0$, 对任意的 $n \in \mathbb{N}_+$ 有

$$\sum_{k=2}^{n} |b_k - b_{k-1}| \leqslant M,$$

则级数 $\sum\limits_{n=1}^{\infty} a_n b_n$ 收敛.

15. (Raabe 判别法) 设 $\sum\limits_{n=1}^{\infty} a_n$ 为正项级数. 证明:

(1) 如果存在 $q > 1$, $N \in \mathbb{N}_+$, 使得

$$n\left(\frac{a_n}{a_{n+1}} - 1 \right) \geqslant q, \quad n > N,$$

则级数 $\sum\limits_{n=1}^{\infty} a_n$ 收敛;

(2) 如果存在正整数 N, 使得

$$n\left(\frac{a_n}{a_{n+1}} - 1 \right) \leqslant 1, \quad n > N,$$

则级数 $\sum\limits_{n=1}^{\infty} a_n$ 发散, 并由此重新证明定理 10.2.9.

16. 设级数 $\sum\limits_{n=1}^{\infty} a_n$ 和 $\sum\limits_{n=1}^{\infty} b_n$ 收敛, 证明它们的 Cauchy 乘积收敛的充分必要条件为

$$\lim_{n \to \infty} \sum_{k=1}^{n} a_k(b_n + b_{n-1} + \cdots + b_{n-k+1}) = 0.$$

第 11 章　函数项级数

本章将讨论以函数作为元素构成的函数列及由其构成的无穷级数. 一个重要的问题是: 假设利用一列简单的函数通过函数列极限和函数项级数得到一个复杂的函数, 那么简单函数的各种性质 (如连续性、可微性、可积性等) 有多少在作了极限运算之后对得到的复杂函数仍然成立, 换言之, 对于由函数构成的无穷和, 有限和的哪些性质能够保留下来? 本章将讨论与此相关的函数列的极限与各种其他极限交换顺序的问题, 以及函数项级数逐项取极限、逐项求导和逐项积分等问题.

11.1　函数列一致收敛的概念与判定

11.1.1　逐点收敛与一致收敛的概念

首先, 把数列的概念推广到函数列.

定义 11.1.1　按照一定规律依次排列的一串 (无穷个) 函数

$$f_1(x),\ f_2(x),\ \cdots,\ f_n(x),\ \cdots \tag{11.1.1}$$

称为一个**函数列**, 记作 $\{f_n(x)\}$, 这里假设所有的 $f_n(x)\,(n=1,2,\cdots)$ 都有共同的定义域 E.

定义 11.1.2　设 $x_0 \in E$, 以 x_0 代入 (11.1.1) 式得到数列

$$f_1(x_0),\ f_2(x_0),\ \cdots,\ f_n(x_0),\cdots. \tag{11.1.2}$$

若数列 (11.1.2) 收敛, 则称**函数列** (11.1.1) **在 x_0 处收敛**, 点 x_0 称为函数列 (11.1.1) 的**收敛点**. 若数列 (11.1.2) 发散, 则称**函数列** (11.1.1) **在 x_0 处发散**, 点 x_0 称为函数列 (11.1.1) 的**发散点**.

函数列 (11.1.1) 的全体收敛点所构成的集合 I 称为函数列 (11.1.1) 的**收敛域**. 显然, 它是 E 的子集.

对于收敛域 I 的每一个值, 对应的函数列 (11.1.1) 都有一个极限值, 因此, 在 I 上确定了一个函数, 称为函数列 (11.1.1) 的**极限函数**, 记作 $f(x)$, 于是有

$$\lim_{n\to\infty} f_n(x) = f(x), \quad x \in I$$

或

$$f_n(x) \to f(x), \quad n \to \infty, x \in I.$$

由于这是通过逐点方式定义的, 也称函数列 (11.1.1) 在 I 上**逐点收敛**于 $f(x)$.

函数列极限的 "ε-N" 定义如下: 对任一取定的 $x \in I$ 和任意给定的 $\varepsilon > 0$, 存在正整数 $N = N(\varepsilon, x)$, 使当 $n > N$ 时有

$$|f_n(x) - f(x)| < \varepsilon.$$

注 这里的 $N = N(\varepsilon, x)$ 不仅与 ε 有关, 而且与 x 有关.

例 1 设 $f_n(x) = x^n (n = 1, 2, \cdots)$. 求函数列 $\{f_n(x)\}$ 的收敛域和极限函数.

解 由于

$$\lim_{n \to \infty} f_n(x) = \lim_{n \to \infty} x^n = \begin{cases} 0, & |x| < 1, \\ 1, & x = 1, \\ \infty, & |x| > 1 \end{cases}$$

及当 $n \to \infty$ 时, $f_n(-1) = (-1)^n$ 不存在极限, 所以函数列 $\{f_n(x)\}$ 的收敛域为 $(-1, 1]$, 其极限函数为

$$f(x) = \begin{cases} 0, & |x| < 1, \\ 1, & x = 1. \end{cases} \qquad \square$$

由例 1 知每个 $f_n(x) = x^n$ 都在 $(-1, 1]$ 上连续, 但是其极限函数 $f(x)$ 在 $(-1, 1]$ 上不连续. 其原因是函数列 $f_n(x) = x^n$ 在 $(-1, 1]$ 上各点的收敛速度快慢不一致. 在快慢发生急剧变化的地方, 极限函数可能变成了间断 (图 11.1).

事实上, 任取 $x \in (0, 1)$, 对于任意给定的 $\varepsilon \in (0, 1)$, 要使

$$|f_n(x) - f(x)| = x^n < \varepsilon,$$

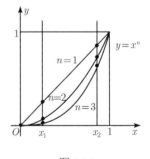

图 11.1

只需 $n > N(x, \varepsilon) = \left[\dfrac{\ln \varepsilon}{\ln x}\right]$. $N = N(x, \varepsilon)$ 的大小刻画了函数列 $\{f_n(x)\}$ 在点 x 收敛于 $f(x)$ 的快慢. 在这里, 对同一个 ε, x 不同, $N(x, \varepsilon)$ 也不同, 并且当 x 分别在 0 与 1 附近, 对应的 $N(x, \varepsilon)$ 相差较大. 这说明, 函数列 $\{f_n(x)\}$ 分别在 0 与 1 附近收敛于 $f(x)$ 的收敛速度相差较大.

下面例 2 所显示的是另一种重要情形.

例 2 考虑函数列 $f_n(x) = \dfrac{1}{x + n} (n = 1, 2, \cdots)$ 在开区间 $(0, 1)$ 内的收敛性.

显然, 这个函数列在开区间 $(0,1)$ 内逐点收敛于函数 $f(x) = 0$.

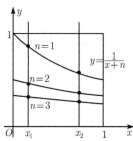

图 11.2

如图 11.2 所示, 此函数列在 $(0,1)$ 内各点的收敛速度就相差不大. 事实上, 对任意给定的 $\varepsilon \in (0,1)$, 存在对所有的 $x \in (0,1)$ 都能适用的正整数 $N = N(\varepsilon) = \left[\dfrac{1}{\varepsilon}\right] + 1$, 使得只要 $n > N$ 就有

$$|f_n(x) - f(x)| = \frac{1}{x+n} < \frac{1}{n} < \varepsilon.$$

这种公共的 $N(\varepsilon)$ 对极限函数的性质有重要的影响. 为此引入下面的定义.

定义 11.1.3　设在集合 I 上有函数列 $\{f_n(x)\}$ 和函数 $f(x)$. 如果对任意给定的 $\varepsilon > 0$, 存在正整数 $N = N(\varepsilon)$(仅依赖于 ε), 使得当 $n > N$ 时有

$$|f_n(x) - f(x)| < \varepsilon, \quad \text{对所有的 } x \in I,$$

则称**函数列** $\{f_n(x)\}$ **在集合** I **上一致收敛**于函数 $f(x)$, 记作

$$f_n(x) \rightrightarrows f(x), \quad n \to \infty, \ x \in I.$$

由定义 11.1.3 易证例 2 中的函数列 $\left\{\dfrac{1}{x+n}\right\}$ 在区间 $(0,1)$ 内一致收敛于函数 $f(x) = 0$. 一般地, 函数列 $\{f_n(x)\}$ 在集合 I 上一致收敛必有 $\{f_n(x)\}$ 在集合 I 上逐点收敛, 反之不然, 见后面的例 4.

用几何语言可对定义 11.1.3 作这样的描述: 所谓函数列 $\{f_n(x)\}$ 在集合 I 上一致收敛于函数 $f(x)$, 即对任意给定的 $\varepsilon > 0$, 存在 $N = N(\varepsilon) > 0$, 使得只要 $n > N$, 定义于 I 上的曲线 $y = f_n(x)$ 就都落入带状区域

$$D = \{(x,y) | x \in I, \ f(x) - \varepsilon < y < f(x) + \varepsilon\}$$

之中 (图 11.3).

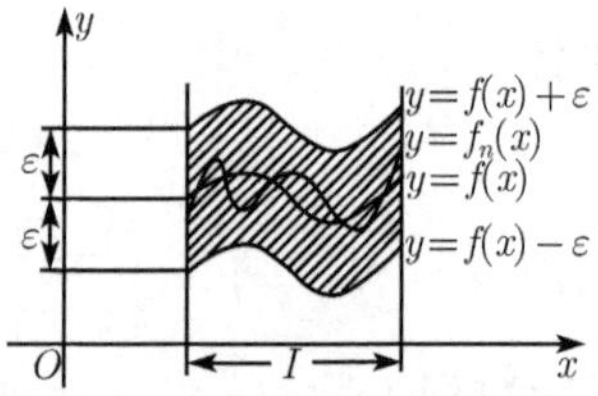

从另一个角度, 利用肯定的语言可得函数列 $\{f_n(x)\}$ 在 I 上不一致收敛于 $f(x)$ 的定义如下: 存在 $\varepsilon_0 > 0$, 使对任意的 $N \in \mathbb{N}_+$, 总存在 $n_0 > N$ 和 $x_0 \in I$ 满足

图 11.3

$$|f_{n_0}(x_0) - f(x_0)| \geqslant \varepsilon_0.$$

例 3 证明函数列
$$f_n(x) = \frac{x}{1 + n^2 x^2}, \quad n = 1, 2, \cdots$$
在 $(-\infty, +\infty)$ 内一致收敛.

证明 容易看出对每个 $x \in (-\infty, +\infty)$, $f_n(x) \to 0\ (n \to \infty)$, 于是极限函数 $f(x) = 0$. 注意到 $|x| \leqslant \frac{1}{2n}(1 + n^2 x^2)$, 所以有
$$|f_n(x) - f(x)| = \frac{|x|}{1 + n^2 x^2} \leqslant \frac{1}{2n},$$
因此, 对任意给定的 $\varepsilon > 0$, 存在 $N = \left[\frac{1}{2\varepsilon}\right] + 1$, 使当 $n > N$ 时有
$$|f_n(x) - f(x)| = \frac{|x|}{1 + n^2 x^2} \leqslant \frac{1}{2n} < \varepsilon, \quad x \in (-\infty, +\infty).$$
故由定义 11.1.3 知 $\{f_n(x)\}$ 在 $(-\infty, +\infty)$ 内一致收敛于 $f(x) = 0$. $\square$

例 4 证明函数列
$$f_n(x) = \frac{nx}{1 + n^2 x^2}, \quad n = 1, 2, \cdots$$
在 $[0, +\infty)$ 内逐点收敛到 $f(x) = 0$, 但在 $[0, +\infty)$ 内不一致收敛.

证明 显然 $f_n(0) = 0 \to 0\ (n \to \infty)$. 当 $x > 0$ 时, 由于
$$\lim_{n \to \infty} f_n(x) = \lim_{n \to \infty} \frac{\dfrac{x}{n}}{\dfrac{1}{n^2} + x^2} = 0,$$
所以, 对每个 $x \in [0, +\infty)$ 有 $f_n(x) \to f(x) = 0\ (n \to \infty)$.

注意到 $|f_n(x)|$ 在 $x = \dfrac{1}{n}$ 处达到最大值 $\dfrac{1}{2}$. 于是存在 $\varepsilon_0 = \dfrac{1}{4}$, 使对任意的 $N \in \mathbb{N}_+$, 存在 $n_0 = N + 1 > N$, 存在 $x_0 = \dfrac{1}{n_0} \in [0, +\infty)$ 满足
$$|f_{n_0}(x_0) - f(x_0)| = \frac{1}{2} \geqslant \varepsilon_0.$$
故根据不一致收敛的定义知 $\{f_n(x)\}$ 在 $[0, +\infty)$ 内不一致收敛到 $f(x)$. $\square$

图 11.4 解释了这种不一致收敛性.

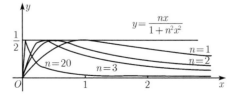

图 11.4

11.1.2　函数列一致收敛的判定

定理 11.1.1(余项定理)　设函数列 $\{f_n(x)\}$ 在集合 I 上逐点收敛于函数 $f(x)$. 引入记号

$$d(f_n, f) = \sup_{x \in I} |f_n(x) - f(x)|,$$

则下列三条是等价的:

(1) $\{f_n(x)\}$ 在集合 I 上一致收敛于函数 $f(x)$;

(2) $\lim\limits_{n \to \infty} d(f_n, f) = 0$;

(3) 对任何数列 $\{x_n\} \subset I$ 都有 $\lim\limits_{n \to \infty} |f_n(x_n) - f(x_n)| = 0$.

证明　首先证"(1)⇒(2)". 如果 (1) 成立, 依定义 11.1.3 知对任意给定的 $\varepsilon > 0$, 存在 $N \in \mathbb{N}_+$, 使当 $n > N$ 时有

$$|f_n(x) - f(x)| < \varepsilon, \quad \forall x \in I.$$

由此可知只要 $n > N$ 时就有

$$d(f_n, f) \leqslant \varepsilon,$$

故 (2) 成立.

其次证"(2) ⇒ (3)". 对任意的 $x_n \in I$, 显然有

$$0 \leqslant |f_n(x_n) - f(x_n)| \leqslant d(f_n, f).$$

于是 (2) 蕴含 (3).

最后证"(3) ⇒ (1)". 用反证法. 假设 (1) 不成立, 则存在一个 $\varepsilon_0 > 0$, 使对任意的 $N \in \mathbb{N}_+$, 总存在 $n_0 > N$ 和 $x_0 \in I$ 满足

$$|f_{n_0}(x_0) - f(x_0)| \geqslant \varepsilon_0.$$

于是对上述 $\varepsilon_0 > 0$, 存在 $n_k \in \mathbb{N}_+$, $n_k > n_{k-1} + 1$ 和 $x_{n_k} \in I (k = 1, 2, \cdots)$, 使得

$$|f_{n_k}(x_{n_k}) - f(x_{n_k})| \geqslant \varepsilon_0.$$

对于 $m \in \mathbb{N}_+ \backslash \{n_k\}$, 可以任意选取 $x_m \in I$ 与之对应. 如此, 得到一个序列 $\{x_n\} \subset I$, 它的子序列 $\{x_{n_k}\}$ 满足

$$|f_{n_k}(x_{n_k}) - f(x_{n_k})| \geqslant \varepsilon_0,$$

所以 $\lim\limits_{n \to \infty} |f_n(x_n) - f(x_n)| \neq 0$. 这说明如果 (1) 不成立, 那么 (3) 也不成立. 故证明了"(3) ⇒ (1)".　　　　　　　　　　　　　　　　　　　□

注 条件 (2) 常用于证明函数列的一致收敛性, 而条件 (3) 则常用于从反面证明某函数列不一致收敛.

例 5 判别函数列

$$f_n(x) = 2n^2 x e^{-n^2 x^2}, \quad n = 1, 2, \cdots$$

在区间 $[0,1]$ 上的一致收敛性.

解法 1 很明显, $\{f_n(x)\}$ 在区间 $[0,1]$ 上逐点收敛于函数 $f(x) = 0$.

对于任意取定的 n 及 $\forall x \in [0,1]$, 由

$$f_n'(x) = 2n^2 e^{-n^2 x^2}(1 - 2n^2 x^2) = 0$$

得 $x = \dfrac{1}{\sqrt{2}n}$. 于是当 $x < \dfrac{1}{\sqrt{2}n}$ 时, $f_n'(x) > 0$; 当 $x > \dfrac{1}{\sqrt{2}n}$ 时, $f_n'(x) < 0$, 所以 $f_n(x)$ 在区间 $\left[0, \dfrac{1}{\sqrt{2}n}\right]$ 上严格递增, 在区间 $\left[\dfrac{1}{\sqrt{2}n}, 1\right]$ 上严格递减, 因此, $x = \dfrac{1}{\sqrt{2}n}$ 是 $f_n(x)$ 在 $[0,1]$ 上的最大值点, 故

$$\sup_{x \in [0,1]} |f_n(x) - f(x)| = \max_{x \in [0,1]} f_n(x) = f_n\left(\frac{1}{\sqrt{2}n}\right) = \sqrt{2}n e^{-\frac{1}{2}} \to \infty, \quad n \to \infty,$$

从而根据定理 11.1.1 得 $\{f_n(x)\}$ 在 $[0,1]$ 上不一致收敛.

解法 2 很明显, $\{f_n(x)\}$ 在区间 $[0,1]$ 上逐点收敛于函数 $f(x) = 0$. 但

$$f_n\left(\frac{1}{n}\right) - f\left(\frac{1}{n}\right) = 2n e^{-1} \to +\infty, \quad n \to \infty.$$

所以由定理 11.1.1 知 $\{f_n(x)\}$ 在区间 $[0,1]$ 上不一致收敛. $\qquad\square$

例 6 设 $f_n(x) = \begin{cases} 0, & -1 \leqslant x \leqslant -\dfrac{1}{n}, \\ \cos(n\pi x), & -\dfrac{1}{n} < x < \dfrac{1}{n}, \\ 2, & \dfrac{1}{n} \leqslant x \leqslant 1. \end{cases}$ 试讨论函数列 $\{f_n(x)\}$ 在 $[-1,1]$ 上的一致收敛性.

解 由条件得, 当 $x = 0$ 时, $f_n(0) = \cos 0 = 1 \to 1 (n \to \infty)$.

当 $-1 \leqslant x < 0$ 时, 存在正整数 $n_0 \geqslant -\dfrac{1}{x}$, 使对所有 $n > n_0$, 有 $-1 \leqslant x \leqslant -\dfrac{1}{n}$, 于是 $f_n(x) = 0 \to 0 (n \to \infty)$.

当 $0 < x \leqslant 1$ 时, 存在正整数 $n_1 \geqslant \dfrac{1}{x}$, 使得对所有 $n > n_1$, 有 $\dfrac{1}{n} \leqslant x \leqslant 1$, 于是 $f_n(x) = 2 \to 2 (n \to \infty)$, 所以

$$f(x) = \lim_{n \to \infty} f_n(x) = \begin{cases} 0, & -1 \leqslant x < 0, \\ 1, & x = 0, \\ 2, & 0 < x \leqslant 1. \end{cases}$$

因为

$$d(f_n, f) = \sup_{x \in [-1,1]} |f_n(x) - f(x)|$$

$$= \max\left\{ 0, \sup_{x \in \left(-\frac{1}{n}, 0\right)} |\cos(n\pi x)|, \sup_{x \in \left(0, \frac{1}{n}\right)} |2 - \cos(n\pi x)| \right\}$$

$$= \max\{0, 1, 3\} = 3 \to 3 \neq 0, n \to \infty,$$

所以根据余项定理得, 函数列 $\{f_n(x)\}$ 在 $[-1,1]$ 上不一致收敛.

函数列的一致收敛

　　在上面的例子中, 判定函数列的一致收敛性需事先求出其极限函数. 但利用下面的 Cauchy 准则, 无需求出其极限函数就能判定一个函数列是否一致收敛.

　　定理 11.1.2(一致收敛的柯西准则)　　设函数列 $\{f_n(x)\}$ 在集合 I 上有定义, 则这函数列在 I 上一致收敛的充分必要条件是: 对任意给定的 $\varepsilon > 0$, 存在 $N = N(\varepsilon) \in \mathbb{N}_+$, 使当 $n, m > N$ 时都有

$$|f_m(x) - f_n(x)| < \varepsilon, \quad \forall x \in I.$$

　　证明　**必要性**　设函数列 $\{f_n(x)\}$ 在 I 上一致收敛于函数 $f(x)$, 则对任意给定的 $\varepsilon > 0$, 存在 $N = N(\varepsilon) \in \mathbb{N}_+$, 使当 $n > N$ 时,

$$|f_n(x) - f(x)| < \frac{\varepsilon}{2}, \quad \forall x \in I,$$

于是, 当 $m, n > N$ 时就有

$$|f_m(x) - f_n(x)| \leqslant |f_m(x) - f(x)| + |f(x) - f_n(x)|$$

$$< \frac{\varepsilon}{2} + \frac{\varepsilon}{2} = \varepsilon, \quad \forall x \in I.$$

　　充分性　对任意取定的 $x_0 \in I$, 数列 $\{f_n(x_0)\}$ 满足 Cauchy 收敛准则的条件, 因而收敛于某实数, 不妨记为 $f(x_0)$. 用这种方式定义一个函数

$$f(x) = \lim_{n \to \infty} f_n(x), \quad \forall x \in I.$$

对任意给定的 $\varepsilon > 0$, 存在 $N \in \mathbb{N}_+$, 使当 $n > N$ 时, 对每个 $p \in \mathbb{N}_+$ 有

$$|f_n(x) - f_{n+p}(x)| < \varepsilon, \quad \forall x \in I.$$

在上述不等式中令 $p \to \infty$, 取极限就得到

$$|f_n(x) - f(x)| \leqslant \varepsilon, \quad \forall x \in I.$$

这就说明函数列 $\{f_n(x)\}$ 在 I 上一致收敛于函数 $f(x)$. □

定理 11.1.2 也可表述如下: 函数列 $\{f_n(x)\}$ 在 I 上一致收敛的充要条件是: 对任意给定的 $\varepsilon > 0$, 存在 $N = N(\varepsilon) \in \mathbb{N}_+$, 使当 $n > N$ 时, 对每个 $p \in \mathbb{N}_+$ 都有

$$|f_{n+p}(x) - f_n(x)| < \varepsilon, \quad \forall x \in I.$$

从定理 11.1.2 出发, 可以直接叙说函数列不一致收敛的 Cauchy 准则如下:

定理 11.1.3 设函数列 $\{f_n(x)\}$ 在集合 I 上有定义, 则这函数列在 I 上不一致收敛的充分必要条件是: 存在 $\varepsilon_0 > 0$, 使对任意的正整数 N, 存在正整数 $n_0, m_0 > N$ 和 $x_0 \in I$ 满足

$$|f_{n_0}(x_0) - f_{m_0}(x_0)| \geqslant \varepsilon_0.$$

例 7 利用 Cauchy 准则证明函数列 $f_n(x) = x^n (n = 1, 2, \cdots)$

(1) 在 $(0, r]\, (0 < r < 1)$ 上一致收敛;

(2) 在 $(0, 1)$ 内不一致收敛.

证明 (1) 对任意给定的 $\varepsilon \in (0, 1)$ 和 $x \in (0, r]$, 以及 $n, p \in \mathbb{N}_+$ 有,

$$|f_{n+p}(x) - f_n(x)| = |x^{n+p} - x^n| = x^n(1 - x^p) \leqslant x^n \leqslant r^n$$

成立. 于是从不等式 $r^n < \varepsilon$ 解得 $n > \dfrac{\ln \varepsilon}{\ln r}$, 所以存在 $N = \left[\dfrac{\ln \varepsilon}{\ln r}\right] + 1 \in \mathbb{N}_+$, 使当 $n > N$ 时, 对任意 $x \in (0, r]$ 和任意 $p \in \mathbb{N}_+$ 有

$$|f_{n+p}(x) - f_n(x)| \leqslant x^n < \varepsilon,$$

因此根据一致收敛的 Cauchy 准则得 $f_n(x)$ 在 $(0, r]\, (0 < r < 1)$ 上一致收敛.

(2) 存在 $\varepsilon_0 = \dfrac{1}{4}$, 使对任意的正整数 N, 存在正整数 $n_0 = N + 1 > N, m_0 = 2N + 2 > N$ 和 $x_0 = \sqrt[N+1]{\dfrac{1}{2}} \in (0, 1)$ 满足

$$|f_{n_0}(x_0) - f_{m_0}(x_0)| = |x_0^{n_0} - x_0^{m_0}| = \dfrac{1}{4} \geqslant \varepsilon_0.$$

于是, 由定理 11.1.3 知函数列 $\{f_n(x)\}$ 在 $(0, 1)$ 内不一致收敛. □

思考题

1. 函数列 $\{f_n\}$ 在数集 E 上逐点收敛与一致收敛分别是如何定义的, 这两者之间的根本区别是什么?

2. 函数列 $\{f_n\}$ 在数集 E 上一致收敛和不一致收敛的充要条件是什么?

3. 如何用几何语言描述函数列 $\{f_n\}$ 在数集 E 上逐点收敛与一致收敛?

习　题　11.1

1. 讨论下列函数列 $\{f_n\}$ 在指定区间上的一致收敛性:

(1) $f_n(x) = \dfrac{nx}{1+n+x},\ x \in [0,1]$;

(2) $f_n(x) = \sin\dfrac{x}{n},\quad$ (i) $x \in [0,1]$,　　(ii) $x \in (-\infty, +\infty)$;

(3) $f_n(x) = nxe^{-nx},\ x \in [0,1]$;

(4) $f_n(x) = \dfrac{x^n}{1+x^n}$,　　(i) $x \in [0,1]$,　　(ii) $x \in [0,r],\ 0 < r < 1$;

(5) $f_n(x) = \begin{cases} -1, & -1 \leqslant x \leqslant -\dfrac{1}{n}, \\ \sin\dfrac{n\pi x}{2}, & -\dfrac{1}{n} < x < \dfrac{1}{n}, \\ 1, & \dfrac{1}{n} \leqslant x \leqslant 1; \end{cases}$

(6) $f_n(x) = \begin{cases} -(n+1)x+1, & 0 \leqslant x \leqslant \dfrac{1}{n+1}, \\ 0, & \dfrac{1}{n+1} < x < 1; \end{cases}$

(7) $f_n(x) = n\left(\sqrt{x+\dfrac{1}{n}} - \sqrt{x}\right),\quad x \in (0, +\infty)$.

2. 设函数列 $\{f_n(x)\}$ 和 $\{g_n(x)\}$ 都在 I 上一致收敛. 证明函数列 $\{f_n(x) + g_n(x)\}$ 在区间 I 上一致收敛.

3. 设函数列 $\{f_n(x)\}$ 和 $\{g_n(x)\}$ 在区间 I 上分别一致收敛于 $f(x)$ 和 $g(x)$, 并且 $f(x)$ 和 $g(x)$ 都在 I 上有界. 证明函数列 $\{f_n(x)g_n(x)\}$ 在区间 I 上一致收敛于 $f(x)g(x)$.

4. 设 $\lim\limits_{n\to\infty} f_n(x) = f(x)(x \in E),\ \lim\limits_{n\to\infty} a_n = 0(a_n > 0)$ 且对每个正整数 n 有 $|f_n(x) - f(x)| \leqslant a_n,\ x \in E$. 证明函数列 $\{f_n(x)\}$ 在 E 上一致收敛于 $f(x)$.

---

5. 设 $f(x)$ 为定义在 (a,b) 内的任一函数, 记

$$f_n(x) = \frac{[nf(x)]}{n},\quad n = 1, 2, \cdots.$$

证明函数列 $\{f_n(x)\}$ 在 (a,b) 内一致收敛于 $f(x)$.

6. 设可微函数列 $\{f_n(x)\}$ 在 $[a,b]$ 上收敛, 并且 $\{f_n'(x)\}$ 在 $[a,b]$ 上一致有界, 即存在 $M > 0$, 使 $|f_n'(x)| \leqslant M(x \in [a,b],\ n \in \mathbb{N}_+)$. 证明 $\{f_n(x)\}$ 在 $[a,b]$ 上一致收敛.

11.2 一致收敛函数列的性质

本节讨论函数列所确定的极限函数的连续性、可积性与可微性等问题.

定理 11.2.1(连续性) 若函数列 $\{f_n(x)\}$ 的每一项 $f_n(x)$ 在 $[a,b]$ 上连续, 并且 $\{f_n(x)\}$ 在 $[a,b]$ 上一致收敛于 $f(x)$, 则 $f(x)$ 在 $[a,b]$ 上连续.

证明 任意取定 $x_0 \in [a,b]$, 不妨设 $x_0 \in (a,b)$, 往证 $f(x)$ 在 x_0 处连续. 事实上, 对任意给定的 $\varepsilon > 0$, 因为 $f_n(x)$ 在 $[a,b]$ 上一致收敛于 $f(x)$, 所以存在 $N = N(\varepsilon) \in \mathbb{N}_+$, 使当 $n > N$ 时有

$$|f_n(x) - f(x)| < \frac{\varepsilon}{3}, \quad \forall x \in [a,b]. \tag{11.2.1}$$

又因为 $f_{N+1}(x)$ 在 x_0 处连续, 所以对上述 $\varepsilon > 0$, 存在 $\delta > 0$, 使当 $x \in [a,b]$ 且 $|x - x_0| < \delta$ 时,

$$|f_{N+1}(x) - f_{N+1}(x_0)| < \frac{\varepsilon}{3}. \tag{11.2.2}$$

于是, 当 $x \in [a,b]$ 且 $|x - x_0| < \delta$ 时, 由 (11.2.1) 式, (11.2.2) 式得

$$|f(x) - f(x_0)| \leqslant |f(x) - f_{N+1}(x)| + |f_{N+1}(x) - f_{N+1}(x_0)| + |f_{N+1}(x_0) - f(x_0)|$$

$$\leqslant \frac{\varepsilon}{3} + \frac{\varepsilon}{3} + \frac{\varepsilon}{3} = \varepsilon,$$

所以 $f(x)$ 在 x_0 处连续. 故由 x_0 的任意性得 $f(x)$ 在 $[a,b]$ 上连续. □

注 定理 11.2.1 说明在定理 11.2.1 的条件下有

$$\lim_{x \to x_0} \lim_{n \to \infty} f_n(x) = f(x_0) = \lim_{n \to \infty} \lim_{x \to x_0} f_n(x),$$

即对 $\{f_n(x)\}$ 来说, 两个极限 $\lim\limits_{n \to \infty}$ 与 $\lim\limits_{x \to x_0}$ 是可互相交换的. 由 11.1 节的例 1 知去掉 $\{f_n\}$ 在 $[a,b]$ 上的一致收敛性的条件, 不能保证极限函数的连续性.

还需指出, 定理 11.2.1 只是所涉及的两极限能交换顺序的充分条件, 但不是必要条件. 下面的 Dini 定理是定理 11.2.1 附加了限制条件的逆定理.

***定理 11.2.2**(Dini 定理) 设函数列 $\{f_n(x)\}$ 在 $[a,b]$ 上逐点收敛于 $f(x)$. 如果

(1) $f_n(x)$ 都在 $[a,b]$ 上连续, $n = 1, 2, \cdots$;

(2) 对任意固定的 $x \in [a,b]$, 数列 $\{f_n(x)\}$ 对 n 都是单调递增的;

(3) 极限函数 $f(x)$ 在 $[a,b]$ 上连续,

则函数列 $\{f_n(x)\}$ 在闭区间 $[a,b]$ 上一致收敛于 $f(x)$.

证明 用反证法. 假定函数列 $\{f_n(x)\}$ 在 $[a,b]$ 上不一致收敛, 则由不一致收敛的定义知存在 $\varepsilon_0 > 0$, 使对任意的 $N \in \mathbb{N}_+$, 存在 $n > N$ 和 $x_n \in [a,b]$ 满足

$$|f_n(x_n) - f(x_n)| \geqslant \varepsilon_0.$$

由此可得一单调递增的自然数列 $n_i \to \infty$ 以及 $[a,b]$ 中的数列 $\{x_{n_i}\}$, 使

$$|f_{n_i}(x_{n_i}) - f(x_{n_i})| = f(x_{n_i}) - f_{n_i}(x_{n_i}) \geqslant \varepsilon_0.$$

根据致密性定理知数列 $\{x_{n_i}\}$ 有收敛子列, 不妨设 $x_{n_i} \to x_0$, 则对任意给定的 n, 当 $n_i \geqslant n$ 时,

$$f(x_{n_i}) - f_n(x_{n_i}) \geqslant f(x_{n_i}) - f_{n_i}(x_{n_i}) \geqslant \varepsilon_0.$$

令 $n_i \to \infty$, 由函数的连续性得

$$f(x_0) - f_n(x_0) \geqslant \varepsilon_0.$$

但已知

$$\lim_{n \to \infty} f_n(x_0) = f(x_0),$$

这就产生矛盾. 故定理得证. □

注　若将定理 11.2.2 条件 (2) 换成: 对任意固定的 $x \in [a,b]$, 函数列 $\{f_n(x)\}$ 对 n 都是单调递减的, 而其他条件不变, 其结论仍然成立.

定理 11.2.3(可积性)　若函数列 $\{f_n(x)\}$ 的每一项在 $[a,b]$ 上连续, 并且 $\{f_n(x)\}$ 在 $[a,b]$ 上一致收敛于 $f(x)$, 则 $f(x)$ 在 $[a,b]$ 上可积且

$$\lim_{n \to \infty} \int_a^b f_n(x)\mathrm{d}x = \int_a^b f(x)\mathrm{d}x.$$

证明　根据定理 11.2.1 知 $f(x)$ 在 $[a,b]$ 上连续, 所以 $f(x)$ 在 $[a,b]$ 上可积.

由于 $\{f_n(x)\}$ 在 $[a,b]$ 上一致收敛于 $f(x)$, 所以, 对任意给定的 $\varepsilon > 0$, 存在 $N \in \mathbb{N}_+$, 使当 $n > N$ 时有

$$|f_n(x) - f(x)| \leqslant \frac{\varepsilon}{b-a}, \quad \forall x \in [a,b],$$

因此, 当 $n > N$ 时,

$$\left| \int_a^b f_n(x)\mathrm{d}x - \int_a^b f(x)\mathrm{d}x \right| \leqslant \int_a^b |f_n(x) - f(x)|\mathrm{d}x \leqslant \frac{\varepsilon}{b-a} \int_a^b \mathrm{d}x = \varepsilon.$$

故定理得证. □

注　定理 11.2.3 表明: 在定理 11.2.3 的条件下有

$$\lim_{n \to \infty} \int_a^b f_n(x)\mathrm{d}x = \int_a^b \lim_{n \to \infty} f_n(x)\mathrm{d}x = \int_a^b f(x)\mathrm{d}x,$$

即极限运算与积分运算是可互相交换的, 故称此定理为**积分号下取极限定理**.

下面的两例说明: 函数列 $\{f_n(x)\}$ 在 $[a,b]$ 上不一致收敛于 $f(x)$, 定理 11.2.3 的结论可能成立, 也可能不成立.

例 1　证明函数列

$$f_n(x) = 2n^2 x e^{-n^2 x^2}, \quad n = 1, 2, \cdots$$

在 $[0,1]$ 上逐点收敛于 $f(x) = 0$, 但在 $[0,1]$ 上不一致收敛, 并且

$$\lim_{n \to \infty} \int_0^1 f_n(x) \mathrm{d}x \neq \int_0^1 f(x) \mathrm{d}x.$$

证明　由 11.1 节例 5 知函数列 $\{f_n(x)\}$ 在 $[0,1]$ 上逐点收敛于 $f(x) = 0$, 但是 $\{f_n(x)\}$ 在 $[0,1]$ 上不一致收敛于 $f(x)$.

直接计算可得

$$\int_0^1 f_n(x) \mathrm{d}x = \int_0^1 2n^2 x e^{-n^2 x^2} \mathrm{d}x = 1 - e^{-n^2} \to 1, \quad n \to \infty$$

和

$$\int_0^1 f(x) \mathrm{d}x = \int_0^1 0 \mathrm{d}x = 0,$$

于是

$$\lim_{n \to \infty} \int_0^1 f_n(x) \mathrm{d}x \neq \int_0^1 f(x) \mathrm{d}x. \qquad \square$$

例 1 表明没有一致收敛性, 积分与极限运算不一定能交换.

例 2　证明函数列

$$f_n(x) = x^n, \quad x \in [0,1], \ n = 1, 2, \cdots$$

在 $[0,1]$ 上收敛于 $f(x) = \begin{cases} 1, & x = 1, \\ 0, & x \in [0,1), \end{cases}$ 但在 $[0,1]$ 上不一致收敛且

$$\lim_{n \to \infty} \int_0^1 f_n(x) \mathrm{d}x = \int_0^1 f(x) \mathrm{d}x = 0.$$

证明　显然

$$\lim_{n \to \infty} f_n(x) = f(x) = \begin{cases} 1, & x = 1, \\ 0, & x \in [0,1), \end{cases}$$

所以, $f(x)$ 在 $[0,1]$ 上不连续, 因此, 根据定理 11.2.1 和 $f_n(x) = x^n$ 在 $[0,1]$ 上连续知 $\{f_n(x)\}$ 在 $[0,1]$ 上不一致收敛. 直接计算可得

$$\lim_{n \to \infty} \int_0^1 f_n(x) \mathrm{d}x = \int_0^1 f(x) \mathrm{d}x = 0. \qquad \square$$

例 2 说明, 一致收敛性只是可积函数列的极限函数可积以及积分与极限可交换顺序的一个充分条件, 不是必要条件.

下面讨论极限与求导交换顺序的问题. 先看一个例子.

对于 $f_n(x) = \dfrac{\sin nx}{\sqrt{n}}(n = 1, 2, \cdots)$, 容易看到它在 $(-\infty, +\infty)$ 内一致收敛于 $f(x) = 0$. 但其导函数列 $f_n'(x) = \sqrt{n}\cos nx(n = 1, 2, \cdots)$ 并不在 $(-\infty, +\infty)$ 内收敛. 由此看到可导的函数列, 即使一致收敛, 也不能够保证其导函数列收敛, 当然也不能保证求导运算与极限运算可交换顺序. 但是, 如果将一致收敛性加到导函数列上, 则有如下定理:

定理 11.2.4(可导性)　　如果函数列 $\{f_n(x)\}$ 满足条件

(1) $f_n(x)$ 在 $[a, b]$ 上连续可微, $n = 1, 2, \cdots$;

(2) 导函数列 $\{f_n'(x)\}$ 在 $[a, b]$ 上一致收敛于 $\varphi(x)$;

(3) $\{f_n(x)\}$ 至少在某个 $x_0 \in [a, b]$ 收敛, 即 $\lim\limits_{n \to \infty} f_n(x_0) = y_0$,

那么函数列 $\{f_n(x)\}$ 在 $[a, b]$ 上一致收敛于某个连续可微函数 $f(x)$, 并且 $f'(x) = \varphi(x)$.

证明　　根据条件 (1) 有

$$f_n(x) = f_n(x_0) + \int_{x_0}^{x} f_n'(\xi)\mathrm{d}\xi, \quad \forall x \in [a, b],\ n \in \mathbb{N}_+. \tag{11.2.3}$$

由此得到 $\forall n,\ m \in \mathbb{N}_+$ 有

$$|f_m(x) - f_n(x)| \leqslant |f_m(x_0) - f_n(x_0)| + (b - a)\sup_{\xi \in [a,b]}|f_m'(\xi) - f_n'(\xi)|, \quad x \in [a, b].$$

依定理的条件 (2) 和 (3), 对任意给定的 $\varepsilon > 0$, 存在 $N = N(\varepsilon) \in \mathbb{N}_+$, 使当 $m, n \geqslant N$ 时就有

$$|f_m(x_0) - f_n(x_0)| < \frac{\varepsilon}{2},$$

$$\sup_{\xi \in [a,b]}|f_m'(\xi) - f_n'(\xi)| \leqslant \frac{\varepsilon}{2(b - a)}.$$

于是当 $m, n > N$ 时, 对任意 $x \in [a, b]$ 有

$$|f_m(x) - f_n(x)| < \frac{\varepsilon}{2} + \frac{\varepsilon}{2} = \varepsilon.$$

根据一致收敛的 Cauchy 准则知函数列 $\{f_n(x)\}$ 在 $[a, b]$ 上一致收敛, 设其极限函数为 $f(x)$.

根据条件 (1), (2), 由定理 11.2.1 知 $\varphi(x)$ 在 $[a, b]$ 上连续.

在 (11.2.3) 式中, 令 $n \to \infty$ 取极限, 利用定理 11.2.3 得

$$f(x) = y_0 + \int_{x_0}^x \varphi(\xi)\mathrm{d}\xi, \quad \forall x \in [a, b].$$

由这表示式可知函数 $f(x)$ 是连续可微的, 并且

$$f'(x) = \varphi(x), \quad \forall x \in [a, b]. \qquad \Box$$

注　定理 11.2.4 表明: 在定理 11.2.4 的条件之下有

$$f'(x) = \left(\lim_{n \to \infty} f_n(x) \right)' = \lim_{n \to \infty} f_n'(x),$$

即极限运算与导数运算是可互相交换的.

与前面的两个定理一样, 一致收敛条件是极限运算与求导运算交换的充分条件, 但不是必要条件.

例 3　证明函数列

$$f_n(x) = \frac{1}{2n} \ln(1 + n^2 x^2), \quad n = 1, 2, \cdots$$

在 $[0, 1]$ 上收敛于 $f(x) = 0$, 但其导函数列在 $[0, 1]$ 上不一致收敛, 不过有

$$\lim_{n \to \infty} f_n'(x) = 0 = \left[\lim_{n \to \infty} f_n(x) \right]'.$$

证明　显然 $f_n(0) = 0 \to 0 \ (n \to \infty)$. 由于当 $0 < x \leqslant 1$ 时, 利用归结原则和 L' Hospital 法则可得

$$f(x) = \lim_{n \to \infty} f_n(x) = \lim_{t \to \infty} \frac{\ln(1 + t^2 x^2)}{2t} = \lim_{t \to \infty} \frac{2tx^2}{2(1 + t^2 x^2)} = 0, \quad n = 1, 2, \cdots$$

和

$$f_n'(x) = \frac{nx}{1 + n^2 x^2}, \quad n = 1, 2, \cdots,$$

在 $[0, 1]$ 上收敛于 $f'(x) = 0$, 所以

$$\lim_{n \to \infty} f_n'(x) = 0 = \left[\lim_{n \to \infty} f_n(x) \right]'.$$

另一方面, 由于

$$\sup_{x \in [0,1]} |f_n'(x) - f'(x)| = \max_{x \in [0,1]} |f_n'(x)| = f_n'\left(\frac{1}{n} \right) = \frac{1}{2},$$

所以

$$\lim_{n \to \infty} \sup_{x \in [0,1]} |f_n'(x) - f'(x)| = \frac{1}{2} \neq 0,$$

因此, 由定理 11.1.1 知导函数列 $\{f_n'(x)\}$ 在 $[0,1]$ 上不一致收敛. □

在上述三个定理中, 都可举出函数列不一致收敛但定理结论成立的例子. 在今后的进一步学习中 (如实变函数), 将讨论使上述定理成立的较弱的条件.

思考题

1. 收敛的连续函数列的极限函数是否必连续? 收敛的不连续函数列的极限函数是否必不连续? 证明或举例否定之.

2. 在定理 11.2.2 中能否举例说明条件 (2) 不成立时, 结论也可能为真.

3. 设在 $[a,b]$ 上连续函数列 $\{f_n(x)\}$ 收敛于 $f(x)$, 并且 $f(x)$ 在 $[a,b]$ 上可积. 试问是否必有

$$\lim_{n \to \infty} \int_a^b f_n(x)\mathrm{d}x = \int_a^b f(x)\mathrm{d}x.$$

证明或举例否定之.

4. 在定理 11.2.4 中举例说明三个条件缺一不可.

习　题　11.2

1. 设 $f_n(x) = n^\alpha x \mathrm{e}^{-nx}$, 其中 α 是参数, 求 α 的取值范围, 使满足

(1) 函数列 $\{f_n(x)\}$ 在 $[0,1]$ 上一致收敛;

(2) 积分运算与极限运算可交换, 即

$$\lim_{n \to \infty} \int_0^1 f_n(x)\mathrm{d}x = \int_0^1 \lim_{n \to \infty} f_n(x)\mathrm{d}x;$$

(3) 在 $[0,1]$ 上求导运算与极限运算可交换, 即

$$\lim_{n \to \infty} \frac{\mathrm{d}}{\mathrm{d}x} f_n(x) = \frac{\mathrm{d}}{\mathrm{d}x}\big(\lim_{n \to \infty} f_n(x)\big), \quad \forall x \in [0,1].$$

2. 设 $\{f_n(x)\}$ 为定义在 $[a,b]$ 上的连续函数列, 并且 $f_n(x) \rightrightarrows f(x)(n \to \infty,\ x \in [a,b])$, 又 $\{x_n\} \subset [a,b]$ 且 $x_n \to x_0,\ n \to \infty$. 证明:

$$\lim_{n \to \infty} f_n(x_n) = f(x_0).$$

3. 讨论下列各函数列 $\{f_n(x)\}$ 在所定义的区间上是否有定理 11.2.1, 定理 11.2.3, 定理 11.2.4 中的结论:

(1) $f_n(x) = x - \dfrac{x^n}{n},\ x \in [0,1]$; (2) $f_n(x) = x\mathrm{e}^{-nx^2},\ x \in [0,1]$.

4. 设函数列 $\{f_n(x)\}$ 在 $U°(x_0;\delta)$ 内一致收敛于 $f(x)$, 并且对每个 n, $\lim\limits_{x \to x_0} f_n(x) = a_n$. 证明 $\lim\limits_{n \to \infty} a_n$ 和 $\lim\limits_{x \to x_0} f(x)$ 均存在且相等.

5. 设 $f(x)$ 在 $(-\infty, +\infty)$ 内有任意阶导数, 并且在任何有限区间 $[a,b]$ 上,

$$f^{(n)}(x) \rightrightarrows g(x), \quad n \to \infty.$$

试证明 $g(x) = ce^x$, 其中 c 为常数.

11.3 函数项级数一致收敛的概念及其判定

本节将讨论函数项级数, 就像研究数项级数要借助于数列极限理论一样, 这里要借助于上两节所讲的函数列的理论来研究函数项级数.

11.3.1 函数项级数一致收敛的概念

定义 11.3.1 设 $\{u_n(x)\}$ 是定义在数集 I 上的一个函数列, 表达式

$$u_1(x) + u_2(x) + \cdots + u_n(x) + \cdots, \quad x \in I \tag{11.3.1}$$

称为定义在 I 上的**函数项级数**, 简记为 $\sum\limits_{n=1}^{\infty} u_n(x)$ 或 $\sum u_n(x)$. 称

$$S_n(x) = \sum_{k=1}^{n} u_k(x), \quad x \in I, \, n = 1, 2, \cdots \tag{11.3.2}$$

为函数项级数的**部分和函数列**.

对于 $x_0 \in I$, 若数项级数

$$u_1(x_0) + u_2(x_0) + \cdots + u_n(x_0) + \cdots \tag{11.3.3}$$

收敛, 则称**函数项级数** (11.3.1) **在点** x_0 **收敛**, x_0 称为**级数** (11.3.1) **的收敛点**. 若级数 (11.3.3) 发散, 则称**函数项级数** (11.3.1) **在点** x_0 **发散**, x_0 称为其**发散点**.

若函数项级数 (11.3.1) 在 I 的某个子集 E 上每点都收敛, 则称函数项级数 (11.3.1)**在** E **上收敛**. 若函数项级数 $\sum\limits_{n=1}^{\infty} |u_n(x)|$ 在 E 上收敛, 则称函数项级数 (11.3.1) 在 E 上**绝对收敛**.

若 E 为级数 (11.3.1) 全体收敛点的集合, 则称 E 为级数 (11.3.1) 的**收敛域**. 级数 (11.3.1) 在 E 上每一点 x 与其所对应的数项级数 (11.3.1) 的和 $S(x)$ 构成一个定义在 E 上的函数, 称为级数 (11.3.1) 的**和函数**, 并写成

$$u_1(x) + u_2(x) + \cdots + u_n(x) + \cdots = S(x), \quad x \in E,$$

即
$$\lim_{n \to \infty} S_n(x) = S(x), \quad x \in E.$$
也就是说, 函数项级数 (11.3.1) 的收敛性是由它的部分和函数列 (11.3.2) 的收敛性决定.

例 1　求等比级数
$$\sum_{n=0}^{\infty} x^n = 1 + x + \cdots + x^{n-1} + \cdots \tag{11.3.4}$$
的收敛域与和函数.

解　由 10.1 节的例 2 知级数 (11.3.4) 当 $|x| < 1$ 时收敛, 其和为 $\dfrac{1}{1-x}$; 当 $|x| \geqslant 1$ 时发散, 所以根据定义 11.3.1 知等比级数 (11.3.4) 的收敛域是 $(-1,1)$, 它的和函数为 $S(x) = \dfrac{1}{1-x} (x \in (-1,1))$. □

例 2　求函数项级数 $\displaystyle\sum_{n=1}^{\infty} \dfrac{x(1-2x)}{1+x^n}$ $(x \neq -1)$ 的收敛域.

解　令 $u_n(x) = \dfrac{x(1-2x)}{1+x^n}$. 由于
$$\lim_{n \to \infty} u_n(x) = \lim_{n \to \infty} \frac{x(1-2x)}{1+x^n} = \begin{cases} x(1-2x), & |x| < 1, \\ -\dfrac{1}{2}, & x = 1, \\ 0, & |x| > 1, \end{cases}$$
所以由推论 10.1.1 知原级数当 $x \in (-1,0) \cup \left(0, \dfrac{1}{2}\right) \cup \left(\dfrac{1}{2}, 1\right]$ 时发散.

当 $x = 0$ 或者 $x = \dfrac{1}{2}$ 时, $u_n(x) = \dfrac{x(1-2x)}{1+x^n} = 0$, 原级数显然收敛; 当 $|x| > 1$ 时, 由于
$$\lim_{n \to \infty} \frac{|u_{n+1}(x)|}{|u_n(x)|} = \lim_{n \to \infty} \left| \frac{1+x^n}{1+x^{n+1}} \right| = \frac{1}{|x|} \in (0,1),$$
所以根据正项级数的比值法得原级数当 $|x| > 1$ 时绝对收敛. 因此, 原级数的收敛域为 $(-\infty, -1) \cup (1, +\infty) \cup \left\{ 0, \dfrac{1}{2} \right\}$. □

函数项级数的收敛性

对应于函数列一致收敛的概念, 可以给出函数项级数一致收敛的定义.

定义 11.3.2 设 $\{S_n(x)\}$ 是函数项级数 $\sum\limits_{n=1}^{\infty} u_n(x)$ 的部分和函数列. 若 $\{S_n(x)\}$ 在集合 E 上一致收敛于函数 $S(x)$, 则称函数项级数 $\sum\limits_{n=1}^{\infty} u_n(x)$**在 E 上一致收敛于函数** $S(x)$, 或称 $\sum\limits_{n=1}^{\infty} u_n(x)$**在 E 上一致收敛**.

用 "ε-N" 语言叙述如下: 函数项级数 $\sum\limits_{n=1}^{\infty} u_n(x)$ 在数集 E 上一致收敛于函数 $S(x)$ 是指: 对任意给定的 $\varepsilon > 0$, 存在 $N = N(\varepsilon) \in \mathbb{N}_+$, 使当 $n > N$ 时有

$$|S_n(x) - S(x)| = \left| \sum_{k=1}^{n} u_k(x) - S(x) \right| < \varepsilon, \quad \forall x \in E.$$

显然, 函数项级数 $\sum\limits_{n=1}^{\infty} u_n(x)$ 在 E 上一致收敛于函数 $S(x)$ 必有其在 E 上收敛于函数 $S(x)$, 反之不然, 见例 3.

例 3 证明对于任意 $r \in (0,1)$, 函数项级数 $\sum\limits_{n=0}^{\infty} x^n$ 在区间 $[0, 1-r]$ 上一致收敛, 但在区间 $[0,1)$ 上不一致收敛.

证明 (1) 由例 1 知函数项级数 $\sum\limits_{n=0}^{\infty} x^n$ 在 $[0,1)$ 上收敛于 $\dfrac{1}{1-x}$. 由于当 $x \in [0, 1-r]$ 时有

$$\left| \sum_{k=0}^{n} x^k - \frac{1}{1-x} \right| = \frac{x^{n+1}}{1-x} \leqslant \frac{(1-r)^{n+1}}{r},$$

所以对任意给定的 $\varepsilon \in (0,1)$, 存在 $N = \left[\dfrac{\ln(r\varepsilon)}{\ln(1-r)} \right] + 1 \in \mathbb{N}_+$, 使当 $n > N$ 时, $\forall x \in [0, 1-r]$ 有

$$\left| \sum_{k=0}^{n} x^k - \frac{1}{1-x} \right| \leqslant \frac{(1-r)^{n+1}}{r} < \varepsilon,$$

因此, 根据定义 11.3.2 得 $\sum\limits_{n=0}^{\infty} x^n$ 在 $[0, 1-r]$ 上一致收敛.

(2) 由于

$$\left| \sum_{k=0}^{n} x^k - \frac{1}{1-x} \right| = \frac{x^{n+1}}{1-x} \geqslant x^{n+1}, \quad \forall x \in [0,1),$$

所以存在 $\varepsilon_0 = \dfrac{1}{2} > 0$, 使对任意 $N \in \mathbb{N}_+$, 存在 $n_0 = N+1 > N$, 存在 $x_0 = \sqrt[n_0+1]{\dfrac{1}{2}} \in [0,1)$, 使

$$\left| \sum_{k=0}^{n_0} x_0^k - \frac{1}{1-x_0} \right| \geqslant x_0^{n_0+1} = \frac{1}{2} = \varepsilon_0.$$

故根据定义 11.3.2 的否定说法得 $\displaystyle\sum_{n=0}^{\infty} x^n$ 在区间 $[0,1)$ 上不一致收敛. □

11.3.2　一致收敛的判别法

首先, 介绍函数项级数一致收敛的 Cauchy 准则.

定理 11.3.1(一致收敛的 Cauchy 准则)　函数项级数 $\displaystyle\sum_{n=1}^{\infty} u_n(x)$ 在数集 E 上一致收敛的充分必要条件是: 对任意给定的 $\varepsilon > 0$, 存在 $N \in \mathbb{N}_+$, 使当 $n > N$ 时, 对一切 $p \in \mathbb{N}_+$ 都有

$$|u_{n+1}(x) + u_{n+2}(x) + \cdots + u_{n+p}(x)| < \varepsilon, \quad \forall x \in E.$$

注意到函数项级数的一致收敛性由其部分和函数列来确定, 所以由定理 11.1.2 便可写出相应的证明, 留作练习.

推论 11.3.1　函数项级数 $\displaystyle\sum_{n=1}^{\infty} u_n(x)$ 在数集 E 上一致收敛的必要条件是函数列 $\{u_n(x)\}$ 在 E 上一致收敛于 0.

定义 11.3.3　设函数项级数 $\displaystyle\sum_{n=1}^{\infty} u_n(x)$ 在 E 上有定义, 称 $\displaystyle\sum_{k=n+1}^{\infty} u_k(x)$ 为其**余级数**. 当 $\displaystyle\sum_{n=1}^{\infty} u_n(x)$ 在 E 上收敛时, 称 $\displaystyle\sum_{k=n+1}^{\infty} u_k(x)$ 为其**余项**, 记作 $R_n(x)$, 即

$$R_n(x) = \sum_{k=n+1}^{\infty} u_k(x), \quad x \in E.$$

由定理 11.1.1 立即有

定理 11.3.2(余项定理)　设函数项级数 $\displaystyle\sum_{n=1}^{\infty} u_n(x)$ 在数集 E 上收敛, 则 $\displaystyle\sum_{n=1}^{\infty} u_n(x)$ 在 E 上一致收敛的充分必要条件为

$$\lim_{n\to\infty} \sup_{x \in E} |R_n(x)| = 0.$$

例 4　证明函数项级数 $\displaystyle\sum_{n=1}^{\infty} (-1)^{n-1} \frac{1}{n+x}$ 在 $[0, +\infty)$ 上一致收敛.

证明 易见, 对每个 $x \in [0, +\infty)$, $\sum\limits_{n=1}^{\infty} \dfrac{(-1)^{n-1}}{n+x}$ 是 Leibniz 级数, 于是根据 Leibniz 判别法得, 原级数在 $[0, +\infty)$ 上收敛.

因为根据交错级数的余项性质可得

$$|R_n(x)| \leqslant \frac{1}{n+1+x} \leqslant \frac{1}{n+1}, \quad \forall x \in [0, +\infty),$$

所以

$$0 \leqslant \sup_{x \in [0,+\infty)} |R_n(x)| \leqslant \frac{1}{n+1},$$

因此, 由迫敛性定理得

$$\lim_{n \to \infty} \sup_{x \in [0,+\infty)} |R_n(x)| = 0,$$

故根据定理 11.3.2 知函数项级数 $\sum\limits_{n=1}^{\infty} (-1)^{n-1} \dfrac{1}{n+x}$ 在 $[0, +\infty)$ 上一致收敛. $\qquad \square$

例 5 设函数项级数 $\sum\limits_{n=1}^{\infty} u_n(x)$ 在 (a, b) 内一致收敛, 并且每一项 $u_n(x)$ $(n = 1, 2, \cdots)$ 在 $[a, b]$ 上连续. 求证

(1) 级数 $\sum\limits_{n=1}^{\infty} u_n(a)$ 与 $\sum\limits_{n=1}^{\infty} u_n(b)$ 都收敛;

(2) 函数项级数 $\sum\limits_{n=1}^{\infty} u_n(x)$ 在 $[a, b]$ 上一致收敛.

证明 (1) 由于 $\sum\limits_{n=1}^{\infty} u_n(x)$ 在 (a, b) 内一致收敛, 所以根据一致收敛的 Cauchy 准则, 对任意给定的 $\varepsilon > 0$, 存在 $N \in \mathbb{N}_+$, 使当 $n > N$ 时, 对任意 $p \in \mathbb{N}_+$ 有

$$|u_{n+1}(x) + u_{n+2}(x) + \cdots + u_{n+p}(x)| < \varepsilon, \quad \forall x \in (a, b).$$

由于 $u_n(x)$ $(n = 1, 2, \cdots)$ 都在 $[a, b]$ 上连续. 令 $x \to a^+$ 得

$$|u_{n+1}(a) + u_{n+2}(a) + \cdots + u_{n+p}(a)| \leqslant \varepsilon.$$

因此, 根据级数的 Cauchy 收敛准则知 $\sum\limits_{n=1}^{\infty} u_n(a)$ 收敛.

同理可证 $\sum\limits_{n=1}^{\infty} u_n(b)$ 收敛.

(2) 由 (1) 的证明过程可知对任意的 $\varepsilon > 0$, 存在 $N \in \mathbb{N}_+$, 使当 $n > N$ 时, 对任意 $p \in \mathbb{N}_+$ 有

$$|u_{n+1}(x) + u_{n+2}(x) + \cdots + u_{n+p}(x)| \leqslant \varepsilon, \quad \forall x \in [a, b],$$

因此, 根据一致收敛的 Cauchy 准则知 $\sum\limits_{n=1}^{\infty} u_n(x)$ 在 $[a, b]$ 上一致收敛. □

下面介绍判别函数项级数一致收敛的三个常用方法.

定理 11.3.3(M 判别法)　设 $\sum\limits_{n=1}^{\infty} u_n(x)$ 是定义在数集 E 上的函数项级数. 若存在收敛的常数项级数 $\sum\limits_{n=1}^{\infty} M_n$ 和 $N_0 \in \mathbb{N}_+$, 使当 $n \geqslant N_0$ 时,

$$|u_n(x)| \leqslant M_n, \quad \forall\, x \in E,$$

则函数项级数 $\sum\limits_{n=1}^{\infty} u_n(x)$ 在 E 上一致收敛.

证明　因为数项级数 $\sum\limits_{n=1}^{\infty} M_n$ 收敛, 所以, 对任意给定的 $\varepsilon > 0$, 存在正整数 $N = N(\varepsilon) \geqslant N_0$, 使当 $n > N$ 时, 对任意的 $p \in \mathbb{N}_+$ 有 $\sum\limits_{k=n+1}^{n+p} M_k < \varepsilon$, 于是, 当 $n > N$ 时, 对任意的正整数 p 有

$$\left| \sum_{k=n+1}^{n+p} u_k(x) \right| \leqslant \sum_{k=n+1}^{n+p} |u_k(x)| \leqslant \sum_{k=n+1}^{n+p} M_k < \varepsilon, \quad \forall x \in E,$$

所以根据一致收敛的 Cauchy 准则知函数项级数 $\sum\limits_{n=1}^{\infty} u_n(x)$ 在 E 上一致收敛. □

通常, 定理 11.3.3 中的数项级数 $\sum\limits_{n=1}^{\infty} M_n$ 被称为函数项级数 $\sum\limits_{n=1}^{\infty} u_n(x)$ 的**优级数**, M 判别法也称为**优级数判别法**.

例 6　证明 $\sum\limits_{n=1}^{\infty} \dfrac{x}{1 + n^4 x^2}$ 在区间 $(-\infty, +\infty)$ 内一致收敛.

证法 1　由于 $1 + n^4 x^2 \geqslant 2n^2 |x|$, 所以

$$\left| \frac{x}{1 + n^4 x^2} \right| \leqslant \frac{1}{2n^2}, \quad \forall x \in (-\infty, +\infty),$$

而 $\sum\limits_{n=1}^{\infty} \dfrac{1}{n^2}$ 收敛, 因此, 由 M 判别法知级数 $\sum\limits_{n=1}^{\infty} \dfrac{x}{1 + n^4 x^2}$ 在区间 $(-\infty, +\infty)$ 内一致收敛. □

证法 2 由于函数 $\left|\dfrac{x}{1+n^4x^2}\right|$ 在 $x=\pm\dfrac{1}{n^2}$ 处达到它在 $(-\infty,+\infty)$ 内的最大值 $\dfrac{1}{2n^2}$, 所以

$$\left|\frac{x}{1+n^4x^2}\right| \leqslant \frac{1}{2n^2} < \frac{1}{n^2}, \quad x \in (-\infty,+\infty).$$

又因为级数 $\displaystyle\sum_{n=1}^{\infty}\frac{1}{n^2}$ 收敛, 所以根据 M 判别法得, 函数项级数 $\displaystyle\sum_{n=1}^{\infty}\frac{x}{1+n^4x^2}$ 在 $(-\infty,+\infty)$ 内一致收敛.

函数项级数的一致收敛

M 判别法简单实用, 但它仅能判定绝对收敛且一致收敛的函数项级数. 如果函数项级数是一致收敛, 而非绝对收敛, 那么, M 判别法便失效. 下面把判定数项级数收敛的 Dirichlet 判别法与 Abel 判别法移植到函数项级数的一致收敛的判别法中来, 其证明只需修正对应数项级数定理的证明即可, 把它留作练习.

定理 11.3.4(Dirichlet 判别法) 如果

(1) 函数列 $\{u_n(x)\}$ 对每一个取定的 $x \in E$ 关于 n 都是单调的, 并且这函数列在 E 上一致收敛于 0;

(2) 函数项级数 $\displaystyle\sum_{n=1}^{\infty} v_n(x)$ 的部分和函数列在 E 上一致有界, 即存在 $M > 0$, 使得

$$\left|\sum_{k=1}^{n} v_k(x)\right| \leqslant M, \quad \forall n \in \mathbb{N}_+, \quad \forall x \in E,$$

则函数项级数 $\displaystyle\sum_{n=1}^{\infty} u_n(x)v_n(x)$ 在 E 上一致收敛.

定理 11.3.5(Abel 判别法) 如果

(1) 函数列 $\{u_n(x)\}$ 对每一个取定的 $x \in E$ 关于 n 都是单调的, 并且这函数列在 E 上一致有界, 即存在 $M > 0$, 使得

$$|u_n(x)| \leqslant M, \quad \forall n \in \mathbb{N}_+, \, x \in E;$$

(2) 函数项级数 $\displaystyle\sum_{n=1}^{\infty} v_n(x)$ 在 E 上一致收敛,

则函数项级数 $\sum\limits_{n=1}^{\infty} u_n(x)v_n(x)$ 在 E 上一致收敛.

例 7　证明函数项级数 $\sum\limits_{n=1}^{\infty}(-1)^{n-1}\dfrac{1}{n+x^2}$ 在 $(-\infty,+\infty)$ 内一致收敛, 但对任意的 x 并非绝对收敛.

证明　(1) 令 $u_n(x)=(-1)^{n-1}$, $v_n(x)=\dfrac{1}{n+x^2}(n=1,2,\cdots)$, 则显然有

$$\left|\sum_{k=1}^{n} u_k(x)\right| = \left|\sum_{k=1}^{n}(-1)^{k-1}\right| \leqslant 1, \quad \forall n \in \mathbb{N}_+.$$

又因为 $v_n(x)$ 对每个 $x \in (-\infty,+\infty)$ 关于 n 单调递减且

$$\sup_{x\in\mathbb{R}}\left|\frac{1}{n+x^2}\right| = \frac{1}{n} \to 0, \quad n \to \infty,$$

即 $v_n(x)$ 在 $(-\infty,+\infty)$ 内一致收敛于 0, 所以, 根据 Dirichlet 判别法知 $\sum\limits_{n=1}^{\infty}(-1)^{n-1}\dfrac{x^n}{n+x^2}$ 在 $(-\infty,+\infty)$ 内一致收敛.

(2) 对任意取定的 $x \in (-\infty,+\infty)$, 由于

$$\lim_{n\to\infty}\left|(-1)^{n-1}\frac{1}{n+x^2}\right| \bigg/ \frac{1}{n} = 1$$

及 $\sum\limits_{n=1}^{\infty}\dfrac{1}{n}$ 发散, 所以级数 $\sum\limits_{n=1}^{\infty}\left|(-1)^{n-1}\dfrac{1}{n+x^2}\right|$ 发散, 因此, 级数 $\sum\limits_{n=1}^{\infty}(-1)^{n-1}\dfrac{1}{n+x^2}$ 不是绝对收敛. □

思考题

1. 函数项级数 $\sum\limits_{n=1}^{\infty} u_n(x)$ 在数集 E 上逐点收敛与一致收敛分别是怎样定义的, 其根本差别是什么?

2. 设函数项级数 $\sum\limits_{n=1}^{\infty} u_n(x)$ 在数集 E 上收敛于 $S(x)$, 试用 "ε-N" 语言叙述 $\sum\limits_{n=1}^{\infty} u_n(x)$ 在数集 E 上不一致收敛.

3. 判别函数项级数 $\sum\limits_{n=1}^{\infty} u_n(x)$ 在数集 E 上的一致收敛性有些什么方法? 哪些是充分必要条件, 哪些是充分条件?

习　题　11.3

1. 讨论下列函数项级数在所指定区间上的敛散性:

(1) $\sum\limits_{n=2}^{\infty}\dfrac{1-2n}{(x^2+n^2)[x^2+(n-1)^2]}$, $D=[-1,1]$;

(2) $\displaystyle\sum_{n=1}^{\infty} 2^n \sin \frac{x}{3^n}$, $D = (0, +\infty)$;

(3) $\displaystyle\sum_{n=1}^{\infty} \frac{x^2}{[1 + (n-1)x^2][1 + nx^2]}$, $D = (0, +\infty)$;

(4) $\displaystyle\sum_{n=1}^{\infty} \frac{x^2}{(1 + x^2)^n}$, $D = (-\infty, +\infty)$.

2. 判定下列函数项级数在所指定区间上的一致收敛性:

(1) $\displaystyle\sum_{n=1}^{\infty} \frac{x^n}{(n-1)!}$, $x \in [-r, r]$;   (2) $\displaystyle\sum_{n=1}^{\infty} \frac{x(x+n)^n}{n^{2+n}}$, $x \in [0, 1]$;

(3) $\displaystyle\sum_{n=1}^{\infty} \frac{x^n}{\sqrt{n}}$, $x \in [-1, 0)$;   (4) $\displaystyle\sum_{n=1}^{\infty} (-1)^{n-1} \frac{x^{2n+1}}{2n+1}$, $x \in (-1, 1)$;

(5) $\displaystyle\sum_{n=1}^{\infty} \frac{n}{x^n}$, $|x| \geqslant r > 1$;   (6) $\displaystyle\sum_{n=2}^{\infty} \frac{(-1)^{n-1}}{n + \sin x}$, $x \in (-\infty, +\infty)$.

3. 设函数项级数 $\displaystyle\sum_{n=1}^{\infty} u_n(x)$ 在 I 上一致收敛于 $S(x)$, 函数 $g(x)$ 在 I 上有界. 证明函数项级数 $\displaystyle\sum_{n=1}^{\infty} g(x)u_n(x)$ 在 I 上一致收敛于 $g(x)S(x)$.

4. 若在区间 I 上, 对于任何正整数 n, $|u_n(x)| \leqslant v_n(x)$. 证明当 $\displaystyle\sum_{n=1}^{\infty} v_n(x)$ 在 I 上一致收敛时, 函数项级数 $\displaystyle\sum_{n=1}^{\infty} u_n(x)$ 在 I 上也一致收敛.

5. 证明若级数 $\displaystyle\sum_{n=1}^{\infty} a_n$ 收敛, 则函数项级数 $\displaystyle\sum_{n=1}^{\infty} a_n e^{-nx}$ 在 $[0, +\infty)$ 上一致收敛.

6. 证明若函数项级数 $\displaystyle\sum_{n=1}^{\infty} |u_n(x)|$ 在 $[a, b]$ 上一致收敛, 则函数项级数 $\displaystyle\sum_{n=1}^{\infty} u_n(x)$ 在 $[a, b]$ 上一致收敛. 逆命题是否成立? 证明或举例说明之.

7. 证明函数项级数 $\displaystyle\sum_{n=1}^{\infty} (-1)^{n-1} \frac{x^n}{n}$ 在 $[0, 1]$ 上一致收敛, 但 $\displaystyle\sum_{n=1}^{\infty} \frac{x^n}{n}$ 在 $[0, 1]$ 上不是一致收敛.

8. 证明函数项级数 $\displaystyle\sum_{n=1}^{\infty} \frac{x^2}{(1 + x^2)^n}$ 在 $(-\infty, +\infty)$ 内不一致收敛.

11.4   和函数的分析性质

本节把 11.2 节中讨论的函数列的极限函数的分析性质移植过来, 研究函数项级数的和函数的分析性质.

定理 11.4.1(连续性)   若 $u_n(x)\,(n=1,2,\cdots)$ 都在闭区间 $[a,b]$ 上连续, 函数项级数 $\sum\limits_{n=1}^{\infty} u_n(x)$ 在 $[a,b]$ 上一致收敛于 $S(x)$, 则和函数 $S(x)$ 在 $[a,b]$ 上连续.

证明   根据 $\sum\limits_{n=1}^{\infty} u_n(x)$ 在 $[a,b]$ 上一致收敛于 $S(x)$ 的定义知其部分和 $S_n(x)=\sum\limits_{k=1}^{n} u_k(x)$ 在 $[a,b]$ 上一致收敛于 $S(x)$, 而 $S_n(x)=\sum\limits_{k=1}^{n} u_k(x)$ 是连续函数 $u_k(x)$ 的有限和, 因此, 它在 $[a,b]$ 上是连续的, 故由定理 11.2.1 知 $S(x)$ 在 $[a,b]$ 上连续. $\square$

11.3 节的讨论说明, 为保证和函数 $S(x)$ 的连续性, 函数项级数一致收敛的条件是不能少的. 一般说来它也不是必要的, 但在一定的条件下却是必要的.

***定理 11.4.2**(Dini 定理)   设函数项级数 $\sum\limits_{n=1}^{\infty} u_n(x)$ 在闭区间 $[a,b]$ 上逐点收敛到 $S(x)$ 且满足

(1) $u_n(x)\,(n=1,2,\cdots)$ 都在 $[a,b]$ 上连续且非负;

(2) $S(x)$ 在 $[a,b]$ 连续,

则级数在 $\sum\limits_{n=1}^{\infty} u_n(x)$ 在 $[a,b]$ 上一致收敛.

证明   由于 $u_n(x)\geqslant 0$, 所以函数项级数 $\sum\limits_{n=1}^{\infty} u_n(x)$ 的部分和函数列 $S_n(x)=\sum\limits_{k=1}^{n} u_k(x)$ 是单调递增的, 即

$$S_n(x)\leqslant S_{n+1}(x),\quad \forall\, x\in[a,b],\, n=1,2,\cdots.$$

因此, 根据定理 11.2.2 知 $\{S_n(x)\}$ 在 $[a,b]$ 上一致收敛到 $S(x)$, 故函数项级数在 $\sum\limits_{n=1}^{\infty} u_n(x)$ 在 $[a,b]$ 上一致收敛. $\square$

定理 11.4.3(逐项积分)   若 $u_n(x)\,(n=1,2,\cdots)$ 都在 $[a,b]$ 上连续, 函数项级数 $\sum\limits_{n=1}^{\infty} u_n(x)$ 在 $[a,b]$ 上一致收敛于 $S(x)$, 则 $S(x)$ 在 $[a,b]$ 上可积且

$$\int_a^b \sum_{n=1}^{\infty} u_n(x)\mathrm{d}x = \sum_{n=1}^{\infty} \int_a^b u_n(x)\mathrm{d}x.$$

证明   记 $S_n(x)=\sum\limits_{k=1}^{n} u_k(x)(n=1,2,\cdots)$, 则由条件得 $\{S_n(x)\}$ 在 $[a,b]$ 一致收敛于 $S(x)$, 于是根据定理 11.2.3 得 $S(x)$ 在 $[a,b]$ 上可积且

$$\int_a^b S(x)\mathrm{d}x = \lim_{n\to\infty} \int_a^b S_n(x)\mathrm{d}x = \lim_{n\to\infty} \int_a^b \sum_{k=1}^{n} u_k(x)\mathrm{d}x$$

$$= \lim_{n\to\infty} \sum_{k=1}^{n} \int_a^b u_k(x)\mathrm{d}x.$$

由 $S(x)$ 在 $[a,b]$ 上可积知上式左边是一个数, 这说明级数 $\sum\limits_{k=1}^{\infty}\int_a^b u_k(x)\mathrm{d}x$ 收敛且

$$\int_a^b \sum_{n=1}^{\infty} u_n(x)\mathrm{d}x = \int_a^b S(x)\mathrm{d}x = \sum_{n=1}^{\infty}\int_a^b u_n(x)\mathrm{d}x. \qquad \square$$

定理 11.4.4(逐项求导) 若函数项级数 $\sum\limits_{n=1}^{\infty} u_n(x)$ 满足

(1) $u_n(x)\,(n=1,2,\cdots)$ 在 $[a,b]$ 上连续可导;

(2) $\sum\limits_{n=1}^{\infty} u_n(x)$ 在某点 $x_0 \in [a,b]$ 收敛;

(3) $\sum\limits_{n=1}^{\infty} u_n'(x)$ 在 $[a,b]$ 上一致收敛到 $\sigma(x)$,

则 $\sum\limits_{n=1}^{\infty} u_n(x)$ 在 $[a,b]$ 上一致收敛到某个连续可导函数 $S(x)$ 且 $S'(x) = \sigma(x)$, 即

$$\Big(\sum_{n=1}^{\infty} u_n(x)\Big)' = \sum_{n=1}^{\infty} u_n'(x).$$

定理 11.4.4 是定理 11.2.4 的直接推论, 其证明留作练习.

注 由定理 11.4.1∼ 定理 11.4.4 的证明知定理 11.4.1∼ 定理 11.4.4 是定理 11.2.1∼ 定理 11.2.4 的变式, 类似于 11.2 节的讨论知在定理 11.4.1, 定理 11.4.3 和定理 11.4.4 中, 一致收敛的条件是不能少的, 但一致收敛只是定理结论成立的充分条件, 不是必要条件.

例 1 已知 $\sum\limits_{n=1}^{\infty}\dfrac{1}{n^4} = \dfrac{\pi^4}{90}$. 设 $S(x) = \sum\limits_{n=1}^{\infty}\dfrac{x^{n-1}}{n^3}(x \in [-1,1])$, 计算积分 $\displaystyle\int_0^1 S(t)\mathrm{d}t$.

解 由于

$$\left|\frac{x^{n-1}}{n^3}\right| \leqslant \frac{1}{n^3}, \quad \forall x \in [-1,1], n = 1,2,\cdots$$

及 $\sum\limits_{n=1}^{\infty}\dfrac{1}{n^3}$ 收敛, 所以根据 M 判别法得 $\sum\limits_{n=1}^{\infty}\dfrac{x^{n-1}}{n^3}$ 在 $[-1,1]$ 上一致收敛于 $S(x)$.

又因为每项 $\dfrac{x^{n-1}}{n^3}$ 在 $[-1,1]$ 上连续, 所以根据定理 11.4.3 得

$$\int_0^1 S(t)\mathrm{d}t = \sum_{n=1}^{\infty}\int_0^1 \frac{t^{n-1}}{n^3}\mathrm{d}t = \sum_{n=1}^{\infty}\frac{1}{n^4} = \frac{\pi^4}{90}. \qquad \square$$

例 2 设函数 $f(x) = \sum\limits_{n=1}^{\infty}\dfrac{1}{n^2 + n^3 x^2}$, 求 $f'(x)$.

解　令 $u_n(x) = \dfrac{1}{n^2 + n^3 x^2}(n = 1, 2, \cdots)$，则显然 $u_n(x)$ 在 $(-\infty, +\infty)$ 内连续可导. 由于 $\left| \dfrac{1}{n^2 + n^3 x^2} \right| \leqslant \dfrac{1}{n^2}(x \in (-\infty, +\infty))$ 及 $\displaystyle\sum_{n=1}^{\infty} \dfrac{1}{n^2}$ 收敛, 所以 $\displaystyle\sum_{n=1}^{\infty} \dfrac{1}{n^2 + n^3 x^2}$ 在 $(-\infty, +\infty)$ 内收敛.

又因为

$$\left| u_n'(x) \right| = \left| \frac{-2n^3 x}{(n^2 + n^3 x^2)^2} \right| = \frac{1}{n^{3/2}(1 + nx^2)} \cdot \frac{2\sqrt{n}|x|}{1 + nx^2} \leqslant \frac{1}{n^{3/2}}, \quad x \in (-\infty, +\infty)$$

及 $\displaystyle\sum_{n=1}^{\infty} \dfrac{1}{n^{3/2}}$ 收敛, 所以根据 M 判别法得 $\displaystyle\sum_{n=1}^{\infty} u_n'(x)$ 在 $(-\infty, +\infty)$ 内一致收敛, 因此, 根据定理 11.4.4 得

$$f'(x) = \sum_{n=1}^{\infty} u_n'(x) = -\sum_{n=1}^{\infty} \frac{2x}{n(1 + nx^2)^2}, \quad x \in (-\infty, +\infty). \qquad \square$$

结束本节之前, 给出一个十分有趣的例子.

*例 3　对 Riemann ζ 函数 $\zeta(x) = \displaystyle\sum_{n=1}^{\infty} \dfrac{1}{n^x}$ 证明

(1) $\zeta(x)$ 在 $(1, +\infty)$ 内收敛, 但不一致收敛;

(2) $\zeta(x)$ 在 $(1, +\infty)$ 内连续;

(3) $\zeta(x)$ 在 $(1, +\infty)$ 内连续可导.

证明　(1) 注意到 $x > 1$, 它显然在 $(1, +\infty)$ 收敛, 因此, $\zeta(x)$ 在 $(1, +\infty)$ 上有定义. 用反证法证明 $\zeta(x)$ 在 $(1, +\infty)$ 内不一致收敛. 事实上, 假设级数 $\displaystyle\sum_{n=1}^{\infty} \dfrac{1}{n^x}$ 在 $(1, +\infty)$ 内一致收敛, 那么由 11.3 节的例 5 结果便可推出调和级数 $\displaystyle\sum_{n=1}^{\infty} \dfrac{1}{n}$ 收敛, 这是不可能的, 故 $\xi(x)$ 在 $(1, +\infty)$ 内不一致收敛.

(2) 对任意取定的 $x_0 \in (1, +\infty)$, 取 $\delta = \dfrac{1 + x_0}{2}$, 则 $\delta > 1$, 这时级数 $\displaystyle\sum_{n=1}^{\infty} \dfrac{1}{n^\delta}$ 收敛, 由于

$$\frac{1}{n^x} \leqslant \frac{1}{n^\delta}, \quad \delta \leqslant x < +\infty,$$

根据 M 判别法知 $\displaystyle\sum_{n=1}^{\infty} \dfrac{1}{n^x}$ 在 $[\delta, +\infty)$ 上一致收敛. 因而和函数 $\zeta(x)$ 在 $[\delta, +\infty)$ 上连续, 特别地, $\zeta(x)$ 在 x_0 处连续 (因为 $\delta < x_0 < +\infty$), 由 $x_0 > 1$ 的任意性知 $\zeta(x)$ 在 $(1, +\infty)$ 内连续.

(3) 对任意取定的 $x_0 > 1$, 同 (2) 一样, 取 $\delta = \dfrac{1 + x_0}{2}$, 则 $\delta > 1$, 这时逐项求导后的级数是 $\displaystyle\sum_{n=1}^{\infty} \left(-\dfrac{\ln n}{n^x} \right)$, 其中, 每项 $-\dfrac{\ln n}{n^x}$ 在 $(1, +\infty)$ 内连续, 由于

$$\left| \frac{\ln n}{n^x} \right| \leqslant \frac{\ln n}{n^\delta}, \quad \delta \leqslant x < +\infty,$$

而 $\sum\limits_{n=1}^{\infty} \dfrac{\ln n}{n^\delta}(\delta > 1)$ 收敛, 根据 M 判别法知 $\sum\limits_{n=1}^{\infty} \dfrac{\ln n}{n^x}$ 在 $[\delta, +\infty)$ 上一致收敛, 由定理 11.4.4 知 $\zeta(x)$ 可导且

$$\zeta'(x) = -\sum_{n=1}^{\infty} \frac{\ln n}{n^x}, \quad \delta \leqslant x < +\infty,$$

特别地, 上式在 $x_0 (> \delta)$ 处成立,

$$\zeta'(x_0) = -\sum_{n=1}^{\infty} \frac{\ln n}{n^{x_0}},$$

由 $x_0 > 1$ 的任意性, 就证明了

$$\zeta'(x) = -\sum_{n=1}^{\infty} \frac{\ln n}{n^x}, \quad 1 < x < +\infty. \qquad \square$$

注 级数 $\sum\limits_{n=1}^{\infty} \dfrac{1}{n^x}$ 在 $(1, +\infty)$ 内不一致收敛, 但其和函数 $\zeta(x)$ 在 $(1, +\infty)$ 内连续可导. 进一步, 类似于 (3) 的证明可知 $\zeta(x)$ 在 $(1, +\infty)$ 内任意次可导.

和函数的性质

思考题

1. 若连续函数项级数 $\sum\limits_{n=1}^{\infty} u_n(x)$ 在 (a, b) 内收敛于 $S(x)$, 并且在任何闭区间 $[\alpha, \beta] \subset [a, b]$ 上 $\sum\limits_{n=1}^{\infty} u_n(x)$ 为一致收敛. 试问 $S(x)$ 是否在 (a, b) 内连续?

2. 若在 $[a, b]$ 上函数项级数 $\sum\limits_{n=1}^{\infty} u_n(x)$ 收敛 (或一致收敛) 于 $S(x)$, 并且每一个 $u_n(x)$ 在 $[a, b]$ 上有连续的导函数, 能否断言 $S(x)$ 在 $[a, b]$ 上可导?

3. 举例说明定理 11.4.1, 定理 11.4.3, 定理 11.4.4 中的一致收敛不成立, 定理不真. 同样地, 举例说明定理 11.4.1, 定理 11.4.3, 定理 11.4.4 中的一致收敛不成立, 仍有结论成立.

习 题 11.4

1. 证明函数 $f(x) = \sum\limits_{n=1}^{\infty} \dfrac{1}{n^2} e^{-\frac{x^2}{n^2}}$ 在 $[0, +\infty)$ 上连续.

2. 证明 $\displaystyle\int_0^{2\pi} \left(\sum_{n=0}^{\infty} r^n \cos nx \right) dx = 2\pi (0 < r < 1)$.

3. 设 $S(x) = \sum\limits_{n=1}^{\infty} n e^{-nx} (x \in (0, +\infty))$, 计算积分 $\int_{\ln 2}^{\ln 3} S(t) dt$.

4. 设 $S(x) = \sum\limits_{n=1}^{\infty} \dfrac{\sin nx}{n^3} (x \in (-\infty, +\infty))$, 计算积分 $\int_{0}^{\pi} S(t) dt$.

5. 证明函数 $f(x) = \sum\limits_{n=1}^{\infty} \dfrac{\cos nx}{n^3}$ 在 $(-\infty, +\infty)$ 内连续且有连续的导函数, 并求 $f'(x)$.

___

6. 设函数 $f(x) = \sum\limits_{n=0}^{\infty} \dfrac{x^n}{3^n} \cos n\pi x^2$, 求 $\lim\limits_{x \to 1} f(x)$.

7. 证明函数 $f(x) = \sum\limits_{n=1}^{\infty} \dfrac{\sin nx}{n^4}$ 在 $(-\infty, +\infty)$ 内有连续的二阶导函数, 并求 $f''(x)$.

*11.5   处处不可微的连续函数

在第 4 章曾经证明可微必定连续, 反之不然, 并且存在处处不可微的连续函数, 下面利用函数项级数给出这种函数的例子. 第一个这样的例子是 Weierstrass 作出的, 下面的函数则是 Van der Waerden 于 1930 年给出的.

用 $u_0(x)$ 表示实数 x 与它接近的整数之差的绝对值, $u_0(x)$ 在每一个形如 $\left[\dfrac{j}{2}, \dfrac{j+1}{2}\right]$ (其中 j 是整数) 的区间上表示一段直线, 它是连续的并有周期 1, 其图形是图 11.5 所示的折线, 折线的每一段的斜率为 1 或 -1.

然后, 取
$$u_n(x) = \frac{u_0(4^n x)}{4^n}, \quad n = 1, 2, \cdots.$$

每一个这样的函数 $u_n(x)$ 在区间 $\left[\dfrac{j}{2 \cdot 4^n} \cdot \dfrac{j+1}{2 \cdot 4^n}\right]$ 上表示一段直线, 它也是连续的且以 $\dfrac{1}{4^n}$ 为周期. 它的图形是齿形更细的折线, 折线的每一段的斜率仍然为 1 或 -1, 图 11.6 是 $u_1(x)$ 的图形,

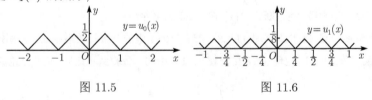

图 11.5   图 11.6

现在, 对任意取定的实数 x, 定义 $f(x) = \sum\limits_{n=0}^{\infty} u_n(x)$. 由于

$$0 \leqslant u_n(x) \leqslant \frac{1}{2 \cdot 4^n}, \quad n = 0, 1, 2, \cdots$$

及 $\sum\limits_{k=0}^{\infty}\dfrac{1}{2\cdot 4^n}$ 是收敛级数, 所以由 M 判别法可知级数在 $(-\infty,+\infty)$ 内一致收敛, 由

定理 11.4.1 知 $f(x)$ 是 $(-\infty,+\infty)$ 内连续函数. 现在取定任意的 $x=x_0$, 使

$$\frac{j_n}{2\cdot 4^n}\leqslant x_0<\frac{j_n+1}{2\cdot 4^n},$$

其中 j_n 是整数. 显然, 闭区间

$$\Delta_n=\left[\frac{j_n}{2\cdot 4^n},\frac{j_n+1}{2\cdot 4^n}\right],\quad n=0,1,2,\cdots$$

是一个套一个的, 在每一个这种区间上都可以找到 x_n, 使它与 x_0 的距离等于区间

长的一半, 即

$$|x_n-x_0|=\frac{1}{4^{n+1}}.$$

显然, $\lim\limits_{n\to\infty}x_n=x_0$.

再作改变量之比,

$$\frac{f(x_n)-f(x_0)}{x_n-x_0}=\sum_{k=0}^{\infty}\frac{u_k(x_n)-u_k(x_0)}{x_n-x_0},$$

当 $k>n$ 时, $\dfrac{1}{4^{n+1}}$ 是函数 $u_k(x)$ 的周期 $\dfrac{1}{4^k}$ 的整数倍, 所以 $u_k(x_n)=u_k(x_0)$, 级数

的对应项等于 0, 因而可以去掉. 如果 $k\leqslant n$, 那么 $u_k(x)$ 在 Δ_k 上是线性函数, 在

Δ_k 所包含的 Δ_n 上也是线性函数, 并且

$$\frac{u_k(x_n)-u_k(x_0)}{x_n-x_0}=\pm 1,\quad k=0,1,2,\cdots.$$

于是, 有

$$\frac{f(x_n)-f(x_0)}{x_n-x_0}=\sum_{k=0}^{n}(\pm 1),$$

也就是说, 当 n 为奇数时, 这个比值等于偶数, 当 n 为偶数时, 这个比值等于奇数.

这说明, 当 $n\to\infty$ 时, 改变量之比没有极限, 所以函数 $f(x)$ 在任何点不可微.

小　　结

本章主要讨论函数列和函数项级数的一致收敛性的判定及其性质.

1. 函数列 $\{f_n(x)\}$ 在点 x_0 的 (逐点) 收敛性是通过其对应的数列 $\{f_n(x_0)\}$ 的

收敛性来定义; 若函数列 $\{f_n(x)\}$ 在数集 $I\subset E$ 上每一点都收敛, 则称

$$f(x)=\lim_{n\to\infty}f_n(x),\quad x\in I$$

为函数列 $\{f_n(x)\}$ 在 I 上的极限函数.

2. 函数列 $\{f_n(x)\}$ 的一致收敛性. 如果对任意给定的 $\varepsilon > 0$, 存在正整数 $N = N(\varepsilon)$(仅依赖于 ε), 使对 $n > N$ 时有

$$|f_n(x) - f(x)| < \varepsilon, \quad \text{对所有的 } x \in I,$$

则称函数列 $\{f_n(x)\}$ 在集合 I 上一致收敛于函数 $f(x)$, 记作 $f_n(x) \rightrightarrows f(x)(n \to \infty, x \in I)$. 其几何意义: 对于任意给定的 $\varepsilon > 0$, 存在正整数 N, 一切序号大于 N 的整条曲线落在以曲线 $y = f(x) + \varepsilon$ 与 $y = f(x) - \varepsilon$ 为上、下边界的带形区域内.

3. 函数列 $\{f_n(x)\}$ 一致收敛性的判别准则

(1) 一致收敛的 Cauchy 准则 (定理 11.1.2).

(2) 余项定理 (定理 11.1.1).

4. 一致收敛函数列的性质

(1) 连续性定理 (定理 11.2.1).

(2) 可积性定理 (定理 11.2.3).

(3) 可导性定理 (定理 11.2.4).

在上述三定理中, 函数列 $\{f_n(x)\}$ 的一致收敛性仅是充分条件, 非必要条件.

5. 函数项级数 $\sum\limits_{n=1}^{\infty} u_n(x)(x \in E)$ 的收敛性与一致收敛性是通过其部分和函数列

$$S_n(x) = \sum_{k=1}^{n} u_k(x)$$

的收敛性与一致收敛性来定义, 如

$$\text{函数项级数} \sum_{n=1}^{\infty} u_n(x) \text{在数集} E \text{上一致收敛} \iff S_n(x) \rightrightarrows S(x), n \to \infty, x \in E.$$

6. 函数项级数 $\sum\limits_{n=1}^{\infty} u_n(x)$ 一致收敛性的判别准则

(1) 一致收敛的 Cauchy 准则 (定理 11.3.1).

(2) 余项定理 (定理 11.3.2).

(3) M 判别法 (定理 11.3.3).

(4) Dirichlet 判别法 (定理 11.3.4).

(5) Abel 判别法 (定理 11.3.5).

7. 和函数的分析性质

(1) 连续性定理 (定理 11.4.1).

(2) 逐项积分定理 (定理 11.4.3).

(3) 逐项求导定理 (定理 11.4.4).

同样地, 在上述三定理中, 函数项级数 $\sum\limits_{n=1}^{\infty} u_n(x)$ 的一致收敛性仅是充分条件, 非必要条件.

复 习 题

1. 设 $f_0(x)$ 在 $[0,1]$ 上连续, 令 $f_n(x) = \int_0^x f_{n-1}(t)\mathrm{d}t (n = 1, 2, \cdots)$, 证明函数列 $\{f_n(x)\}$ 在 $[0,1]$ 上一致收敛于 0.

2. 设 $f(x)$ 在开区间 (a,b) 内有连续的导函数 $f'(x)$ 且

$$f_n(x) = n\left[f\left(x + \frac{1}{n}\right) - f(x)\right].$$

证明在闭区间 $[\alpha, \beta] \subset (a, b)$ 上, $\{f_n(x)\}$ 一致收敛于 $f'(x)$.

3. 证明 (1) 如果 $\{f_n(x)\}$ 在 I 上一致收敛于 $f(x)$ 且 $f(x)$ 在 I 上有界, 则 $\{f_n(x)\}$ 至多除有限项之外在 I 上一致有界;

(2) 如果 $\{f_n(x)\}$ 在 I 上一致收敛于 $f(x)$, 并且对每个正整数 n, $f_n(x)$ 在 I 上有界, 则 $\{f_n(x)\}$ 在 I 上一致有界.

4. 设 $f(x)$ 为 $[0,1]$ 上的连续函数, 证明:

(1) $\{x^n f(x)\}$ 在 $[0,1]$ 上收敛;

(2) $\{x^n f(x)\}$ 在 $[0,1]$ 上一致收敛的充要条件是 $f(1) = 0$.

5. 设函数列 $\{f_n(x)\}$ 定义如下:

$$f_0(x) = \sqrt{x}, \quad f_n(x) = \sqrt{x f_{n-1}(x)}, \quad n = 1, 2, \cdots, x \in [0, 1].$$

证明 $\{f_n(x)\}$ 在 $[0,1]$ 上一致收敛.

6. 设 $S(x) = \sum\limits_{n=1}^{\infty} \frac{x^n}{2^n} \sin \frac{nx}{2} \left(x \in \left[0, \frac{3}{2}\right]\right)$. 证明 $\lim\limits_{x \to 1} S(x) = S(1)$.

7. 试确定函数项级数 $\sum\limits_{n=1}^{\infty} \left(x + \frac{1}{n}\right)^n$ 的收敛域, 并讨论和函数的连续性.

8. 设级数 $\sum\limits_{n=1}^{\infty} a_n$ 收敛, 证明:

$$\lim_{x \to 0^+} \sum_{n=1}^{\infty} \frac{a_n}{n^x} = \sum_{n=1}^{\infty} a_n.$$

9. 证明函数项级数 $\sum\limits_{n=1}^{\infty} x^n(1-x)^2$ 在 $[0,1]$ 上一致收敛, 但 $\sum\limits_{n=1}^{\infty} x^n(1-x)$ 在 $[0,1]$ 上不一致收敛.

10. 设函数 $u_n(x)(n = 0, 1, 2, \cdots)$ 都在区间 I 上有定义且满足

(1) $|u_0(x)| \leqslant M$;

(2) $\sum\limits_{n=0}^{m} |u_n(x) - u_{n+1}(x)| \leqslant M, \ m = 1, 2, \cdots,$

其中 M 为常数. 证明若级数 $\sum\limits_{n=1}^{\infty} a_n$ 收敛, 则函数项级数 $\sum\limits_{n=1}^{\infty} a_n u_n(x)$ 必在 I 上一致收敛.

11. 设 $\{a_n\}$ 是单调收敛于 0 的数列, 证明:

(1) $\sum\limits_{n=1}^{\infty} (-1)^{n-1} a_n \cos nx$ 在 $[-\pi + \delta, \pi - \delta](\delta > 0)$ 上一致收敛;

(2) $\sum\limits_{n=1}^{\infty} a_n x \sin nx$ 在 $[-\pi + \delta, \pi - \delta](\delta > 0)$ 上一致收敛.

12. 设 $\{na_n\}$ 是单调收敛于 0 的数列, 证明 $\sum\limits_{n=1}^{\infty} a_n \sin nx$ 在 $[\delta, 2\pi - \delta] \ (0 < \delta < \pi)$ 上一致收敛.

第12章 幂级数与 Fourier 级数

第 11 章讲述一般的函数项级数理论. 就具体运用到表示函数而言, 有两类特殊的函数项级数 (幂级数与三角级数) 是十分重要的. 幂级数是多项式的推广, 是 "无穷次" 多项式, 它的收敛域很特别, 是以某点为中心的区间, 而且在收敛区间内, 和函数是无穷次可微的. 三角级数是一种特殊形式的三角函数的 "无穷和", 有别于幂级数, 用三角级数表示的函数可以是不可微的, 甚至是不连续的. 因此, 能用三角级数表示的函数, 其范围比能用幂级数表示的函数广得多, 但是由于幂级数形式比较简单, 用起来十分方便. 故幂级数与三角级数两者各有所长, 不可互相替代.

本章将讨论幂级数与 Fourier 级数的各种性质以及建立初等函数展开成幂级数与 Fourier 级数的计算公式等问题.

12.1 幂级数的收敛域与和函数

12.1.1 幂级数的定义和收敛域

定义 12.1.1 形如

$$\sum_{n=0}^{\infty} a_n(x-x_0)^n = a_0 + a_1(x-x_0) + a_2(x-x_0)^2 + \cdots + a_n(x-x_0)^n + \cdots \quad (12.1.1)$$

的函数项级数称为**幂级数**, 其中常数 $a_n \in \mathbb{R}(n = 0, 1, \cdots)$ 称为**幂级数的系数**. 当 $x_0 = 0$ 时, 幂级数 (12.1.1) 变为

$$\sum_{n=0}^{\infty} a_n x^n = a_0 + a_1 x + a_2 x^2 + \cdots + a_n x^n + \cdots. \quad (12.1.2)$$

对这一简单情形 (12.1.2) 所作的讨论, 可以平行地推广到幂级数 (12.1.1).

幂级数的形式十分简单, 它的每一项都是整数次幂函数乘以常数, 并且它是按幂次严格递增排序的, 如

$$1 + x + x^2 + \cdots + x^n + \cdots,$$

$$1 - \frac{x^2}{2!} + \frac{x^4}{4!} + \cdots + (-1)^n \frac{x^{2n}}{(2n)!} + \cdots,$$

$$x - \frac{x^3}{3!} + \cdots + (-1)^{n+1} \frac{x^{2n-1}}{(2n-1)!} + \cdots$$

等都是幂级数, 虽然第 2, 3 个中并不是所有幂项都出现, 但是可以认为未出现的幂项的系数为零. 不过, 形如

$$1 + \sum_{n=1}^{\infty} (x^n - x^{n-1})$$

的函数项级数就不再认为是幂级数, 因为它的通项不是幂函数乘以常数.

对于给定的幂级数的收敛性, 有如下的 Abel 第一定理:

定理 12.1.1(Abel 第一定理)

(1) 若幂级数 $\sum_{n=0}^{\infty} a_n x^n$ 在 $x_1(\neq 0)$ 处收敛, 则对于满足不等式 $|x| < |x_1|$ 的一切 x, 幂级数 $\sum_{n=0}^{\infty} a_n x^n$ 都是绝对收敛;

(2) 若幂级数 $\sum_{n=0}^{\infty} a_n x^n$ 在 $x_2(\neq 0)$ 处发散, 则对于满足不等式 $|x| > |x_2|$ 的一切 x, 幂级数 $\sum_{n=0}^{\infty} a_n x^n$ 都发散.

证明   (1) 设幂级数 $\sum_{n=0}^{\infty} a_n x^n$ 在 $x_1 (\neq 0)$ 处收敛, 即级数 $\sum_{n=0}^{\infty} a_n x_1^n$ 收敛, 则有 $\lim_{n\to\infty} a_n x_1^n = 0$, 于是数列 $\{a_n x_1^n\}$ 有界, 即存在常数 $M > 0$, 使得

$$|a_n x_1^n| \leqslant M, \quad n = 0, 1, 2, \cdots.$$

故对任意给定的 x: $|x| < |x_1|$ 有

$$|a_n x^n| \leqslant \left| a_n x_1^n \left(\frac{x}{x_1} \right)^n \right| \leqslant M \left| \frac{x}{x_1} \right|^n, \quad n = 1, 2, \cdots,$$

由于级数 $\sum_{n=0}^{\infty} M \left| \frac{x}{x_1} \right|^n$ 收敛, 根据比较判别法知 $\sum_{n=0}^{\infty} a_n x^n$ 绝对收敛.

(2) 若幂级数 $\sum_{n=0}^{\infty} a_n x^n$ 在 $x_2 (\neq 0)$ 处发散. 对于 x: $|x| > |x_2|$, 要证其在 x 处发散. 用反证法. 若不然, 即它在 x 处收敛, 由 (1) 知该级数在 x_2 处绝对收敛, 这与条件矛盾. 故结论得证.   □

利用定理 12.1.1, 对于给定的幂级数 $\sum_{n=0}^{\infty} a_n x^n$, 令

$$R = \sup \left\{ |x| \,\middle|\, 幂级数 \sum_{n=0}^{\infty} a_n x^n 在 x 处收敛 \right\}.$$

注意到幂级数 $\sum\limits_{n=0}^{\infty} a_n x^n$ 在 $x = 0$ 处总是收敛的, 所以, 上面取上确界的数集非空, 因此, R 总有定义, 并且由定义知 $0 \leqslant R \leqslant +\infty$. 此时 R 称为幂级数 $\sum\limits_{n=0}^{\infty} a_n x^n$ 的**收敛半径**. 利用收敛半径, 定理 12.1.1 可以进一步表示为下面的定理.

定理 12.1.2 设幂级数 $\sum\limits_{n=0}^{\infty} a_n x^n$ 的收敛半径 $R > 0$, 则

(1) 幂级数 $\sum\limits_{n=0}^{\infty} a_n x^n$ 在区间 $(-R, R)$ 内每一点绝对收敛;

(2) 幂级数 $\sum\limits_{n=0}^{\infty} a_n x^n$ 在任意 $x \notin [-R, R]$ 处发散;

(3) 当 $x = \pm R$ 时, 幂级数 $\sum\limits_{n=0}^{\infty} a_n x^n$ 可能收敛, 也可能发散.

通常, 称开区间 $(-R, R)$ 为幂级数 $\sum\limits_{n=0}^{\infty} a_n x^n$ 的**收敛区间**. 注意, 在收敛区间端点, 即 $x = \pm R$, 幂级数 $\sum\limits_{n=0}^{\infty} a_n x^n$ 是否收敛要另行考察. 由收敛区间 $(-R, R)$, 再加上收敛端点得到的区间, 称之为幂级数 $\sum\limits_{n=0}^{\infty} a_n x^n$ 的**收敛域**. 由此推知若幂级数 $\sum\limits_{n=0}^{\infty} a_n x^n$ 的收敛半径为 $R > 0$, 则它的收敛域必是下列 4 种区间之一:

$$(-R, R), \quad [-R, R), \quad (-R, R], \quad [-R, R].$$

利用比值法和根值法, 对于给定的幂级数 $\sum\limits_{n=0}^{\infty} a_n x^n$, 可通过幂级数的系数得到其收敛半径.

定理 12.1.3 对于给定的幂级数 $\sum\limits_{n=0}^{\infty} a_n x^n$, 如果

$$\lim_{n \to \infty} \left| \frac{a_{n+1}}{a_n} \right| = \rho \tag{12.1.3}$$

或

$$\lim_{n \to \infty} \sqrt[n]{|a_n|} = \rho, \tag{12.1.4}$$

则其收敛半径 $R = \dfrac{1}{\rho}$ $\Big($ 这里约定 $\rho = 0$ 时, 定义 $\dfrac{1}{\rho} = +\infty$; $\rho = +\infty$ 时, 定义 $\dfrac{1}{\rho} = 0 \Big)$.

证明　只证明 (12.1.4) 式成立的情况, 类似可以证明 (12.1.3) 式成立的情况.

当 $|x| < \dfrac{1}{\rho}$ 时,

$$\lim_{n \to \infty} \sqrt[n]{|a_n||x|^n} = \rho|x| < 1,$$

由根值法知函数项级数 $\displaystyle\sum_{n=0}^{\infty} |a_n x^n|$ 收敛, 于是级数 $\displaystyle\sum_{n=0}^{\infty} a_n x^n$ 收敛, 所以 $R \geqslant \dfrac{1}{\rho}$.

当 $|x| > \dfrac{1}{\rho}$ 时, 则

$$\lim_{n \to \infty} \sqrt[n]{|a_n||x|^n} = \rho|x| > 1,$$

同样地, 由根值法的证明知 $\displaystyle\lim_{n \to \infty} a_n x^n \neq 0$, 所以级数 $\displaystyle\sum_{n=0}^{\infty} a_n x^n$ 发散, 因此 $R \leqslant \dfrac{1}{\rho}$,

故 $R = \dfrac{1}{\rho}$. □

例 1　求幂级数 $\displaystyle\sum_{n=0}^{\infty} \dfrac{x^n}{n!}$ 的收敛域.

解　设 $a_n = \dfrac{1}{n!}$, 由于

$$\lim_{n \to \infty} \left| \frac{a_{n+1}}{a_n} \right| = \lim_{n \to \infty} \frac{1}{n+1} = 0,$$

由定理 12.1.3 知收敛半径 $R = +\infty$, 故原幂级数的收敛域为 $(-\infty, +\infty)$. □

例 2　求幂级数 $\displaystyle\sum_{n=1}^{\infty} \dfrac{1}{n2^n} x^n$ 的收敛半径与收敛域.

解　设 $a_n = \dfrac{1}{n2^n}$, 由于

$$\lim_{n \to \infty} \sqrt[n]{|a_n|} = \lim_{n \to \infty} \sqrt[n]{\frac{1}{n2^n}} = \frac{1}{2},$$

由定理 12.1.3 知其收敛半径 $R = 2$. 而当 $x = 2$ 时, 级数为 $\displaystyle\sum_{n=1}^{\infty} \dfrac{1}{n}$, 发散; 当 $x = -2$

时, 级数为 $\displaystyle\sum_{n=1}^{\infty} (-1)^n \dfrac{1}{n}$, 收敛, 故原幂级数的收敛域为 $[-2, 2)$. □

例 3　求幂级数 $\displaystyle\sum_{n=1}^{\infty} \dfrac{1}{n^2} (x-1)^{2n}$ 的收敛域.

解　设 $y = x - 1$, 则

$$\sum_{n=1}^{\infty} \frac{1}{n^2} (x-1)^{2n} = \sum_{n=1}^{\infty} \frac{1}{n^2} y^{2n}.$$

于是, 幂级数 $\sum\limits_{n=1}^{\infty} \dfrac{1}{n^2} y^{2n}$ 的奇次幂系数为 0, 因此, 不能直接利用定理 12.1.3 求收敛半径, 但可以用数项级数的根值法求收敛域. 对固定的 y, 令 $a_n = \dfrac{1}{n^2} y^{2n}$, 由于

$$\lim_{n\to\infty} \sqrt[n]{|a_n|} = \lim_{n\to\infty} \frac{1}{\sqrt[n]{n^2}} |y|^2 = |y|^2,$$

因此, 由根值法知当 $|y|^2 < 1$, 即 $|y| < 1$ 时, 级数绝对收敛; 当 $|y| > 1$ 时, 级数发散, 而当 $y = \pm 1$, 级数都收敛. 故幂级数 $\sum\limits_{n=1}^{\infty} \dfrac{1}{n^2} y^{2n}$ 的收敛域是 $[-1, 1]$, 从而幂级数 $\sum\limits_{n=1}^{\infty} \dfrac{1}{n^2} (x-1)^{2n}$ 的收敛域为 $[0, 2]$. □

注　若 $\lim\limits_{n\to\infty} \sqrt[n]{|a_n|}$ 不存在, 则有下面的定理:

*定理 12.1.4(Cauchy-Hadamand 定理)　对于给定的幂级数 $\sum\limits_{n=0}^{\infty} a_n x^n$, 如果

$$\varlimsup_{n\to\infty} \sqrt[n]{|a_n|} = \rho, \tag{12.1.5}$$

则其收敛半径 $R = \dfrac{1}{\rho}$ $\Big($ 同样地, 约定当 $\rho = 0$ 时, 定义 $\dfrac{1}{\rho} = +\infty$; 当 $\rho = +\infty$ 时, 定义 $\dfrac{1}{\rho} = 0 \Big)$.

适当修改定理 12.1.3 的证明, 就可得到定理 12.1.4 的证明, 从略.

注　由于 (12.1.5) 式总存在, 所以任一幂级数 $\sum\limits_{n=0}^{\infty} a_n x^n$ 可由 (12.1.5) 式得到它的收敛半径.

*例 4　求幂级数

$$1 + \frac{x}{3} + \frac{x^2}{2^2} + \frac{x^3}{3^3} + \frac{x^4}{2^4} + \cdots + \frac{x^{2n-1}}{3^{2n-1}} + \frac{x^{2n}}{2^{2n}} + \cdots$$

的收敛半径与收敛域.

解　由于

$$a_{2n} = \frac{1}{2^{2n}}, \quad a_{2n+1} = \frac{1}{3^{2n+1}}, \quad n = 0, 1, \cdots,$$

所以

$$\varlimsup_{n\to\infty} \sqrt[n]{|a_n|} = \frac{1}{2},$$

从而, 由定理 12.1.5 知收敛半径 $R = 2$. 由于 $x = \pm 2$ 时, 所得两个级数均发散, 故原幂级数的收敛域为 $(-2, 2)$. □

12.1.2　幂级数和函数的分析性质

设幂级数 $\sum\limits_{n=0}^{\infty} a_n x^n$ 的收敛半径 $R > 0$, 则它在其收敛区间内确定了一个和函数 $S(x)$, 即

$$S(x) = \sum_{n=0}^{\infty} a_n x^n, \quad x \in (-R, R).$$

为了讨论和函数 $S(x)$ 的分析性质, 首先要讨论幂级数 $\sum\limits_{n=0}^{\infty} a_n x^n$ 的一致收敛性. 一般来说, 幂级数 $\sum\limits_{n=0}^{\infty} a_n x^n$ 在其收敛域内未必一致收敛. 例如, 幂级数 $\sum\limits_{n=0}^{\infty} x^n$ 在收敛域 $(-1, 1)$ 内并不一致收敛, 但有下面的定理:

定理 12.1.5(Abel 第二定理)

(1) 若幂级数 $\sum\limits_{n=0}^{\infty} a_n x^n$ 的收敛半径 $R > 0$, 则对任意取定的 $r \in (0, R)$, 它在 $[-r, r]$ 上一致收敛;

(2) 若幂级数 $\sum\limits_{n=0}^{\infty} a_n x^n$ 的收敛半径 $R > 0$ 且它在 $x = R$ 处收敛, 则它在 $[0, R]$ 上一致收敛;

(3) 若幂级数 $\sum\limits_{n=0}^{\infty} a_n x^n$ 的收敛半径 $R > 0$ 且它在 $x = -R$ 处收敛, 则它在 $[-R, 0]$ 上一致收敛.

证明　(1) 由于

$$|a_n x^n| \leqslant |a_n r^n|, \quad |x| \leqslant r$$

及 $\sum\limits_{n=0}^{\infty} |a_n r^n|$ 收敛, 所以根据 M 判别法知幂级数 $\sum\limits_{n=0}^{\infty} a_n x^n$ 在 $[-r, r]$ 上一致收敛.

(2) 已知 $\sum\limits_{n=1}^{\infty} a_n R^n$ 收敛, 易证它在 $[0, R]$ 上一致收敛, 而

$$\sum_{n=0}^{\infty} a_n x^n = \sum_{n=0}^{\infty} a_n R^n \left(\frac{x}{R} \right)^n,$$

其中 $\left(\dfrac{x}{R} \right)^n$ 对任意 $x \in [0, R]$ 关于 n 单调递减且

$$\left| \frac{x}{R} \right|^n \leqslant 1, \quad \forall x \in [0, R], n = 0, 1, 2, \cdots,$$

根据一致收敛的 Abel 判别法知幂级数 $\sum\limits_{n=0}^{\infty} a_n x^n$ 在 $[0, R]$ 上一致收敛.

(3) 的证明与 (2) 类似, 故省略证明. □

由定理 12.1.5(1) 可见, 尽管幂级数 $\sum\limits_{n=0}^{\infty} a_n x^n$ 在其收敛域内不一定一致收敛, 但是在它的收敛域内的任何闭子区间上都一致收敛. 幂级数的这个性质称为**内闭一致收敛**.

定理 12.1.6(连续性) 若幂级数 $\sum\limits_{n=0}^{\infty} a_n x^n$ 的收敛半径为 $R > 0$, 则它的和函数 $S(x)$ 在 $(-R, R)$ 内连续.

证明 对任意取定的 $x \in (-R, R)$, 存在 $r > 0$, 使 $x \in (-r, r) \subset (-R, R)$. 由定理 12.1.5 知, 幂级数在 $[-r, r]$ 上一致收敛, 又因为每项 $a_n x^n$ 都在 $[-r, r]$ 上连续, 所以由定理 11.4.1 知和函数 $S(x)$ 在 $[-r, r]$ 上连续, 特别在 x 处连续. 故由 x 的任意性得, 和函数 $S(x)$ 在 $(-R, R)$ 内连续. □

推论 12.1.1 若幂级数 $\sum\limits_{n=0}^{\infty} a_n x^n$ 的收敛半径为 $R > 0$, 并且它在 $x = R$ 处收敛, 则它的和函数 $S(x)$ 在 $[0, R]$ 上连续. 特别地,

$$\lim_{x \to R^-} \sum_{n=0}^{\infty} a_n x^n = \sum_{n=0}^{\infty} a_n R^n.$$

这是定理 12.1.5(2) 的直接推论.

注 推论 12.1.1 对 $x = -R$ 有类似的结论.

定理 12.1.7(逐项求导与逐项积分) 若幂级数 $\sum\limits_{n=0}^{\infty} a_n x^n$ 的收敛半径为 $R > 0$, 和函数为 $S(x)$, 即

$$S(x) = \sum_{n=0}^{\infty} a_n x^n = a_0 + a_1 x + a_2 x^2 + \cdots + a_n x^n + \cdots, \quad -R < x < R, \quad (12.1.6)$$

则幂级数在收敛区间内可以逐项求导与逐项积分, 即

$$S'(x) = \left(\sum_{n=0}^{\infty} a_n x^n \right)' = \sum_{n=1}^{\infty} n a_n x^{n-1}$$

$$= a_1 + 2a_2 x + \cdots + n a_n x^{n-1} + \cdots, \quad -R < x < R \quad (12.1.7)$$

和

$$\int_0^x S(t) \mathrm{d}t = \int_0^x \left(\sum_{n=0}^{\infty} a_n t^n \right) \mathrm{d}t = \sum_{n=0}^{\infty} \frac{a_n}{n+1} x^{n+1}$$

$$= a_0 x + \frac{a_1}{2} x^2 + \cdots + \frac{a_n}{n+1} x^{n+1} + \cdots, \quad -R < x < R \quad (12.1.8)$$

且 (12.1.7) 式和 (12.1.8) 式中的幂级数收敛半径仍然是 R.

证明　首先证明幂级数经逐项求导与逐项积分, 收敛半径不变. 为此只需证明 (12.1.6) 式和 (12.1.7) 式中的幂级数有相同的收敛半径, 而 (12.1.6) 式和 (12.1.8) 式中的幂级数有相同的收敛半径可类似证明.

已知 (12.1.6) 式的收敛半径为 R, 设 (12.1.7) 式的收敛半径为 R'. 任意取定 $x_0 \in (-R, R)$, 这时存在 $R'' > 0$, 使得 $|x_0| < R'' < R$, 于是 $\sum\limits_{n=0}^{\infty} a_n R''^n$ 绝对收敛. 注意到

$$|n a_n x_0^{n-1}| = |a_n R''^n| \left| \frac{n x_0^{n-1}}{R''^n} \right|$$

及

$$\lim_{n \to \infty} \frac{|n x_0^{n-1}|}{R''^n} = \lim_{n \to \infty} \frac{n}{R''} \left| \frac{x_0}{R''} \right|^{n-1} = 0,$$

所以存在 $M > 0$, 使

$$\left| \frac{n x_0^{n-1}}{R''^n} \right| \leqslant M, \quad n = 1, 2, \cdots.$$

因此

$$|n a_n x_0^{n-1}| \leqslant M |a_n R''^n|, \quad n = 1, 2, \cdots,$$

故根据比较判别法知 $\sum\limits_{n=1}^{\infty} n a_n x_0^{n-1}$ 绝对收敛, 于是 $R' \geqslant R > 0$.

反之, 对任意的 $x_0 \in (-R', R')$ 有 $\sum\limits_{n=1}^{\infty} n a_n x_0^{n-1}$ 绝对收敛. 由

$$|a_n x_0^n| \leqslant |x_0| |n a_n x_0^{n-1}|,$$

于是根据比较判别法知 $\sum\limits_{n=0}^{\infty} a_n x_0^n$ 绝对收敛, 所以 $R' \leqslant R$, 因此 $R' = R$.

由定理 12.1.5 与函数项级数逐项求导与逐项积分定理得对任意的 $x \in (-R, R)$, (12.1.7) 式中幂级数收敛到 $S'(x)$, (12.1.8) 式中幂级数收敛到 $\int_0^x S(t) \mathrm{d}t$, 　　□

注　需要指出的是, 虽然幂级数经逐项求导与逐项积分后, 收敛半径不变. 但级数在收敛区间端点的收敛性质可能改变. 例如, 幂级数 $\sum\limits_{n=1}^{\infty} \frac{x^n}{n^2}$ 在收敛区间的两个端点都收敛, 其逐项求导后仅在一个端点收敛, 而其两次逐项求导后则在两端点都不收敛了.

重复应用定理 12.1.7, 便得如下定理:

定理 12.1.8 若幂级数 $\sum\limits_{n=0}^{\infty} a_n x^n$ 的收敛半径为 $R > 0$, 则其和函数 $S(x)$ 在 $(-R, R)$ 内任意次可导, 并且 $S^{(k)}(x)$ 等于 $\sum\limits_{n=0}^{\infty} a_n x^n$ 逐项求导 k 次所得的幂级数,

$$S^{(k)}(x) = \sum_{n=k}^{\infty} n(n-1)\cdots(n-k+1) a_n x^{n-k}, \quad -R < x < R.$$

由定理 12.1.8 可得

推论 12.1.2 设 $S(x)$ 为幂级数 $\sum\limits_{n=0}^{\infty} a_n x^n$ 在 $x = 0$ 的某邻域内的和函数, 则幂级数的系数与 $S(x)$ 在 $x = 0$ 处的各阶导数有如下关系:

$$a_0 = S(0), \quad a_n = \frac{S^{(n)}(0)}{n!}, n = 1, 2, \cdots.$$

推论 12.1.2 表明, 若幂级数 $\sum\limits_{n=0}^{\infty} a_n x^n$ 在收敛区间 $(-R, R)$ 内的和函数是 $S(x)$, 则幂级数由 $S(x)$ 在 $x = 0$ 处的各阶导数唯一确定.

由定理 12.1.1～ 定理 12.1.8 可以看到幂级数 $\sum\limits_{n=0}^{\infty} a_n x^n$ 具有以下的性质:

(1) 收敛域是以原点为中心的区间 (可能是开区间、闭区间、半开半闭区间, 特殊情形可能是 $\mathbb{R}$ 或退化为原点);

(2) 每个幂级数都存在一收敛半径 R $(0 \leqslant R \leqslant +\infty)$. 当 $R > 0$ 时, 幂级数在 $(-R, R)$ 内绝对收敛, 在 $|x| > R$ 发散, 但在 $x = \pm R$ 处, 其收敛性要具体分析;

(3) 设幂级数收敛半径为 $R > 0$, 则幂级数在区间 $(-R, R)$ 内内闭一致收敛, 其和函数 $S(x)$ 在区间 $(-R, R)$ 内连续; 幂级数在收敛区间内可逐项求导与逐项积分且收敛半径不变; 幂级数在收敛区间内所表示的函数可任意次求导.

所有上述讨论对幂级数 $\sum\limits_{n=0}^{\infty} a_n (x - x_0)^n$ $(x_0 \neq 0)$ 都有类似的结果, 这时收敛区间为 $(x_0 - R, x_0 + R)$.

利用幂级数在收敛区间内可逐项求导与逐项积分, 可求出一些幂级数的和函数.

例 5 求下列幂级数的和函数:

(1) $\sum\limits_{n=1}^{\infty} (-1)^{n-1} \dfrac{x^n}{n}$; (2) $\sum\limits_{n=0}^{\infty} (n+1) x^n$.

解　(1) 不难计算它的收敛半径为 1. 设它的和函数是 $S(x)$, 即对任意取定的 $x \in (-1, 1)$ 有

$$S(x) = \sum_{n=1}^{\infty} (-1)^{n-1} \frac{x^n}{n} = x - \frac{x^2}{2} + \frac{x^3}{3} - \cdots.$$

于是根据定理 12.1.7, 逐项求导得

$$S'(x) = 1 - x + x^2 - \cdots + (-1)^{n-1} x^{n-1} + \cdots = \frac{1}{1+x}.$$

任意取定 $x \in (-1, 1)$, 对上式两端从 0 到 x 积分有

$$S(x) - S(0) = \int_0^x S'(t)\mathrm{d}t = \int_0^x \frac{\mathrm{d}t}{1+t} = \ln(1+x).$$

注意到 $S(0) = 0$, 所以 $S(x) = \ln(1+x)$, 即对任意的 $x \in (-1, 1)$,

$$\ln(1+x) = x - \frac{x^2}{2} + \frac{x^3}{3} - \cdots + (-1)^{n-1} \frac{x^n}{n} + \cdots.$$

由于幂级数 $\sum_{n=1}^{\infty} (-1)^{n-1} \frac{x^n}{n}$ 在 $x = 1$ 处收敛, 所以根据推论 12.1.1, 当 $x = 1$ 时,

$$\ln 2 = 1 - \frac{1}{2} + \frac{1}{3} - \frac{1}{4} + \cdots + (-1)^{n-1} \frac{1}{n} + \cdots.$$

(2) 不难计算它的收敛半径为 1. 设它的和函数是 $S(x)$, 则对任意取定的 $x \in (-1, 1)$,

$$S(x) = \sum_{n=0}^{\infty} (n+1) x^n = 1 + 2x + 3x^2 + 4x^3 + \cdots.$$

于是根据定理 12.1.7, 逐项积分得

$$\int_0^x S(t)\mathrm{d}t = \sum_{n=0}^{\infty} (n+1) \int_0^x t^n \mathrm{d}t = x + x^2 + x^3 + \cdots = \frac{x}{1-x}.$$

对上式两端求导,

$$S(x) = \frac{1}{(1-x)^2},$$

即对任意给定的 $x \in (-1, 1)$,

$$\frac{1}{(1-x)^2} = \sum_{n=0}^{\infty} (n+1) x^n. \qquad \square$$

特别地, 在上式中令 $x = \frac{1}{2}$ 得

$$\sum_{n=0}^{\infty} \frac{n+1}{2^n} = 4.$$

幂级数的求和

12.1.3 幂级数的运算

在讨论幂级数的运算之前, 先给出两个幂级数

$$\sum_{n=0}^{\infty} a_n x^n = a_0 + a_1 x + \cdots + a_n x^n + \cdots \tag{12.1.9}$$

与

$$\sum_{n=0}^{\infty} b_n x^n = b_0 + b_1 x + \cdots + b_n x^n + \cdots \tag{12.1.10}$$

相等的定义.

定义 12.1.2 若幂级数 (12.1.9) 和 (12.1.10) 在 $x = 0$ 的某邻域内有相等的和函数, 则称这两个幂级数在这邻域内**相等**.

定理 12.1.9 若幂级数 (12.1.9) 和 (12.1.10) 在 $x = 0$ 的某邻域内相等, 则它们同次幂项的系数相等, 即

$$a_n = b_n, \quad n = 0, 1, 2, \cdots.$$

定理 12.1.9 的结论可由推论 12.1.2 直接得到.

根据定理 12.1.9 还可以证明若幂级数 $\sum_{n=0}^{\infty} a_n x^n$ 的和函数为奇 (偶) 函数, 则 $\sum_{n=0}^{\infty} a_n x^n$ 中不出现偶 (奇) 次幂的项.

定理 12.1.10 若幂级数 (12.1.9) 和 (12.1.10) 的收敛半径分别是 R_a 和 R_b, 则有

$$\lambda \sum_{n=0}^{\infty} a_n x^n = \sum_{n=0}^{\infty} \lambda a_n x^n, \quad |x| < R_a,$$

$$\sum_{n=0}^{\infty} a_n x^n \pm \sum_{n=0}^{\infty} b_n x^n = \sum_{n=0}^{\infty} (a_n \pm b_n) x^n, \quad |x| < \min\{R_a, R_b\}$$

和

$$\left(\sum_{n=0}^{\infty} a_n x^n \right) \left(\sum_{n=0}^{\infty} b_n x^n \right) = \sum_{n=0}^{\infty} c_n x^n, \quad |x| < \min\{R_a, R_b\},$$

其中 λ 为常数, $c_n = \sum_{k=0}^{n} a_k b_{n-k}$.

定理 12.1.10 的证明可由数项级数的相应性质推出.

思考题

1. 幂级数 $\sum_{n=0}^{\infty} a_n x^n$ 的收敛域有什么特点? 若幂级数 $\sum_{n=0}^{\infty} a_n(x-x_0)^n$ 在两点 a, b $(a < b)$ 收敛, 试问它是否在区间 $[a, b]$ 上收敛?

2. 幂级数 $\sum_{n=0}^{\infty} a_n x^n$ 的收敛半径如何计算? 试举出幂级数的例子, 使它分别满足下面的要求:

(1) 在收敛区间的两个端点处都收敛;

(2) 在一个端点处收敛, 而在另一个端点处发散;

(3) 在两个端点处都发散.

3. 幂级数在其收敛区间内是否必一致收敛, 为什么?

4. 设幂级数 $\sum_{n=0}^{\infty} a_n x^n$ 的收敛半径为 $R > 0$, 试问在什么条件下下式成立:

$$\int_0^R \left(\sum_{n=0}^{\infty} a_n x^n \right) \mathrm{d}x = \sum_{n=0}^{\infty} \frac{a_n}{n+1} R^{n+1}.$$

5. 幂级数 $\sum_{n=0}^{\infty} a_n x^n$, $\sum_{n=1}^{\infty} n a_n x^n$, $\sum_{n=0}^{\infty} \frac{a_n}{n+1} x^n$ 有相同的收敛区间与收敛域吗?

6. 求幂级数的和函数有些什么方法?

习　题　12.1

1. 求下列幂级数的收敛半径和收敛域:

(1) $\sum_{n=1}^{\infty} n^2 \cdot 3^n x^n$;　　　　　　　　　(2) $\sum_{n=1}^{\infty} \frac{x^n}{n+1}$;

(3) $\sum_{n=1}^{\infty} \frac{(2n)!}{(n!)^2} x^n$;　　　　　　　　(4) $\sum_{n=1}^{\infty} \frac{x^n}{2^{n^2}}$;

(5) $\sum_{n=1}^{\infty} \frac{(x+1)^{2n+1}}{n+1}$;　　　　　　(6) $\sum_{n=1}^{\infty} \frac{5^n + (-3)^n}{n(n+1)}(x-2)^n$;

(7) $\sum_{n=1}^{\infty} \left(1 + \frac{1}{3} + \cdots + \frac{1}{2n-1} \right) x^n$;　　(8) $\sum_{n=1}^{\infty} \frac{x^{n^2}}{3^n}$.

2. 证明 $y = \sum_{n=0}^{\infty} \frac{x^{3n}}{(3n)!}$ 满足方程 $y^{(3)} = y$.

3. 求下列幂级数的和函数 (并指出它们的定义域):

(1) $x + \dfrac{x^2}{2} + \dfrac{x^3}{3} + \cdots + \dfrac{x^n}{n} + \cdots$;

(2) $x + 3x^3 + 5x^5 + \cdots + (2n-1)x^{2n-1} + \cdots$;

(3) $1 \cdot 2x + 2 \cdot 3x^2 + \cdots + n(n+1)x^n + \cdots$;

(4) $\dfrac{x}{1 \cdot 2 \cdot 3} + \dfrac{x^2}{2 \cdot 3 \cdot 4} + \cdots + \dfrac{x^n}{n(n+1)(n+2)} + \cdots$.

4. 应用幂级数的性质求下列级数的和:

(1) $\displaystyle\sum_{n=1}^{\infty} (-1)^{n-1} \dfrac{n^2}{3^n}$; (2) $\displaystyle\sum_{n=1}^{\infty} \dfrac{1}{n2^n}$; (3) $\displaystyle\sum_{n=0}^{\infty} \dfrac{n}{2^n}$; (4) $\displaystyle\sum_{n=1}^{\infty} \dfrac{n^2}{3^n}$.

5. 设幂级数 $\displaystyle\sum_{n=0}^{\infty} a_n x^n$ 在 $|x| < R$ 内收敛于 $f(x)$. 如果级数 $\displaystyle\sum_{n=0}^{\infty} \dfrac{a_n}{n+1} R^{n+1}$ 收敛, 试证明

$$\int_0^R f(x)\mathrm{d}x = \lim_{u \to R^-} \int_0^u f(x)\mathrm{d}x = \sum_{n=0}^{\infty} \dfrac{a_n}{n+1} R^{n+1}.$$

6. 设 $f(x) = \displaystyle\sum_{n=1}^{\infty} a_n x^n$, $a_n > 0$, 收敛半径 $R = 1$ 且 $\displaystyle\lim_{x \to 1^-} f(x) = s$. 证明级数 $\displaystyle\sum_{n=1}^{\infty} a_n$ 收敛, 其和等于 s.

7. 设 $f(x) = \displaystyle\sum_{n=1}^{\infty} \dfrac{x^n}{n^2} (0 < x < 1)$. 证明对 $\forall x \in (0,1)$ 有

(1) $f(x) + f(1-x) + (\ln x)\ln(1-x) = C$ (常数);

(2) $C = f(1) = \displaystyle\sum_{n=1}^{\infty} \dfrac{1}{n^2}$.

12.2　函数的幂级数展开

由幂级数所具有的许多特殊性质不难想到把一个函数展成幂级数来研究其性质是方便的.

定义 12.2.1　如果幂级数 $\displaystyle\sum_{n=0}^{\infty} a_n(x-x_0)^n$ 在 $(x_0 - R, x_0 + R)$ 内收敛于 $f(x)$, 即

$$f(x) = \sum_{n=0}^{\infty} a_n(x-x_0)^n, \quad x_0 - R < x < x_0 + R,$$

则称 $f(x)$ 在 $(x_0 - R, x_0 + R)$ 内**可展开成幂级数**.

本节要讨论的问题是: 函数满足什么条件就可以展开成幂级数? 如果能展成幂级数, 如何求出它的幂级数展开式?

12.2.1　Taylor 级数与余项公式

假设函数 $f(x)$ 在 x_0 的某邻域 $U(x_0; R)$ 内可展成幂级数

$$f(x) = \sum_{n=0}^{\infty} a_n(x - x_0)^n,$$

也就是说, $\sum_{n=0}^{\infty} a_n(x - x_0)^n$ 在 x_0 的邻域 $U(x_0; R)$ 内的和函数是 $f(x)$. 根据幂级数的逐项可导性, $f(x)$ 必然在 $U(x_0; R)$ 内具有任意阶导数, 并且对任意取定的正整数 k,

$$f^{(k)}(x) = \sum_{n=k}^{\infty} n(n-1)\cdots(n-k+1)a_n(x - x_0)^{n-k}.$$

令 $x = x_0$ 得

$$a_k = \frac{f^{(k)}(x_0)}{k!}, \quad k = 0, 1, 2, \cdots.$$

于是

$$f(x) = \sum_{n=0}^{\infty} a_n(x - x_0)^n = \sum_{n=0}^{\infty} \frac{f^{(n)}(x_0)}{n!}(x - x_0)^n.$$

也就是说, 系数 a_n $(n = 0, 1, 2, \cdots)$ 均由函数 $f(x)$ 唯一确定. 称它们为 $f(x)$ 在 x_0 处的 **Taylor 系数**.

由上面的讨论, 得到如下定理:

定理 12.2.1(唯一性)　如果函数 $f(x)$ 在 x_0 的某邻域 $U(x_0; R)$ 内可展开成幂级数

$$f(x) = \sum_{n=0}^{\infty} a_n(x - x_0)^n,$$

则系数 a_n 满足

$$a_n = \frac{f^{(n)}(x_0)}{n!}, \quad n = 0, 1, 2, \cdots.$$

通常称

$$\sum_{n=0}^{\infty} \frac{f^{(n)}(x_0)}{n!}(x - x_0)^n = f(x_0) + f'(x_0)(x - x_0) + \cdots + \frac{f^{(n)}(x_0)}{n!}(x - x_0)^n + \cdots$$

为函数 $f(x)$ 在 x_0 处的 **Taylor 级数**. 特别地, 称

$$\sum_{n=0}^{\infty} \frac{f^{(n)}(0)}{n!}x^n = f(0) + f'(0)x + \cdots + \frac{f^{(n)}(0)}{n!}x^n + \cdots$$

为 $f(x)$ 的 **Maclaurin 级数**.

定理 12.2.1 说明若函数 $f(x)$ 在 $(x_0 - R, x_0 + R)$ 内能展开成 $x - x_0$ 的幂级数, 则此幂级数只能是 $f(x)$ 在 x_0 处的 Taylor 级数. 故定理 12.2.1 称为唯一性定理. 唯一性定理解决了如何求函数的幂级数展开式问题. 现在要问: 如果 $f(x)$ 在 x_0 的某邻域内具有任意阶导数, 是否存在正常数 ρ, 使得 $\sum\limits_{n=0}^{\infty} \dfrac{f^{(n)}(x_0)}{n!}(x - x_0)^n$ 在 $U(x_0; \rho)$ 内收敛于 $f(x)$? 下面的例子表明答案是否定的.

例 1 令

$$f(x) = \begin{cases} \mathrm{e}^{-\frac{1}{x^2}}, & x \neq 0, \\ 0, & x = 0. \end{cases}$$

当 $x \neq 0$ 时, 直接计算得

$$f'(x) = \frac{2}{x^3}\mathrm{e}^{-\frac{1}{x^2}},$$

$$f''(x) = \left(\frac{4}{x^6} - \frac{6}{x^4}\right)\mathrm{e}^{-\frac{1}{x^2}},$$

$$\cdots\cdots$$

$$f^{(k)}(x) = P_{3k}\left(\frac{1}{x}\right)\mathrm{e}^{-\frac{1}{x^2}},$$

$$\cdots\cdots$$

其中 $P_n(u)$ 是 u 的 n 次多项式.

运用 L'Hospital 法则, 可以依次求得

$$f'(0) = \lim_{x \to 0} \frac{f(x) - f(0)}{x - 0} = \lim_{x \to 0} \frac{1}{x}\mathrm{e}^{-\frac{1}{x^2}} = \lim_{t \to \infty} \frac{t}{\mathrm{e}^{t^2}} = 0,$$

$$f''(0) = \lim_{x \to 0} \frac{f'(x) - f'(0)}{x - 0} = \lim_{x \to 0} \frac{2}{x^4}\mathrm{e}^{-\frac{1}{x^2}} = 0,$$

$$\cdots\cdots$$

$$f^{(k)}(0) = \lim_{x \to 0} \frac{f^{(k-1)}(x) - f^{(k-1)}(0)}{x - 0} = \lim_{x \to 0} P_{3k-2}\left(\frac{1}{x}\right)\mathrm{e}^{-\frac{1}{x^2}} = 0,$$

$$\cdots\cdots$$

因此, 如果 $f(x)$ 在 $x = 0$ 的邻域内可展成 Taylor 级数, 则必须

$$f(x) = \sum_{n=0}^{\infty} \frac{f^{(n)}(0)}{n!}x^n$$

在 $x = 0$ 的邻域内成立. 但是, 注意到

$$\sum_{n=0}^{\infty} \frac{f^{(n)}(0)}{n!}x^n$$

在 $(-\infty, +\infty)$ 内收敛于和函数 $S(x) = 0$. 显然, 当 $x \neq 0$ 时, $S(x) \neq f(x)$. 因此, $f(x)$ 在 $x = 0$ 的邻域内不能展成幂级数.　　　　　　　　　　　　　　□

　　现在来回答函数 $f(x)$ 在什么条件下可以展开成幂级数. 为此, 先回顾在 5.4 节所得到的 **Taylor 公式**: 设 $f(x)$ 在 x_0 的某邻域 $U(x_0; R)$ 内有 $n+1$ 阶导数, 则

$$f(x) = \sum_{k=0}^{n} \frac{f^{(k)}(x_0)}{k!}(x - x_0)^k + R_n(x), \tag{12.2.1}$$

其中 $R_n(x)$ 是 n 阶 Taylor 公式的余项, 具有形式

$$R_n(x) = \frac{f^{(n+1)}(x_0 + \theta(x - x_0))}{(n+1)!}(x - x_0)^{n+1}, \quad 0 < \theta < 1,$$

$R_n(x)$ 的这一形式称为 **Lagrange 型余项**.

　　为了讨论初等函数的 Taylor 展开, 还需要给出 $R_n(x)$ 的积分形式.

*定理 12.2.2　设 $f(x)$ 在 x_0 的某邻域 $U(x_0; R)$ 内有 $n+1$ 阶导数, 则

$$f(x) = \sum_{k=0}^{n} \frac{f^{(k)}(x_0)}{k!}(x - x_0)^k + R_n(x), \quad x \in U(x_0; R),$$

其中

$$R_n(x) = \frac{1}{n!} \int_{x_0}^{x} f^{(n+1)}(t)(x - t)^n \mathrm{d}t.$$

证明　由表达式

$$R_n(x) = f(x) - \sum_{k=0}^{n} \frac{f^{(k)}(x_0)}{k!}(x - x_0)^k,$$

逐次对上式两端进行求导运算, 依次得到

$$R_n'(x) = f'(x) - \sum_{k=1}^{n} \frac{f^{(k)}(x_0)}{(k-1)!}(x - x_0)^{k-1},$$

$$R_n''(x) = f''(x) - \sum_{k=2}^{n} \frac{f^{(k)}(x_0)}{(k-2)!}(x - x_0)^{k-2},$$

$$\cdots\cdots$$

$$R_n^{(n)}(x) = f^{(n)}(x) - f^{(n)}(x_0),$$

$$R_n^{(n+1)}(x) = f^{(n+1)}(x).$$

令 $x = x_0$ 有

$$R_n(x_0) = R_n'(x_0) = R_n''(x_0) = \cdots = R_n^{(n)}(x_0) = 0.$$

逐次应用分部积分法可得

$$R_n(x) = R_n(x) - R_n(x_0) = \int_{x_0}^x R_n'(t)\mathrm{d}t$$

$$= \int_{x_0}^x R_n''(t)(x-t)\mathrm{d}t$$

$$= \frac{1}{2!} \int_{x_0}^x R'''(t)(x-t)^2 \mathrm{d}t$$

$$= \cdots$$

$$= \frac{1}{n!} \int_{x_0}^x R_n^{(n+1)}(t)(x-t)^n \mathrm{d}t$$

$$= \frac{1}{n!} \int_{x_0}^x f^{(n+1)}(t)(x-t)^n \mathrm{d}t.$$

故结论得证. □

注 对余项 $R_n(x)$ 的积分形式应用推广的积分第一中值定理, 考虑到当 $t \in [x_0, x]$(或 $[x, x_0]$) 时, $(x-t)^n$ 保持定号, 于是就有

$$R_n(x) = \frac{f^{(n+1)}(\xi)}{n!} \int_{x_0}^x (x-t)^n \mathrm{d}t \quad (\xi在x_0与x之间)$$

$$= \frac{f^{(n+1)}(x_0 + \theta(x-x_0))}{(n+1)!}(x-x_0)^{n+1}, \quad 0 \leqslant \theta \leqslant 1,$$

这就是已经知道的 Lagrange 型余项.

如果将 $f^{(n+1)}(t)(x-t)^n$ 看成一个函数, 应用积分第一中值定理, 则有

$$R_n(x) = \frac{f^{(n+1)}(\xi)(x-\xi)^n}{n!}(x-x_0) \quad (\xi在x_0与x之间)$$

$$= \frac{f^{(n+1)}(x_0 + \theta(x-x_0))}{n!}(1-\theta)^n(x-x_0)^{n+1}, \quad 0 \leqslant \theta \leqslant 1,$$

$R_n(x)$ 的这一形式称为 **Cauchy 型余项**.

现在假定讨论的函数 $f(x)$ 在 $U(x_0; R)$ 内具有任意阶导数, 也就是说, 上面的 Taylor 公式 (12.2.1) 对一切自然数 n 成立. 于是, 下面的定理 12.2.3 成立.

定理 12.2.3 设函数 $f(x)$ 在 $U(x_0; R)$ 内具有任意阶导数, 那么

$$f(x) = \sum_{n=0}^{\infty} \frac{f^{(n)}(x_0)}{n!}(x-x_0)^n, \quad x \in U(x_0; R)$$

的充分必要条件是

$$\lim_{n \to \infty} R_n(x) = 0, \quad x \in U(x_0; R).$$

这就是函数 $f(x)$ 可以展开成幂级数的条件. 对具体的函数, 可尝试用上述余项的某种形式, 验证

$$\lim_{n \to \infty} R_n(x) = 0, \quad \forall x \in U(x_0; R)$$

是否成立. 下面的定理 12.2.4 给出了函数 $f(x)$ 的 Taylor 级数收敛于它本身的充分条件.

定理 12.2.4　若 $f(x)$ 的各阶导数在 $(x_0 - R, x_0 + R)$ 内一致有界, 即存在 $M > 0$, 使

$$|f^{(n)}(x)| \leqslant M, \quad \forall x \in (x_0 - R, x_0 + R), n \in \mathbb{N}_+,$$

则 $f(x)$ 在 $(x_0 - R, x_0 + R)$ 内可以展开成 Taylor 级数, 即

$$f(x) = \sum_{n=0}^{\infty} \frac{f^{(n)}(x_0)}{n!}(x - x_0)^n, \quad x \in (x_0 - R, x_0 + R).$$

证明　利用 Lagrange 型余项, $\forall x \in (x_0 - R, x_0 + R)$, 有

$$0 \leqslant |R_n(x)| \leqslant \frac{|f^{(n+1)}(\xi)|}{(n+1)!}|x - x_0|^{n+1} \leqslant M\frac{|x - x_0|^{n+1}}{(n+1)!} \to 0, \quad n \to \infty,$$

其中 ξ 介于 x_0 与 x 之间, 所以

$$\lim_{n \to \infty} R_n(x) = 0, \quad \forall x \in (x_0 - R, x_0 + R),$$

故根据定理 12.2.3 得 $f(x)$ 在 $(x_0 - R, x_0 + R)$ 内可以展开成幂级数.　　□

12.2.2　几个常用的初等函数的幂级数展开

先通过讨论使余项 $R_n(x)$ 趋于 0 的 x 的范围, 导出几个常用的初等函数的幂级数展开式, 然后再介绍一般的初等函数展开成幂级数的基本方法.

1. e^x 的展开式

$$\mathrm{e}^x = \sum_{n=0}^{\infty} \frac{x^n}{n!} = 1 + x + \frac{1}{2!}x^2 + \cdots + \frac{1}{n!}x^n + \cdots, \quad x \in \mathbb{R}. \tag{12.2.2}$$

事实上, 令 $f(x) = \mathrm{e}^x$. 在 5.4 节, 得到 e^x 在 $x = 0$ 处的 Taylor 公式为

$$\mathrm{e}^x = 1 + x + \frac{1}{2!}x^2 + \cdots + \frac{1}{n!}x^n + R_n(x), \quad x \in \mathbb{R},$$

其中 $R_n(x)$ 表示 Lagrange 型余项,

$$R_n(x) = \frac{f^{(n+1)}(\theta x)}{(n+1)!}x^{n+1} = \frac{\mathrm{e}^{\theta x}}{(n+1)!}x^{n+1}, \quad 0 < \theta < 1.$$

由于

$$0 \leqslant |R_n(x)| \leqslant \frac{\mathrm{e}^{|x|}}{(n+1)!}|x|^{n+1} \to 0, \quad n \to \infty$$

对一切 $x \in \mathbb{R}$ 成立, 所以 $\lim\limits_{n \to \infty} R_n(x) = 0 (x \in \mathbb{R})$, 因此, 根据定理 12.2.3 得 e^x 的展开式 (12.2.2) 成立.

2. $\sin x$ 的展开式

$$\sin x = \sum_{n=0}^{\infty} \frac{(-1)^n}{(2n+1)!} x^{2n+1}$$

$$= x - \frac{1}{3!} x^3 + \frac{1}{5!} x^5 - \cdots + \frac{(-1)^n}{(2n+1)!} x^{2n+1} + \cdots, \quad x \in \mathbb{R}. \quad (12.2.3)$$

事实上, 由于

$$\left| \sin^{(n)} x \right| = \left| \sin \left(x + \frac{n\pi}{2} \right) \right| \leqslant 1, \quad x \in \mathbb{R}, n = 1, 2, \cdots,$$

所以根据定理 12.2.4 知 (12.2.3) 式成立.

同理可证

3. $\cos x$ 的展开式

$$\cos x = \sum_{n=0}^{\infty} \frac{(-1)^n}{(2n)!} x^{2n}$$

$$= 1 - \frac{1}{2!} x^2 + \frac{1}{4!} x^4 - \cdots + \frac{(-1)^n}{(2n)!} x^{2n} + \cdots, \quad x \in \mathbb{R}. \quad (12.2.4)$$

4. $(1+x)^\alpha (\alpha \in \mathbb{R})$ 的展开式

$$(1+x)^\alpha = 1 + \alpha x + \frac{\alpha(\alpha-1)}{2!} x^2 + \cdots$$
$$+ \frac{\alpha(\alpha-1)\cdots(\alpha-n+1)}{n!} x^n + \cdots, \quad x \in (-1,1). \quad (12.2.5)$$

* 事实上, 令 $f(x) = (1+x)^\alpha$. 直接计算得

$$f^{(n)}(x) = \alpha(\alpha-1)\cdots(\alpha-n+1)(1+x)^{\alpha-n},$$

因此

$$f^{(n)}(0) = \alpha(\alpha-1)\cdots(\alpha-n+1).$$

利用 Taylor 公式的 Cauchy 型余项有

$$R_n(x) = \frac{\alpha(\alpha-1)(\alpha-2)\cdots(\alpha-n)}{n!} x^{n+1} \left(\frac{1-\theta}{1+\theta x} \right)^n (1+\theta x)^{\alpha-1}, \quad 0 \leqslant \theta \leqslant 1.$$

因为当 $|x| < 1$ 时,

$$|1 + \theta x| \geqslant 1 - |\theta x| \geqslant 1 - \theta,$$

所以

$$\left|\frac{1-\theta}{1+\theta x}\right| \leqslant 1.$$

而

$$|(1+\theta x)^{\alpha-1}| \leqslant \max\{(1+|x|)^{\alpha-1}, (1-|x|)^{\alpha-1}\}.$$

因此

$$|R_n(x)| \leqslant \left|\frac{\alpha(\alpha-1)(\alpha-2)\cdots(\alpha-n)}{n!}x^{n+1}\right| \max\{(1+|x|)^{\alpha-1}, (1-|x|)^{\alpha-1}\}. \qquad (12.2.6)$$

令

$$a_n = \frac{\alpha(\alpha-1)(\alpha-2)\cdots(\alpha-n)}{n!}.$$

因为

$$\lim_{n\to\infty}\left|\frac{a_{n+1}}{a_n}\right| = \lim_{n\to\infty}\left|\frac{\alpha-n-1}{n+1}\right| = 1,$$

由比值法, 当 $|x|<1$ 时, 级数

$$\sum_{n=0}^{\infty}\frac{\alpha(\alpha-1)(\alpha-2)\cdots(\alpha-n)}{n!}x^{n+1}$$

绝对收敛, 因而其一般项趋于 0, 即

$$\lim_{n\to\infty}\frac{\alpha(\alpha-1)(\alpha-2)\cdots(\alpha-n)}{n!}x^{n+1} = 0,$$

再注意到 (12.2.6) 式, 这就证明了当 $|x|<1$ 时,

$$\lim_{n\to\infty}R_n(x) = 0.$$

故展开式 (12.2.5) 成立. □

*注　对于 (12.2.5) 式在端点 $x=\pm 1$ 处的收敛情况较复杂, 分几种情形讨论如下:

将 $x=\pm 1$ 代入 (12.2.5) 式, 并记所得到的数项级数为 $\sum\limits_{n=0}^{\infty}u_n$.

(1) 当 $\alpha\leqslant -1$ 时. 级数 $\sum\limits_{n=0}^{\infty}u_n$ 通项的绝对值为

$$|u_n| = \left|\frac{\alpha(\alpha-1)\cdots(\alpha-n+1)}{n!}\right| \geqslant \frac{1\cdot 2\cdot 3\cdots n}{n!} = 1,$$

因而 $\sum\limits_{n=0}^{\infty}u_n$ 发散, 即幂级数 (12.2.5) 的收敛域为 $(-1,1)$.

(2) 当 $-1 < \alpha < 0$ 时. 对于 $x = 1$, 级数 $\sum\limits_{n=0}^{\infty} u_n$ 为交错级数, 此时 $0 < \dfrac{|\alpha - n|}{n+1} < 1$, 所以

$$|u_n| = \left| \frac{\alpha(\alpha - 1) \cdots (\alpha - n + 1)}{n!} \right|$$

$$> \left| \frac{\alpha(\alpha - 1) \cdots (\alpha - n + 1)(\alpha - n)}{(n+1)!} \right| = |u_{n+1}|,$$

并且

$$|u_n| = \left(1 - \frac{1+\alpha}{1} \right) \left(1 - \frac{1+\alpha}{2} \right) \cdots \left(1 - \frac{1+\alpha}{n-1} \right) \left(1 - \frac{1+\alpha}{n} \right)$$

$$= \prod_{k=1}^{n} \left(1 - \frac{1+\alpha}{k} \right) \to 0, \quad n \to \infty,$$

于是, 根据 Leibniz 判别法可知级数 $\sum\limits_{n=0}^{\infty} u_n$ 收敛.

对于 $x = -1$, 级数为正项级数, 此时

$$|u_n| = |\alpha| \left| \frac{-\alpha + 1}{1} \right| \left| \frac{-\alpha + 2}{2} \right| \cdots \left| \frac{-\alpha + n - 1}{n-1} \right| \frac{1}{n} \geqslant \frac{|\alpha|}{n},$$

由于 $\sum\limits_{n=1}^{\infty} \dfrac{|\alpha|}{n}$ 发散, 按比较判别法, 级数 $\sum\limits_{n=0}^{\infty} u_n$ 发散. 因此, 当 $-1 < \alpha < 0$ 时, 幂级数 (12.2.5) 的收敛域为 $(-1, 1]$.

(3) 当 $\alpha > 0$ 时. 对级数 $\sum\limits_{n=0}^{\infty} u_n$ 的通项取绝对值, 然后运用 Raabe 判别法,

$$\lim_{n \to \infty} n \left(\left| \frac{u_n}{u_{n+1}} \right| - 1 \right) = \lim_{n \to \infty} n \left(\left| \frac{n+1}{n-\alpha} \right| - 1 \right) = 1 + \alpha > 1,$$

可知级数 $\sum\limits_{n=0}^{\infty} u_n$ 绝对收敛, 即幂级数 (12.2.5) 的收敛域为 $[-1, 1]$.

归纳起来, 二项式展开的收敛情况如下:

(1) 当 $\alpha \leqslant -1$ 时, 收敛域为 $(-1, 1)$;

(2) 当 $-1 < \alpha < 0$ 时, 收敛域为 $(-1, 1]$;

(3) 当 $\alpha > 0$ 时, 收敛域为 $[-1, 1]$.

将给定的函数 $f(x)$ 在指定点的某邻域内展开成幂级数有**直接法**和**间接法**两种方法. 所谓**直接法**就是利用定理 12.2.3 写出幂级数, 然后再证明余项趋于 0. 因此, 用直接法需要计算函数 $f(x)$ 在展开点及其邻域内的所有高阶导数, 并证明余项趋于 0, 这往往是困难的工作. 因此, 一般情形下, 仅有少数不多的几个初等函数才方便采用直接法给出它们的幂级数展开式. (12.2.2) 式 ∼(12.2.5) 式所使用的方法就

属于直接法. 通常情况下, 更多采用**间接法**(只要不是用直接法就都是间接法) 将给定的函数 $f(x)$ 展开成幂级数. 间接法的理论基础是幂级数展开的唯一性定理 (定理 12.2.1), 根据这个定理不论用什么方法只要所得到的幂级数形式符合要求, 有正的收敛半径就是所需的幂级数展开式, 其中, 包括使用变量代换、幂级数的运算和逐项求导、逐项积分等方法. 下面用间接法求一些函数的展开式.

5. $\ln(1+x)$ 的展开式

$$\ln(1+x) = \sum_{n=1}^{\infty} (-1)^{n-1} \frac{1}{n} x^n$$

$$= x - \frac{1}{2}x^2 + \frac{1}{3}x^3 - \cdots + (-1)^{n-1}\frac{1}{n}x^n + \cdots, \quad x \in (-1, 1]. \quad (12.2.7)$$

事实上, 由于

$$\frac{1}{1+x} = \sum_{n=0}^{\infty} (-1)^n x^n, \quad x \in (-1, 1),$$

所以对任意 $x \in (-1, 1)$, 利用逐项积分有

$$\ln(1+x) = \int_0^x \frac{1}{1+t} dt = \sum_{n=1}^{\infty} (-1)^{n-1} \frac{1}{n} x^n.$$

又因为上式右边的幂级数在 $x = 1$ 时收敛, 所以由推论 12.1.1 得展开式 (12.2.7) 在 $x = 1$ 处也成立.

6. $\arctan x$ 的展开式

$$\arctan x = \sum_{n=0}^{\infty} (-1)^n \frac{1}{2n+1} x^{2n+1}$$

$$= x - \frac{1}{3}x^3 + \frac{1}{5}x^5 - \cdots + \frac{(-1)^n}{2n+1}x^{2n+1} + \cdots, \quad x \in [-1, 1]. \quad (12.2.8)$$

事实上, 由于

$$\frac{1}{1+x^2} = \sum_{n=0}^{\infty} (-1)^n x^{2n}, \quad x \in (-1, 1),$$

所以对任意 $x \in (-1, 1)$, 利用逐项积分有

$$\arctan x = \int_0^x \frac{1}{1+t^2} dt = \sum_{n=0}^{\infty} (-1)^n \frac{1}{2n+1} x^{2n+1}.$$

又因为上式右边的幂级数在 $x = \pm 1$ 时收敛, 所以由推论 12.1.1 得展开式 (12.2.8) 在 $x = \pm 1$ 也成立.

例 2 求 $f(x) = \dfrac{1}{3 + 5x - 2x^2}$ 在 $x = 0$ 处的幂级数展开.

解 由于

$$f(x) = \frac{1}{(3-x)(1+2x)} = \frac{1}{7}\left(\frac{1}{3-x} + \frac{2}{1+2x}\right),$$

$$\frac{1}{3-x} = \frac{1}{3}\frac{1}{1-\dfrac{x}{3}} = \frac{1}{3}\sum_{n=0}^{\infty}\left(\frac{x}{3}\right)^n, \quad x \in (-3, 3)$$

和

$$\frac{1}{1+2x} = \sum_{n=0}^{\infty}(-2x)^n, \quad x \in \left(-\frac{1}{2}, \frac{1}{2}\right),$$

所以

$$f(x) = \frac{1}{7}\left[\frac{1}{3}\sum_{n=0}^{\infty}\left(\frac{x}{3}\right)^n + 2\sum_{n=0}^{\infty}(-2x)^n\right]$$

$$= \sum_{n=0}^{\infty}\frac{1}{7}\left[\frac{1}{3^{n+1}} - (-2)^{n+1}\right]x^n, \quad -\frac{1}{2} < x < \frac{1}{2}. \qquad \Box$$

例 3 求 $f(x) = \dfrac{1}{x^2}$ 在 $x = 1$ 处的幂级数展开式.

解 当 $|x - 1| < 1$ 时,

$$\frac{1}{x} = \frac{1}{1+(x-1)} = \sum_{n=0}^{\infty}(-1)^n(x-1)^n.$$

对上述等式两边求导, 应用幂级数的逐项求导得

$$-\frac{1}{x^2} = \sum_{n=1}^{\infty}(-1)^n n(x-1)^{n-1},$$

于是

$$\frac{1}{x^2} = \sum_{n=0}^{\infty}(-1)^n(n+1)(x-1)^n, \quad x \in (0, 2). \qquad \Box$$

函数的幂级数展开

最后, 举例说明幂级数在近似计算中的运用.

例 4   计算 $I = \int_0^1 \mathrm{e}^{-x^2}\mathrm{d}x$, 要求精确到 0.0001.

解   由于无法将 e^{-x^2} 的原函数用初等函数表示出来, 因而不能用 Newton-Leibniz 公式直接计算定积分 $\int_0^1 \mathrm{e}^{-x^2}\mathrm{d}x$ 的值, 但是应用函数的幂级数展开, 可以计算出它的近似值, 并可以精确到任意事先要求的程度.

函数 e^{-x^2} 的幂级数展开式为

$$\mathrm{e}^{-x^2} = 1 - x^2 + \frac{x^4}{2!} - \frac{x^6}{3!} + \frac{x^8}{4!} - \cdots, \quad x \in \mathbb{R}.$$

从 0 到 1 逐项积分得

$$I = \int_0^1 \mathrm{e}^{-x^2}\mathrm{d}x = 1 - \frac{1}{3} + \frac{1}{10} - \frac{1}{42} + \frac{1}{216} - \frac{1}{1320} + \frac{1}{9360} - \frac{1}{75600} + \cdots,$$

这是一个 Leibniz 级数, 其误差不超过被舍去部分的第一项的绝对值 (见定理 10.3.2 的注 (2)). 由于

$$\frac{1}{75600} < 1.5 \times 10^{-5},$$

因此, 前面 7 项之和具有 4 位有效数字, 即

$$I = \int_0^1 \mathrm{e}^{-x^2}\mathrm{d}x \approx 0.7486. \qquad \square$$

思考题

1. 函数 $f(x)$ 在点 x_0 的 Taylor 展开式是怎样定义的? 函数 $f(x)$ 能展开成 Taylor 级数的充分必要条件是什么?

2. 如果 f 在点 x_0 的某邻域内有任意阶导数, f 能否在该邻域内展开成幂级数?

3. 如果 f 的 Taylor 级数在 $(-\infty, +\infty)$ 内处处收敛, 它是否一定收敛到 f 本身?

4. 若幂级数 $\sum\limits_{n=1}^{\infty} a_n x^n$ 在其收敛区间 $(-R, R)$ 内的和函数为 $f(x)$. 试问 f 能否在 $x = 0$ 处展开成 Taylor 级数? 若能展开, 其 Taylor 级数与原来的幂级数是否相同?

5. 求函数 $f(x)$ 在 x_0 处的 Taylor 展开式有些什么方法?

习　题　12.2

1. 应用间接法求下列函数的 Maclaurin 展开式, 并确定它收敛于该函数的区间:

(1) $\sin 3x$;　　　　　　　(2) $\dfrac{1}{x^2 - x - 2}$;

(3) $\sin^3 x$;　　　　　　　(4) $\dfrac{x}{\sqrt{1 - 3x}}$;

(5) $\arctan \dfrac{x+3}{x-3}$;　　　　(6) $(1 + x^2)\arctan x$;

(7) $\dfrac{1+x}{(1-x)(1+x^2)}$;　　　(8) $\displaystyle\int_0^x \dfrac{1 - \cos t}{t}\mathrm{d}t$.

2. 求下列函数在 $x = 2$ 处的 Taylor 展开式.

(1) $f(x) = \ln(x^2 - 9x + 20)$;　　　(2) $f(x) = \dfrac{1}{x}$.

3. 设 $f(x)$ 在 $(x_0 - R, x_0 + R)$ 内存在任意阶导数且存在 $M > 1$, 使

$$|f^{(n)}(x)| \leqslant M^n, \quad \forall x \in (x_0 - R, x_0 + R),$$

试证明 $f(x)$ 在 $(x_0 - R, x_0 + R)$ 内可以展开成 Taylor 级数.

---

4. 利用函数的幂级数展开式求如下级数的和:

$$1 - \frac{1}{2} + \frac{1}{2}\cdot\frac{3}{4} - \frac{1}{2}\cdot\frac{3}{4}\cdot\frac{5}{6} + \cdots.$$

5. 证明 $\displaystyle\int_0^1 x^{-x}\mathrm{d}x = \sum_{n=1}^{\infty} \dfrac{1}{n^n}$.

12.3　三角级数与 Fourier 级数

12.3.1　三角级数的概念

自然界中周期现象的数学描述就是周期函数. 最简单的周期现象, 如单摆的摆动等可用正弦函数

$$y = A\sin(\omega t + \varphi) \tag{12.3.1}$$

来描述. 由 (12.3.1) 式所表达的周期运动也称为**简谐振动**, 其中 A 为振幅, φ 为初相角, ω 为角频率. 于是简谐振动 y 的周期是 $T = \dfrac{2\pi}{\omega}$.

较为复杂的周期运动, 则常是 n 个简谐振动

$$y_k = A_k \sin(k\omega t + \varphi_k), \quad k = 1, 2, \cdots, n$$

的叠加

$$y = \sum_{k=1}^{n} y_k = \sum_{k=1}^{n} A_k \sin(k\omega t + \varphi_k). \qquad (12.3.2)$$

由于 y_k 的周期为 $\dfrac{T}{k}(k = 1, 2, \cdots, n)$, 所以函数 (12.3.2) 的周期为 T.

对无穷多个简谐振动进行叠加就得到函数项级数

$$A_0 + \sum_{n=1}^{\infty} A_n \sin(n\omega t + \varphi_n). \qquad (12.3.3)$$

若级数 (12.3.3) 收敛, 则它所描述的是更为一般的周期运动现象.

为了简单起见, 令 $x = \omega t$. 由于

$$\sin(nx + \varphi_n) = \sin \varphi_n \cos nx + \cos \varphi_n \sin nx,$$

所以

$$
\begin{aligned}
& A_0 + \sum_{n=1}^{\infty} A_n \sin(nx + \varphi_n) \\
={} & A_0 + \sum_{n=1}^{\infty} (A_n \sin \varphi_n \cos nx + A_n \cos \varphi_n \sin nx) \\
={} & \frac{a_0}{2} + \sum_{n=1}^{\infty} (a_n \cos nx + b_n \sin nx),
\end{aligned}
$$

其中 $A_0 = \dfrac{a_0}{2}$, $A_n \sin \varphi_n = a_n$, $A_n \cos \varphi_n = b_n$, $n = 1, 2, \cdots$.

称形如

$$\frac{a_0}{2} + \sum_{n=1}^{\infty} (a_n \cos nx + b_n \sin nx)$$

的函数项级数为**三角级数**, 其前 n 项的部分和

$$S_n(x) = \frac{a_0}{2} + \sum_{k=1}^{n} (a_k \cos kx + b_k \sin kx)$$

称为**三角多项式**.

三角级数是基于 $1, \cos x, \sin x, \cos 2x, \sin 2x, \cdots$ 这样一些周期为 2π 的三角函数所产生的一般形式的级数. 称

$$\{1, \cos x, \sin x, \cos 2x, \sin 2x, \cdots\} \qquad (12.3.4)$$

为三角函数系.

定义 12.3.1　若函数列 $\{\phi_n(x)\}$ 满足

(1) 每个函数 $\phi_n(x)$ 都在 $[a,b]$ 上可积, $n = 1, 2, \cdots$;

(2) $\displaystyle\int_a^b \phi_n(x)\phi_m(x)\mathrm{d}x = 0$, $n \neq m$,

则称函数列 $\{\phi_n(x)\}$ 为 $[a,b]$ 上的**正交函数系**.

定理 12.3.1(三角函数系的正交性) 三角函数系 (12.3.4) 中任意两个不同函数的乘积在区间 $[-\pi, \pi]$ 上积分为 0, 即

$$\int_{-\pi}^{\pi} \sin nx\mathrm{d}x = 0, \quad \int_{-\pi}^{\pi} \cos nx\mathrm{d}x = 0, \quad n = 1, 2, \cdots,$$

$$\int_{-\pi}^{\pi} \sin mx \cos nx\mathrm{d}x = 0, \quad m, n = 1, 2, \cdots,$$

$$\int_{-\pi}^{\pi} \sin mx \sin nx\mathrm{d}x = 0, \quad \int_{-\pi}^{\pi} \cos mx \cos nx\mathrm{d}x = 0, \quad m \neq n, m, n = 1, 2, \cdots.$$

证明 为简便, 仅证其中一个式子, 其余可类似证明.

当 $m \neq n$ 时,

$$\int_{-\pi}^{\pi} \cos mx \cos nx\mathrm{d}x = \frac{1}{2}\int_{-\pi}^{\pi}[\cos(m-n)x + \cos(m+n)x]\mathrm{d}x$$

$$= \frac{1}{2}\left[\frac{\sin(m-n)x}{m-n} + \frac{\sin(m+n)x}{m+n}\right]\Big|_{-\pi}^{\pi} = 0. \qquad \square$$

注 由三角函数的周期性, 不难证明三角函数系 (12.3.4) 在任意长为 2π 的区间上也具有正交性. 正交性是三角级数理论的基本特征.

12.3.2 以 2π 为周期的函数的 Fourier 级数

假定周期为 2π 的函数 $f(x)$ 能展开成 $[-\pi, \pi]$ 上一致收敛的三角级数

$$f(x) = \frac{a_0}{2} + \sum_{n=1}^{\infty}(a_n \cos nx + b_n \sin nx). \tag{12.3.5}$$

下面求出 a_n 与 b_n 的表达式. 对 (12.3.5) 式两边积分得

$$\int_{-\pi}^{\pi} f(x)\mathrm{d}x = \int_{-\pi}^{\pi}\frac{a_0}{2}\mathrm{d}x + \sum_{n=1}^{\infty}\int_{-\pi}^{\pi}(a_n \cos nx + b_n \sin nx)\mathrm{d}x = \pi a_0,$$

即

$$a_0 = \frac{1}{\pi}\int_{-\pi}^{\pi} f(x)\mathrm{d}x. \tag{12.3.6}$$

将 (12.3.5) 式两边同乘以 $\cos mx\ (m \in \mathbb{N}_+)$ 之后, 在 $[-\pi, \pi]$ 上积分, 并利用定理 12.3.1 得

$$\int_{-\pi}^{\pi} f(x) \cos mx \mathrm{d}x$$

$$= \frac{a_0}{2} \int_{-\pi}^{\pi} \cos mx \mathrm{d}x + \sum_{n=1}^{\infty} \int_{-\pi}^{\pi} (a_n \cos nx \cos mx + b_n \sin nx \cos mx) \mathrm{d}x$$

$$= \pi a_m,$$

所以

$$a_n = \frac{1}{\pi} \int_{-\pi}^{\pi} f(x) \cos nx \mathrm{d}x, \quad n = 1, 2, \cdots. \tag{12.3.7}$$

同理可证

$$b_n = \frac{1}{\pi} \int_{-\pi}^{\pi} f(x) \sin nx \mathrm{d}x, \quad n = 1, 2, \cdots. \tag{12.3.8}$$

定义 12.3.2　设 $f(x)$ 以 2π 为周期, 在 $[-\pi, \pi]$ 上可积, 则由公式

$$\begin{cases} a_n = \dfrac{1}{\pi} \displaystyle\int_{-\pi}^{\pi} f(x) \cos nx \mathrm{d}x, & n = 0, 1, 2, \cdots, \\[3mm] b_n = \dfrac{1}{\pi} \displaystyle\int_{-\pi}^{\pi} f(x) \sin nx \mathrm{d}x, & n = 1, 2, \cdots \end{cases}$$

确定的 a_n, b_n 称为 $f(x)$ 的 **Fourier 系数**, 而称由这些 a_n, b_n 确定的三角级数

$$\frac{a_0}{2} + \sum_{n=1}^{\infty} (a_n \cos nx + b_n \sin nx) \tag{12.3.9}$$

为 $f(x)$ 的 **Fourier 级数**, 记作

$$f(x) \sim \frac{a_0}{2} + \sum_{n=1}^{\infty} (a_n \cos nx + b_n \sin nx). \tag{12.3.10}$$

注　(12.3.10) 式不写成等号是因为在定义的条件下, a_n, b_n 有意义, 因而可以写出右边的三角级数, 但这三角级数是否收敛, 或即使收敛, 是否收敛于 $f(x)$ 都是未知的, 故写成 $f(x)$ 对应于它, 而不写成等号. 同时也请注意这里的记号 $\sim$ 不包含任何"等价"的意义.

例 1   设周期为 2π 的函数 $f(x)$ 在 $(-\pi, \pi]$ 上可表示为

$$f(x) = \begin{cases} 1, & 0 \leqslant x \leqslant \pi, \\ 0, & -\pi < x < 0 \end{cases}$$

图 12.1

(图 12.1, 方波), 求 $f(x)$ 的 Fourier 级数.

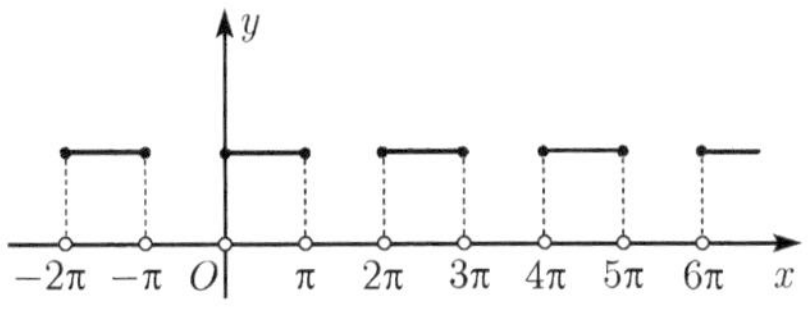

解   先计算 $f(x)$ 的 Fourier 系数.

$$a_0 = \frac{1}{\pi} \int_{-\pi}^{\pi} f(x)\mathrm{d}x = 1,$$

$$a_n = \frac{1}{\pi} \int_{-\pi}^{\pi} f(x)\cos nx\mathrm{d}x = \frac{1}{\pi} \int_{0}^{\pi} \cos nx\mathrm{d}x = 0,$$

$$b_n = \frac{1}{\pi} \int_{-\pi}^{\pi} f(x)\sin nx\mathrm{d}x = \frac{1}{\pi} \int_{0}^{\pi} \sin nx\mathrm{d}x = \frac{1 - (-1)^n}{n\pi},$$

由此可得

$$f(x) \sim \frac{1}{2} + \sum_{n=1}^{\infty} \frac{1 - (-1)^n}{n\pi} \sin nx = \frac{1}{2} + \frac{2}{\pi} \sum_{n=0}^{\infty} \frac{1}{2n+1} \sin(2n+1)x. \qquad \square$$

12.3.3   以 $2l$ 为周期的函数的 Fourier 级数

如果函数 $f(x)$ 是以 $2l$ 为周期的周期函数, 并且在区间 $[-l, l]$ 上可积, 现在要求 $f(x)$ 的以 $2l$ 为周期的 Fourier 级数.

为此, 可作变量替换将以 $2l$ 为周期的函数 $f(x)$ 换成以 2π 为周期的新函数 $\varphi(y)$, 再按已知的 (12.3.7) 式 $\sim$(12.3.10) 式写出它的 Fourier 级数.

事实上, 设 $y = \dfrac{\pi}{l}x$, 并令

$$\varphi(y) = f(x) = f\left(\frac{l}{\pi}y\right),$$

则由于

$$\varphi(y + 2\pi) = f\left(\frac{l}{\pi}(y + 2\pi)\right) = f\left(\frac{l}{\pi}y + 2l\right) = f\left(\frac{l}{\pi}y\right) = \varphi(y),$$

所以 $\varphi(y)$ 是以 2π 为周期的周期函数.

已知 $\varphi(y)$ 在 $[-\pi, \pi]$ 的 Fourier 级数为

$$\varphi(y) \sim \frac{a_0}{2} + \sum_{n=1}^{\infty} \left(a_n \cos ny + b_n \sin ny\right),$$

其中

$$a_n = \frac{1}{\pi} \int_{-\pi}^{\pi} \varphi(y) \cos ny \mathrm{d}y, \quad n = 0, 1, 2, \cdots,$$

$$b_n = \frac{1}{\pi} \int_{-\pi}^{\pi} \varphi(y) \sin ny \mathrm{d}y, \quad n = 1, 2, \cdots,$$

于是, 将 $y = \dfrac{\pi}{l} x$ 代入上式, 就得到以 $2l$ 为周期的函数 $f(x)$ 在 $[-l, l]$ 上的 Fourier 级数

$$f(x) \sim \frac{a_0}{2} + \sum_{n=1}^{\infty} \left(a_n \cos \frac{n\pi x}{l} + b_n \sin \frac{n\pi x}{l} \right),$$

其中

$$a_n = \frac{1}{l} \int_{-l}^{l} f(x) \cos \frac{n\pi x}{l} \mathrm{d}x, \quad n = 0, 1, 2, \cdots,$$

$$b_n = \frac{1}{l} \int_{-l}^{l} f(x) \sin \frac{n\pi x}{l} \mathrm{d}x, \quad n = 1, 2, \cdots.$$

注　(1) 如果在 $[0, 2l]$ 上给出周期为 $2l$ 的函数 $f(x)$ 的具体表达式, 则上述公式可改用下列形式:

$$a_n = \frac{1}{l} \int_{0}^{2l} f(x) \cos \frac{n\pi x}{l} \mathrm{d}x, \quad n = 0, 1, 2, \cdots,$$

$$b_n = \frac{1}{l} \int_{0}^{2l} f(x) \sin \frac{n\pi x}{l} \mathrm{d}x, \quad n = 1, 2, \cdots.$$

利用周期函数的积分性质容易证明上面的公式.

(2) 如果在 $[-l, l]$ 上给出周期为 $2l$ 的 $f(x)$ 是奇函数, 则

$$a_n = \frac{1}{l} \int_{-l}^{l} f(x) \cos \frac{n\pi x}{l} \mathrm{d}x = 0, \quad n = 0, 1, 2, \cdots,$$

$$b_n = \frac{1}{l} \int_{-l}^{l} f(x) \sin \frac{n\pi x}{l} \mathrm{d}x = \frac{2}{l} \int_{0}^{l} f(x) \sin \frac{n\pi x}{l} \mathrm{d}x, \quad n = 1, 2 \cdots.$$

于是

$$f(x) \sim \sum_{n=1}^{\infty} b_n \sin \frac{n\pi x}{l},$$

上式右边的三角级数称为**正弦级数**.

类似地, 当 $f(x)$ 是偶函数时, 必有 $b_n = 0 (n = 1, 2, \cdots)$, 这时得到**余弦级数**

$$f(x) \sim \frac{a_0}{2} + \sum_{n=1}^{\infty} a_n \cos \frac{n\pi x}{l},$$

其中

$$a_n = \frac{2}{l} \int_0^l f(x) \cos \frac{n\pi x}{l} \mathrm{d}x, \quad n = 0, 1, 2, \cdots.$$

例 2 设 $f(x)$ 以 2π 为周期, 在 $[-\pi, \pi]$ 上 $f(x) = |x|$(图 12.2), 试求 $f(x)$ 的 Fourier 级数.

解 由于 $f(x)$ 在 $[-\pi, \pi]$ 上为偶函数, 所以 $b_n = 0(n = 1, 2, \cdots)$, 而

$$a_0 = \frac{2}{\pi} \int_0^\pi f(x)\mathrm{d}x = \frac{2}{\pi} \int_0^\pi x\mathrm{d}x = \pi,$$

$$a_n = \frac{2}{\pi} \int_0^\pi f(x) \cos nx\mathrm{d}x = \frac{2}{\pi} \int_0^\pi x \cos nx\mathrm{d}x$$

$$= -\frac{2}{n\pi} \int_0^\pi \sin nx\mathrm{d}x = \frac{2}{n^2\pi}[(-1)^n - 1],$$

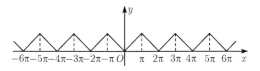

图 12.2

由此可得

$$f(x) \sim \frac{\pi}{2} + \sum_{n=1}^\infty \frac{2[(-1)^n - 1]}{n^2\pi} \cos nx$$

$$= \frac{\pi}{2} - \frac{4}{\pi} \left(\cos x + \frac{1}{3^2} \cos 3x + \frac{1}{5^2} \cos 5x + \cdots \right). \qquad \square$$

例 3 设 $f(x)$ 以 2 为周期且在 $[-1, 1)$ 上,

$$f(x) = \begin{cases} 0, & x \in [-1, 0), \\ x^2, & x \in [0, 1) \end{cases}$$

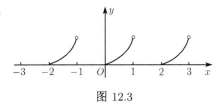

图 12.3

(图 12.3), 试求 $f(x)$ 的 Fourier 级数.

解 在上面的公式中令 $l = 1$, 计算 $f(x)$ 的 Fourier 系数

$$a_0 = \frac{1}{l} \int_{-l}^l f(x)\mathrm{d}x = \int_0^1 x^2\mathrm{d}x = \frac{1}{3},$$

对 $n = 1, 2, \cdots$, 利用分部积分法,

$$a_n = \frac{1}{l} \int_{-l}^{l} f(x) \cos \frac{n\pi x}{l} \mathrm{d}x = \int_0^1 x^2 \cos n\pi x \mathrm{d}x = (-1)^n \frac{2}{n^2\pi^2},$$

$$b_n = \frac{1}{l} \int_{-l}^{l} f(x) \sin \frac{n\pi x}{l} \mathrm{d}x = \int_0^1 x^2 \sin n\pi x \mathrm{d}x$$

$$= (-1)^{n+1} \frac{1}{n\pi} + [(-1)^n - 1] \frac{2}{n^3\pi^3}.$$

于是, $f(x)$ 的 Fourier 级数为

$$f(x) \sim \frac{1}{6} + \frac{2}{\pi^2} \sum_{n=1}^{\infty} \frac{(-1)^n}{n^2} \cos n\pi x + \frac{1}{\pi} \sum_{n=1}^{\infty} \left[\frac{(-1)^{n+1}}{n} - \frac{2(1-(-1)^n)}{n^3\pi^2} \right] \sin n\pi x. \quad \square$$

12.3.4　任意区间 $[a, b]$ 上的 Fourier 级数

如果一个函数 $f(x)$ 只定义在一有限区间 $[a, b]$ 上, 当然不能说它是一周期函数, 那么能否考虑它的 Fourier 级数展开? 答案是肯定的. 事实上, 只要把函数 $f(x)$ 按周期延拓到整个数轴上, 它仍然可以展开成 Fourier 级数. 下面介绍两种延拓的方法.

为简便, 不妨设 $f(x)$ 定义在 $[0, l]$ 上 (否则, 如果 $f(x)$ 定义在 $[a, b]$ 上, 可考虑 $\varphi(y) = f(a + y)$, 则 φ 便定义在 $[0, l]\,(l = b - a)$ 上). 这时, 考虑两种延拓方式. 第一种, 先把 $f(x)$ 用偶函数的定义延拓到 $[-l, l]$ 上, 再把 $f(x)$ 以 $2l$ 为周期延拓到整个数轴, 这种方法称为**偶式周期延拓**; 第二种, 先把 $f(x)$ 按奇函数的定义延拓到 $(-l, l) \setminus \{0\}$ 上, 再把 $f(x)$ 以 $2l$ 为周期延拓到整个数轴, 这种方法称为**奇式周期延拓**.

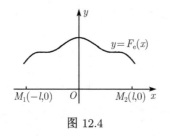

图 12.4

首先介绍偶式周期延拓. 设 $f(x)$ 定义在 $[0, l]$ 上, 令

$$F_{\mathrm{e}}(x) = \begin{cases} f(x), & 0 \leqslant x \leqslant l, \\ f(-x), & -l \leqslant x \leqslant 0, \end{cases}$$

则 $F_{\mathrm{e}}(x)$ 是定义在 $[-l, l]$ 的偶函数, 如图 12.4 所示.

然后根据

$$F_{\mathrm{e}}(x + 2kl) = F_{\mathrm{e}}(x), \quad k = \pm 1, \pm 2, \cdots$$

便可以把 $F_{\mathrm{e}}(x)$ 的定义域扩展到整个数轴, 这时 $F_{\mathrm{e}}(x)$ 便是以 $2l$ 为周期的偶函数. 进一步地, 如果 $f(x)$ 在 $[0, l]$ 上是连续的, 则 $F_{\mathrm{e}}(x)$ 在整个数轴上也是连续的, 其证

明留给读者完成. 因为 $F_{\mathrm{e}}(x)$ 是偶函数, 所以其 Fourier 级数是余弦级数

$$F_{\mathrm{e}}(x) \sim \frac{a_0}{2} + \sum_{n=1}^{\infty} a_n \cos \frac{n\pi x}{l}, \tag{12.3.11}$$

其中

$$a_n = \frac{2}{l} \int_0^l F_{\mathrm{e}}(x) \cos \frac{n\pi x}{l} \mathrm{d}x = \frac{2}{l} \int_0^l f(x) \cos \frac{n\pi x}{l} \mathrm{d}x, \quad n = 0, 1, 2, \cdots.$$

下面讨论奇式周期延拓. 同样设 $f(x)$ 定义在 $[0, l]$ 上, 令

$$F_{\mathrm{o}}(x) = \begin{cases} f(x), & 0 \leqslant x \leqslant l, \\ -f(-x), & -l < x < 0, \end{cases}$$

然后根据

$$F_{\mathrm{o}}(x + 2kl) = F_{\mathrm{o}}(x), \quad k = \pm 1, \pm 2, \cdots$$

便可把 $F_{\mathrm{o}}(x)$ 的定义域扩展到整个数轴, 这时 $F_{\mathrm{o}}(x)$ 便是 $\mathbb{R} \backslash \{kl | k \in \mathbb{Z}\}$ 上以 $2l$ 为周期的奇函数. 值得注意, 与偶延拓不同的是, 如果 $f(x)$ 在 $[0, l]$ 上连续, 则 $F_{\mathrm{o}}(x)$ 不一定在整个数轴上是连续的, 它可能在 $x = 0, \pm l, \pm 2l, \cdots$ 出现间断, 如图 12.5 所示.

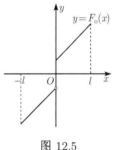

图 12.5

事实上, 由于

$$\lim_{x \to 0^+} F_{\mathrm{o}}(x) = \lim_{x \to 0^+} f(x) = f(0)$$

及

$$\lim_{x \to 0^-} F_{\mathrm{o}}(x) = \lim_{x \to 0^-} [-f(-x)] = -f(0),$$

所以, 当且仅当 $f(0) = 0$ 时, 奇延拓才保存了 $F_{\mathrm{o}}(x)$ 在 $x = 0$ 处的连续性.

如此类似地讨论, 只有 $f(l) = 0$, 奇式周期延拓才保存了 $F_{\mathrm{o}}(x)$ 在 $x = l$ 处的连续性. 同样的结论适用于 $x = \pm kl$ 的其他点.

因为 $F_{\mathrm{o}}(x)$ 是 $(-l, l) \backslash \{0\}$ 上的奇函数, 所以其 Fourier 级数是正弦级数

$$F_{\mathrm{o}}(x) \sim \sum_{n=1}^{\infty} b_n \sin \frac{n\pi x}{l}, \tag{12.3.12}$$

其中

$$b_n = \frac{2}{l} \int_0^l F_{\mathrm{o}}(x) \sin \frac{n\pi x}{l} \mathrm{d}x = \frac{2}{l} \int_0^l f(x) \sin \frac{n\pi x}{l} \mathrm{d}x, \quad n = 1, 2, \cdots.$$

例 4　设定义在 $[0, \pi]$ 上函数 $f(x) = \dfrac{x^2}{4} - \dfrac{\pi x}{2}$. 试分别求 $f(x)$ 在 $[0, \pi]$ 上以 2π 为周期的余弦级数和正弦级数.

解　(1) 根据偶式周期延拓, 计算 Fourier 系数

$$a_0 = \frac{2}{\pi} \int_0^\pi \left(\frac{x^2}{4} - \frac{\pi x}{2} \right) \mathrm{d}x = -\frac{\pi^2}{3},$$

$$a_n = \frac{2}{\pi} \int_0^\pi \left(\frac{x^2}{4} - \frac{\pi x}{2} \right) \cos nx \mathrm{d}x = \frac{1}{n^2}, \quad n = 1, 2, \cdots.$$

因此, $f(x)$ 在 $[0, \pi]$ 上的余弦级数为

$$f(x) = \frac{x^2}{4} - \frac{\pi x}{2} \sim -\frac{\pi^2}{6} + \sum_{n=1}^\infty \frac{\cos nx}{n^2}.$$

(2) 根据奇式周期延拓, 计算 Fourier 系数

$$b_n = \frac{2}{\pi} \int_0^\pi \left(\frac{x^2}{4} - \frac{\pi x}{2} \right) \sin nx \mathrm{d}x$$

$$= \frac{(-1)^n \pi}{2n} + \frac{(-1)^n - 1}{n^3 \pi}, \quad n = 1, 2, \cdots.$$

因此, $f(x)$ 在 $[0, \pi]$ 上的正弦级数为

$$f(x) = \frac{x^2}{4} - \frac{\pi x}{2} \sim \sum_{n=1}^\infty \left[\frac{(-1)^n \pi}{2n} + \frac{(-1)^n - 1}{n^3 \pi} \right] \sin nx. \qquad \Box$$

函数的 Fourier 级数

思考题

1. 什么样的函数列称为正交函数系? 举例说明.

2. 若 $f(x)$ 在 $[0, l]$ 上是连续的, 则如何通过奇式周期延拓和偶式周期延拓将函数 $f(x)$ 延拓成周期为 $2l$ 的函数?

3. 若 $f(x)$ 是 $[-\pi, \pi]$ 上的奇函数, 则其 Fourier 级数有什么特征? 类似地, 若 $f(x)$ 是 $[-\pi, \pi]$ 上的偶函数, 则其 Fourier 级数有什么特征?

习　题　12.3

1. 求下列周期函数的 Fourier 级数:

(1) $f(x) = \cos^4 x$;　　(2) $f(x) = \sin^3 x$;

(3) $f(x) = |\sin x|$;　　(4) $f(x) = \mathrm{sgn}(\cos x)$.

2. 求下列函数在指定区间上以 2π 为周期的 Fourier 级数:

(1) $f(x) = x$, $x \in [-\pi, \pi)$;　　　　　　(2) $f(x) = x^2$, $x \in [0, 2\pi)$;

(3) $f(x) = \begin{cases} x, & -\pi < x \leqslant 0, \\ 2x, & 0 < x \leqslant \pi; \end{cases}$　　(4) $f(x) = \begin{cases} x, & -\pi < x \leqslant 0, \\ 0, & 0 < x \leqslant \pi. \end{cases}$

3. 求下列函数以 π 为周期的正弦级数:

(1) $f(x) = x$, $x \in \left[0, \dfrac{\pi}{2}\right]$;　　(2) $f(x) = \begin{cases} 2x, & x \in \left[0, \dfrac{\pi}{4}\right), \\ \dfrac{\pi}{2}, & x \in \left[\dfrac{\pi}{4}, \dfrac{\pi}{2}\right]. \end{cases}$

4. 求下列函数以 2π 为周期的余弦级数:

(1) $f(x) = x(\pi - x)$, $x \in [0, \pi]$;　　(2) $f(x) = \mathrm{e}^x$, $x \in [0, \pi]$.

5. 设 $f(x)$ 在 $\left(0, \dfrac{\pi}{2}\right)$ 上可积, 应分别对它进行怎样的延拓, 才能使它在 $[-\pi, \pi]$ 上的 Fourier 级数的形式为

(1) $f(x) \sim \displaystyle\sum_{n=1}^{\infty} a_n \cos(2n-1)x$;　　(2) $f(x) \sim \displaystyle\sum_{n=1}^{\infty} b_n \sin 2nx$.

6. 设 $f(x)$ 在 $[-\pi, \pi]$ 上可积且以 2π 为周期, 证明:

(1) 若 $\forall x \in [-\pi, \pi]$, $f(x) = f(x+\pi)$, 则 $a_{2n-1} = b_{2n-1} = 0$;

(2) 若 $\forall x \in [-\pi, \pi]$, $f(x) = -f(x+\pi)$, 则 $a_{2n} = b_{2n} = 0$.

12.4　Fourier 级数的收敛性

本节将考察 Fourier 级数在各点的收敛状况. 为简便, 仅考虑周期为 2π 的函数 $f(x)$ 的 Fourier 级数, 其他情形可类似讨论.

12.4.1　Fourier 级数的收敛判别法

首先给出逐段可微函数的定义.

定义 12.4.1(逐段可微函数)　设函数 $f(x)$ 在区间 $[a, b]$ 上有定义. 如果存在 $[a, b]$ 的一个分割 $a = x_0 < x_1 < \cdots < x_n = b$, 使函数 $f(x)$ 在 $(x_{i-1}, x_i)(i = 1, 2, \cdots, n)$ 内均可导, 在端点 x_i 处, $f(x_i + 0)$, $f(x_i - 0)$ 都存在且存在极限

$$\lim_{t \to 0^+} \frac{f(x_i + t) - f(x_i + 0)}{t}, \quad \lim_{t \to 0^-} \frac{f(x_i + t) - f(x_i - 0)}{t}, \quad i = 1, 2, \cdots, n,$$

则称 $f(x)$ 为 $[a,b]$ 上的**逐段可微函数**, 如图 12.6 所示.

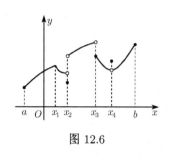

图 12.6

其次, 利用定义 12.4.1, 给出 Fourier 级数的收敛判别法, 其证明将在后面给出.

定理 12.4.1　设 $f(x)$ 以 2π 为周期且在 $[-\pi,\pi]$ 上逐段可微, 则 $f(x)$ 的 Fourier 级数在 $f(x)$ 的连续点 x 处收敛到 $f(x)$, 在 $f(x)$ 的不连续点 x(第一类间断点)收敛到 $\dfrac{f(x+0)+f(x-0)}{2}$.

例 1　设 $f(x)$ 以 2π 为周期, 在 $[-\pi,\pi]$ 上 $f(x)=|x|$, 求 $f(x)$ 的 Fourier 展开式.

解　由 12.3 节例 2 知

$$f(x) \sim \frac{\pi}{2} - \frac{4}{\pi}\left(\cos x + \frac{1}{3^2}\cos 3x + \frac{1}{5^2}\cos 5x + \cdots\right).$$

显然 $f(x)=|x|$ 在 $[-\pi,\pi]$ 上逐段可微且连续, 所以根据定理 12.4.1 得 $f(x)=|x|$ 在 $[-\pi,\pi]$ 上可以展开为 Fourier 级数, 即

$$f(x) = \frac{\pi}{2} - \frac{4}{\pi}\left(\cos x + \frac{1}{3^2}\cos 3x + \frac{1}{5^2}\cos 5x + \cdots\right), \quad x \in [-\pi,\pi]. \qquad \square$$

例 2　设 $f(x)$ 以 2π 为周期, 在 $[-\pi,\pi]$ 上有 $f(x)=x^2$, 如图 12.7 所示, 试将 $f(x)$ 展开成 Fourier 级数.

解　先求 $f(x)$ 的 Fourier 系数. 由于 $f(x)=x^2$ 是 $[-\pi,\pi]$ 上的偶函数, 所以 $b_n=0\ (n=1,2,\cdots)$. 直接计算可得

$$a_0 = \frac{2}{\pi}\int_0^\pi x^2 \mathrm{d}x = \frac{2}{3}\pi^2,$$

$$a_n = \frac{2}{\pi}\int_0^\pi x^2 \cos nx \mathrm{d}x = (-1)^n \frac{4}{n^2}.$$

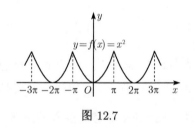

图 12.7

由于函数 $f(x)$ 处处连续 (图 12.7), 在 $x \neq (2k+1)\pi$ 时均可导, 而在 $x=(2k+1)\pi$ 有左、右导数存在, 所以 $f(x)$ 在 $[-\pi,\pi]$ 上逐段可微, 故由定理 12.4.1 知

$$f(x) = \frac{1}{3}\pi^2 + 4\sum_{n=1}^{\infty} \frac{(-1)^n}{n^2}\cos nx$$

在 $\mathbb{R}$ 上处处成立. $\qquad\qquad\qquad\qquad\qquad\qquad\qquad\qquad\qquad\qquad\qquad\qquad\quad\square$

特别地, 有

$$x^2 = \frac{1}{3}\pi^2 + 4\sum_{n=1}^{\infty}(-1)^n\frac{\cos nx}{n^2}, \quad x \in [-\pi, \pi],$$

在上式令 $x = \pi$ 得

$$\frac{\pi^2}{6} = 1 + \frac{1}{2^2} + \frac{1}{3^2} + \cdots.$$

令 $x = 0$ 得

$$\frac{\pi^2}{12} = 1 - \frac{1}{2^2} + \frac{1}{3^2} - \frac{1}{4^2} + \cdots + (-1)^{n-1}\frac{1}{n^2} + \cdots.$$

注 "将 $f(x)$ 展开成 Fourier 级数" 与 "求 $f(x)$ 的 Fourier 展开式" 是同一个意思, 都是要利用定理 12.4.1, 将函数 $f(x)$ 在它的连续点用 "=" 表示为 Fourier 级数, 如上面的例 1 和例 2; 如果再加上 "并讨论其收敛性", 那么还要讨论 $f(x)$ 的 Fourier 级数在它的不连续点的收敛性.

例 3 求函数 $f(x) = \cos\dfrac{x}{3}$ 在 $(-\pi, \pi)$ 上以 2π 为周期的 Fourier 级数展开式.

解 由于

$$f(-\pi + 0) = f(\pi - 0) = \cos\frac{\pi}{3} = \frac{1}{2},$$

所以, $f(x) = \cos\dfrac{x}{3}$ 可以以 2π 为周期延拓到整个数轴上, 成为以 2π 为周期的周期函数. 这时

$$f(x) = \cos\frac{x - 2m\pi}{3}, \quad (2m-1)\pi \leqslant x \leqslant (2m+1)\pi, \; m \in \mathbb{Z},$$

它在整个数轴上连续. 显然 $f(x)$ 在 $(-\pi, \pi)$ 内可导, 在 $x = -\pi$ 与 $x = \pi$ 处,

$$f'_+(-\pi) = \frac{1}{3}\sin\frac{\pi}{3} = \frac{\sqrt{3}}{6}, \quad f'_-(\pi) = -\frac{1}{3}\sin\frac{\pi}{3} = -\frac{\sqrt{3}}{6},$$

即左、右导数存在, 所以 $f(x)$ 在 $[-\pi, \pi]$ 上逐段可微, 因此, 根据定理 12.4.1 知 $f(x)$ 在整个数轴上可以展开为以 2π 为周期的 Fourier 级数.

由于 $f(x)$ 是偶函数, 所以 $b_n = 0$, 而

$$a_0 = \frac{2}{\pi}\int_0^\pi \cos\frac{x}{3}\mathrm{d}x = \frac{2\sin\frac{\pi}{3}}{\frac{\pi}{3}} = \frac{3\sqrt{3}}{\pi},$$

$$a_n = \frac{2}{\pi}\int_0^\pi \cos\frac{x}{3}\cos nx\mathrm{d}x = (-1)^{n-1}\frac{3\sqrt{3}}{\pi(9n^2 - 1)}, \quad n = 1, 2, \cdots.$$

因此

$$\cos\frac{x}{3} = \frac{3\sqrt{3}}{\pi}\left(\frac{1}{2} + \frac{1}{8}\cos x - \frac{1}{35}\cos 2x + \cdots \right.$$
$$\left. + (-1)^{n-1}\frac{1}{9n^2 - 1}\cos nx + \cdots\right), \quad -\pi < x < \pi. \qquad \square$$

函数的 Fourier 展开式

*12.4.2　Dirichlet 积分

设 $f(x)$ 是 $[-\pi,\pi]$ 上以 2π 为周期的可积函数, 则它有 Fourier 级数

$$f(x) \sim \frac{a_0}{2} + \sum_{n=1}^{\infty} \left(a_n \cos nx + b_n \sin nx\right), \tag{12.4.1}$$

其中

$$a_n = \frac{1}{\pi} \int_{-\pi}^{\pi} f(x) \cos nx \mathrm{d}x, \quad n = 0,1,2,\cdots,$$
$$b_n = \frac{1}{\pi} \int_{-\pi}^{\pi} f(x) \sin nx \mathrm{d}x, \quad n = 1,2,\cdots. \tag{12.4.2}$$

记 (12.4.1) 式右端的 Fourier 级数的前 n 项部分和为

$$S_n(f,x) = \frac{a_0}{2} + \sum_{k=1}^{n} \left(a_k \cos kx + b_k \sin kx\right), \tag{12.4.3}$$

把 a_n, b_n 的表达式 (12.4.2) 代入 (12.4.3) 式得

$$S_n(f,x) = \frac{1}{2\pi} \int_{-\pi}^{\pi} f(t)\mathrm{d}t + \frac{1}{\pi} \sum_{k=1}^{n} \int_{-\pi}^{\pi} f(t)\left(\cos kt \cos kx + \sin kt \sin kx\right)\mathrm{d}t$$
$$= \frac{1}{\pi} \int_{-\pi}^{\pi} f(t)\left[\frac{1}{2} + \sum_{k=1}^{n} \cos k(t-x)\right]\mathrm{d}t. \tag{12.4.4}$$

利用三角函数的积化和差公式, 不难证明

$$\frac{1}{2} + \sum_{k=1}^{n} \cos kt = \frac{\sin\left(n + \frac{1}{2}\right)t}{2\sin\frac{t}{2}},$$

而当 $t=0$ 时, 若将右端函数理解为 $t \to 0$ 的极限, 则等式依然成立. 因此, 上式对任意 $t \in [-\pi,\pi]$ 都是成立的.

为简化记号, 引入 **Dirichlet 核**

$$D_n(t) = \frac{\sin\left(n + \frac{1}{2}\right)t}{2\sin\frac{t}{2}}.$$

于是

$$\frac{1}{2} + \sum_{k=1}^{n} \cos kt = D_n(t),$$

把上式代入 (12.4.4) 式, 再利用 $f(x)$ 的周期性得到

$$\begin{aligned}
S_n(f,x) &= \frac{1}{\pi} \int_{-\pi}^{\pi} f(t) \frac{\sin\left(n+\frac{1}{2}\right)(t-x)}{2\sin\frac{t-x}{2}} \mathrm{d}t \\
&= \frac{1}{\pi} \int_{-\pi-x}^{\pi-x} f(x+t) D_n(t) \mathrm{d}t \\
&= \frac{1}{\pi} \left[\int_{-\pi}^{0} f(x+t) D_n(t) \mathrm{d}t + \int_{0}^{\pi} f(x+t) D_n(t) \mathrm{d}t \right] \\
&= \frac{1}{\pi} \int_{0}^{\pi} \left[f(x+t) + f(x-t) \right] D_n(t) \mathrm{d}t,
\end{aligned}$$

这就得到了部分和 $S_n(f,x)$ 的一个积分表达式, 称之为函数 $f(x)$ 的 **Dirichlet 积分**, 它是研究 Fourier 级数收敛性的重要工具. 再注意到

$$\frac{2}{\pi} \int_{0}^{\pi} D_n(t) \mathrm{d}t = \frac{2}{\pi} \int_{0}^{\pi} \left(\frac{1}{2} + \sum_{k=1}^{n} \cos kt \right) \mathrm{d}t = 1.$$

因此, 对任意给定的函数 $\sigma(x)$ 有

$$S_n(f,x) - \sigma(x) = \frac{1}{\pi} \int_{0}^{\pi} \left[f(x+t) + f(x-t) - 2\sigma(x) \right] D_n(t) \mathrm{d}t. \tag{12.4.5}$$

若记

$$\varphi_\sigma(x,t) = f(x+t) + f(x-t) - 2\sigma(x),$$

则 $f(x)$ 的 Fourier 级数是否收敛于某个函数 $\sigma(x)$ 就等价于极限

$$\lim_{n\to\infty} \int_{0}^{\pi} \varphi_\sigma(x,t) D_n(t) \mathrm{d}t \tag{12.4.6}$$

是否等于 0. 由此, 先看 $S_n(f,x)$ 是否逐点收敛. 问题转化为对某个 $x_0 \in [-\pi, \pi]$ 是否存在 $\sigma(x_0)$, 使

$$\lim_{n\to\infty} [S_n(f,x_0) - \sigma(x_0)] = \frac{1}{\pi} \lim_{n\to\infty} \int_{0}^{\pi} \varphi_\sigma(x_0,t) D_n(t) \mathrm{d}t = 0 \tag{12.4.7}$$

成立. 由 $\varphi_\sigma(x_0,t)$ 的形式可以看出如果 $f(x)$ 在 x_0 连续, 则可以选择 $\sigma(x_0) = f(x_0)$; 如果 $f(x)$ 在 x_0 不连续, 但左、右极限 $f(x_0-0)$ 与 $f(x_0+0)$ 都存在, 则选择

$$\sigma(x_0) = \frac{1}{2}[f(x_0-0) + f(x_0+0)]$$

(明显地, 当 $f(x)$ 在 x_0 处连续时, 它也就等于 $f(x_0)$). 对这样选择的 $\sigma(x)$, 当 $t \to 0^+$ 时有 $\varphi_\sigma(x_0,t) \to 0$.

*12.4.3　Riemann 引理与 Fourier 级数收敛判别法的证明

为考察 (12.4.7) 的极限, 需要下面著名的 Riemann 引理, 它是讨论 Fourier 级数收敛的基本引理.

定理 12.4.2(Riemann 引理)　设函数 $\psi(x)$ 在 $[a,b]$ 上可积, 则

$$\lim_{p \to \infty} \int_a^b \psi(x) \sin px \mathrm{d}x = 0, \quad \lim_{p \to \infty} \int_a^b \psi(x) \cos px \mathrm{d}x = 0.$$

证明　仅证第一式, 第二式可类似证之.

对任意 $\varepsilon > 0$, 因为 $\psi(x)$ 可积, 由定理 8.4.3, 存在 $[a,b]$ 的一个分割: $a = x_0 < x_1 < x_2 < \cdots < x_n = b$, 使得

$$\sum_{i=1}^n \omega_i \Delta x_i < \frac{\varepsilon}{2},$$

其中 $\Delta x_i = x_i - x_{i-1}$, ω_i 是 $\psi(x)$ 在 $[x_{i-1}, x_i]$ 上的振幅.

取定这种分法, 记 m_i 是 $\psi(x)$ 在 $[x_{i-1}, x_i]$ 上的下确界, 则 $\sum_{i=1}^n |m_i|$ 为常数, 因此, 取实数 $P = \frac{4}{\varepsilon} \left(\sum_{i=1}^n |m_i| \right) + 1 > 0$, 则当 $p > P$ 时有 $\frac{2}{p} \left(\sum_{i=1}^n |m_i| \right) < \frac{\varepsilon}{2}$. 于是, 当 $p > P$ 时有

$$\begin{aligned}
\left| \int_a^b \psi(x) \sin px \mathrm{d}x \right| &= \left| \sum_{i=1}^n \int_{x_{i-1}}^{x_i} \psi(x) \sin px \mathrm{d}x \right| \\
&= \left| \sum_{i=1}^n \int_{x_{i-1}}^{x_i} (\psi(x) - m_i) \sin px \mathrm{d}x + \sum_{i=1}^n m_i \int_{x_{i-1}}^{x_i} \sin px \mathrm{d}x \right| \\
&\leqslant \sum_{i=1}^n \int_{x_{i-1}}^{x_i} |\psi(x) - m_i| |\sin px| \mathrm{d}x + \sum_{i=1}^n |m_i| \left| \int_{x_{i-1}}^{x_i} \sin px \mathrm{d}x \right| \\
&\leqslant \sum_{i=1}^n \int_{x_{i-1}}^{x_i} |\psi(x) - m_i| \mathrm{d}x + \frac{2}{p} \left(\sum_{i=1}^n |m_i| \right) \\
&\leqslant \sum_{i=1}^n \omega_i \Delta x_i + \frac{2}{p} \left(\sum_{i=1}^n |m_i| \right) < \varepsilon,
\end{aligned}$$

所以

$$\lim_{p \to \infty} \int_a^b \psi(x) \sin px \mathrm{d}x = 0. \qquad \Box$$

由定理 12.4.2, 立即得到下列推论:

推论 12.4.1　若函数 $f(x)$ 以 2π 为周期且在 $[-\pi, \pi]$ 上可积, 则其 Fourier 系数 a_n, b_n 满足

$$\lim_{n \to \infty} a_n = \lim_{n \to \infty} b_n = 0.$$

下面利用 Riemann 引理给出 Fourier 级数收敛判别法的证明.

定理 12.4.1 的证明 任意取定 $x_0 \in [-\pi, \pi]$, 根据条件知 $f(x)$ 在 x_0 的左、右极限 $f(x_0 + 0)$ 与 $f(x_0 - 0)$ 都存在. 令

$$\sigma(x_0) = \frac{1}{2}[f(x_0 + 0) + f(x_0 - 0)], \quad \varphi_\sigma(x_0, t) = f(x_0 + t) + f(x_0 - t) - 2\sigma(x_0),$$

则要证明

$$\lim_{n \to \infty} S_n(f, x_0) = \sigma(x_0). \tag{12.4.8}$$

为此, 令

$$g(t) = \frac{\varphi_\sigma(x_0, t)}{2 \sin \dfrac{t}{2}}, \quad t \in (0, \pi].$$

由于 $f(x)$ 在 $[-\pi, \pi]$ 上逐段可微, 所以极限

$$\lim_{t \to 0^+} \frac{f(x_0 + t) - f(x_0 + 0)}{t}, \quad \lim_{t \to 0^+} \frac{f(x_0 - t) - f(x_0 - 0)}{t}$$

都存在, 分别记为 A, B, 因此

$$\begin{aligned}
\lim_{t \to 0^+} g(t) &= \lim_{t \to 0^+} \frac{\varphi_\sigma(x_0, t)}{t} \cdot \frac{t}{2 \sin \dfrac{t}{2}} = \lim_{t \to 0^+} \frac{\varphi_\sigma(x_0, t)}{t} \\
&= \lim_{t \to 0^+} \frac{f(x_0 + t) - f(x_0 + 0)}{t} + \lim_{t \to 0^+} \frac{f(x_0 - t) - f(x_0 - 0)}{t} \\
&= A + B.
\end{aligned}$$

补充定义 $g(0) = A + B$, 则 $g(t)$ 在 $t = 0$ 处右连续, 于是由 $g(t)$ 在 $[0, \pi]$ 上只有有限个第一类间断点得 $g(t)$ 在 $[0, \pi]$ 上可积, 所以利用 (12.4.5) 式和 Riemann 引理得

$$\begin{aligned}
\lim_{n \to \infty} \left(S_n(f, x_0) - \sigma(x_0) \right) &= \lim_{n \to \infty} \frac{1}{\pi} \int_0^\pi \varphi_\sigma(x_0, t) D_n(t) \mathrm{d}t \\
&= \lim_{n \to \infty} \frac{1}{\pi} \int_0^\pi g(t) \sin \left(n + \frac{1}{2} \right) t \mathrm{d}t = 0.
\end{aligned}$$

故 $f(x)$ 的 Fourier 级数在 x_0 处收敛于 $\sigma(x_0)$. $\qquad \square$

*12.4.4 Fourier 级数的分析性质

对于一个用级数形式表达的函数总要讨论它能否逐项积分和逐项求导, 对于逐项积分 Fourier 级数有非常好的性质.

定理 12.4.3(逐项积分)　设 $f(x)$ 以 2π 为周期, 在 $[-\pi, \pi]$ 内除有限个第一类间断点外是连续的且

$$f(x) \sim \frac{a_0}{2} + \sum_{n=1}^{\infty} \left(a_n \cos nx + b_n \sin nx \right),$$

其中

$$a_n = \frac{1}{\pi} \int_{-\pi}^{\pi} f(x) \cos nx \mathrm{d}x, \quad n = 0, 1, 2, \cdots,$$

$$b_n = \frac{1}{\pi} \int_{-\pi}^{\pi} f(x) \sin nx \mathrm{d}x, \quad n = 1, 2, \cdots,$$

则

(1) $\displaystyle\sum_{n=1}^{\infty} \frac{b_n}{n}$ 收敛;

(2) 对任意 $x \in \mathbb{R}$ 有

$$\int_0^x f(t)\mathrm{d}t = \frac{a_0}{2}x + \sum_{n=1}^{\infty} \frac{b_n}{n} + \sum_{n=1}^{\infty} \frac{a_n \sin nx - b_n \cos nx}{n}. \tag{12.4.9}$$

证明　不妨设 $f(x)$ 在 $[-\pi, \pi]$ 上仅有一个第一类间断点 x_0, 这时 $f(x)$ 在 $[-\pi, \pi]$ 上有界, 于是

$$F(x) = \int_0^x \left[f(t) - \frac{a_0}{2} \right] \mathrm{d}t$$

在 $[-\pi, \pi]$ 上连续, 并且在 x_0 以外每一点都可导, 而在 x_0 点, 由积分中值定理知

$$\lim_{h \to 0^+} \frac{F(x_0 + h) - F(x_0)}{h} = \lim_{h \to 0^+} \frac{1}{h} \int_{x_0}^{x_0+h} \left[f(t) - \frac{a_0}{2} \right] \mathrm{d}t$$

$$= \lim_{h \to 0^+} f(x_0 + \theta h) - \frac{a_0}{2}$$

$$= f(x_0 + 0) - \frac{a_0}{2}, \quad 0 \leqslant \theta \leqslant 1,$$

即 $F(x)$ 在 x_0 处存在右导数, $F'_+(x_0) = f(x_0 + 0) - \dfrac{a_0}{2}$.

同理可证, $F(x)$ 在 x_0 有左导数且

$$F'_-(x_0) = f(x_0 - 0) - \frac{a_0}{2}.$$

因此, $F(x)$ 在 $[-\pi, \pi]$ 上是逐段可微的. 进一步地, 容易验证 $F(x)$ 还是以 2π 为周期的周期函数, 故由定理 12.4.1 知 $F(x)$ 在 $[-\pi, \pi]$ 上可以展开成 Fourier 级数,

$$F(x) = \frac{A_0}{2} + \sum_{n=1}^{\infty} \left(A_n \cos nx + B_n \sin nx \right), \quad x \in \mathbb{R}. \tag{12.4.10}$$

下面计算 $F(x)$ 的 Fourier 系数.

$$A_n = \frac{1}{\pi} \int_{-\pi}^{\pi} F(x) \cos nx \mathrm{d}x$$
$$= \frac{\sin nx}{n\pi} F(x)\Big|_{-\pi}^{\pi} - \frac{1}{n\pi} \int_{-\pi}^{\pi} \Big[f(x) - \frac{a_0}{2}\Big] \sin nx \mathrm{d}x$$
$$= -\frac{b_n}{n},$$

$$B_n = \frac{1}{\pi} \int_{-\pi}^{\pi} F(x) \sin nx \mathrm{d}x$$
$$= -\frac{\cos nx}{n\pi} F(x)\Big|_{-\pi}^{\pi} + \frac{1}{n\pi} \int_{-\pi}^{\pi} \Big[f(x) - \frac{a_0}{2}\Big] \cos nx \mathrm{d}x$$
$$= \frac{a_n}{n},$$

把它们代入 (12.4.10) 式得

$$F(x) = \int_0^x f(t)\mathrm{d}t - \frac{a_0}{2}x = \frac{A_0}{2} + \sum_{n=1}^{\infty} \frac{1}{n}(a_n \sin nx - b_n \cos nx). \qquad (12.4.11)$$

令 $x = 0$ 得

$$\frac{A_0}{2} = \sum_{n=1}^{\infty} \frac{b_n}{n},$$

所以 $\sum\limits_{n=1}^{\infty} \dfrac{b_n}{n}$ 收敛, 其和为 $\dfrac{A_0}{2}$, 其中

$$A_0 = \frac{1}{\pi} \int_{-\pi}^{\pi} F(x)\mathrm{d}x = \frac{1}{\pi} \int_{-\pi}^{\pi} \Big[\int_0^x \Big(f(t) - \frac{a_0}{2}\Big) \mathrm{d}t\Big]\mathrm{d}x$$

是已知的, 由 (12.4.11) 式, 便得 (12.4.9) 式成立. $\qquad\qquad\square$

由定理 12.4.3, 可以得到判定一个三角级数是否为 Fourier 级数的一个必要条件.

推论 12.4.2 三角级数

$$\frac{a_0}{2} + \sum_{n=1}^{\infty} \big(a_n \cos nx + b_n \sin nx\big)$$

为某个可积函数 $f(x)$ 的 Fourier 级数的必要条件是 $\sum\limits_{n=1}^{\infty} \dfrac{b_n}{n}$ 收敛.

证明可参见文献 [1].

　　由推论 12.4.2 可见并非每个收敛的三角级数都是某个函数 $f(x)$ 的 Fourier 级数. 例如,

$$\sum_{n=2}^{\infty} \frac{\sin nx}{\ln n},$$

由 Dirichlet 判别法可知它在 $(-\infty, +\infty)$ 上逐点收敛, 但由于

$$\sum_{n=2}^{\infty} \frac{b_n}{n} = \sum_{n=2}^{\infty} \frac{1}{n \ln n}$$

发散. 因此, 它将不可能成为任何可积函数的 Fourier 级数.

　　例 4　由本节例 2 知

$$x^2 = \frac{1}{3}\pi^2 + 4\sum_{n=1}^{\infty} \frac{(-1)^n}{n^2} \cos nx, \quad x \in [-\pi, \pi].$$

应用逐项积分定理便得

$$\frac{1}{3}x^3 = \frac{1}{3}\pi^2 x + 4\sum_{n=1}^{\infty} \frac{(-1)^n}{n^3} \sin nx, \quad x \in [-\pi, \pi], \tag{12.4.12}$$

即

$$x^3 - \pi^2 x = 12\sum_{n=1}^{\infty} \frac{(-1)^n}{n^3} \sin nx, \quad x \in [-\pi, \pi].$$

令 $x = \dfrac{\pi}{2}$ 得

$$\sum_{n=1}^{\infty} \frac{(-1)^{n-1}}{(2n-1)^3} = \frac{\pi^3}{32}. \qquad\qquad \square$$

　　相对于 Fourier 级数的逐项积分, 一般来说, Fourier 级数是不能逐项求导的, 除非加上适当的条件.

　　定理 12.4.4(逐项求导)　设 $f(x)$ 在 $[-\pi, \pi]$ 上连续,

$$f(x) \sim \frac{a_0}{2} + \sum_{n=1}^{\infty} \left(a_n \cos nx + b_n \sin nx \right),$$

$f(-\pi) = f(\pi)$ 且除了有限点外 $f(x)$ 可微, $f'(x)$ 可积, 则 $f'(x)$ 的 Fourier 级数可由 $f(x)$ 的 Fourier 级数逐项求导得到, 即

$$f'(x) \sim \frac{\mathrm{d}}{\mathrm{d}x}\left(\frac{a_0}{2} \right) + \sum_{n=1}^{\infty} \frac{\mathrm{d}}{\mathrm{d}x}\left(a_n \cos nx + b_n \sin nx \right)$$

$$= \sum_{n=1}^{\infty} \left(-na_n \sin nx + nb_n \cos nx \right). \tag{12.4.13}$$

证明 由所给条件可知 $f'(x)$ 在 $[-\pi, \pi]$ 上有 Fourier 级数, 记 $f'(x)$ 的 Fourier 系数为 a'_n 和 b'_n, 则有

$$a'_0 = \frac{1}{\pi} \int_{-\pi}^{\pi} f'(x)\mathrm{d}x = \frac{1}{\pi}[f(\pi) - f(-\pi)] = 0,$$

$$a'_n = \frac{1}{\pi} \int_{-\pi}^{\pi} f'(x)\cos nx\mathrm{d}x = nb_n, \quad n = 1, 2, \cdots,$$

$$b'_n = \frac{1}{\pi} \int_{-\pi}^{\pi} f'(x)\sin nx\mathrm{d}x = -na_n, \quad n = 1, 2, \cdots.$$

于是, (12.4.13) 式成立. $\square$

*12.4.5 Fourier 级数的平方平均收敛

本节引入一种新的收敛定义, 在应用上它更适用于研究 Fourier 级数展开.

定义 12.4.2 设 $f(x)$ 是以 2π 为周期的且 $f^2(x)$ 在 $[-\pi, \pi]$ 上可积, 则称 $f(x)$ 为 $[-\pi, \pi]$ 上的**平方可积函数**.

定义 12.4.3 称函数列 $\{f_n\}$ 在区间 $[a, b]$ 上**平方平均收敛**于 f, 若

$$\lim_{n \to \infty} \int_a^b |f_n(x) - f(x)|^2 \mathrm{d}x = 0$$

成立.

定理 12.4.5(Bessel 不等式) 设 $f(x)$ 以 2π 为周期, 在 $[-\pi, \pi]$ 上平方可积, 则 $f(x)$ 的 Fourier 系数 a_n, b_n 满足

$$\frac{a_0^2}{2} + \sum_{n=1}^{\infty}(a_n^2 + b_n^2) \leqslant \frac{1}{\pi} \int_{-\pi}^{\pi} |f(x)|^2 \mathrm{d}x. \tag{12.4.14}$$

证明 记

$$S_n(x) = \frac{a_0}{2} + \sum_{k=1}^{n}(a_k \cos kx + b_k \cos kx),$$

则

$$0 \leqslant \frac{1}{2\pi} \int_{-\pi}^{\pi} |f(x) - S_n(x)|^2 \mathrm{d}x$$

$$= \frac{1}{2\pi}\left[\int_{-\pi}^{\pi} f^2(x)\mathrm{d}x - 2\int_{-\pi}^{\pi} f(x)S_n(x)\mathrm{d}x + \int_{-\pi}^{\pi} S_n^2(x)\mathrm{d}x\right]$$

$$= \frac{1}{2\pi} \int_{-\pi}^{\pi} f^2(x)\mathrm{d}x - \frac{1}{\pi} \int_{-\pi}^{\pi} f(x)\left[\frac{a_0}{2} + \sum_{k=1}^{n}(a_k \cos kx + b_k \cos kx)\right]\mathrm{d}x$$

$$+\frac{1}{2\pi}\int_{-\pi}^{\pi}\left[\frac{a_0}{2}+\sum_{k=1}^{n}(a_k\cos kx+b_k\cos kx)\right]^2\mathrm{d}x$$

$$=\frac{1}{2\pi}\int_{-\pi}^{\pi}|f(x)|^2\mathrm{d}x-\left[\frac{a_0^2}{4}+\frac{1}{2}\sum_{k=1}^{n}\left(a_k^2+b_k^2\right)\right],$$

即 (12.4.14) 式成立. □

下面给出 Fourier 级数的平方平均收敛的判定定理, 由于证明需要其他相关知识, 因此, 略去其证明, 有兴趣的读者可参见文献 [8].

定理 12.4.6 若 $f(x)$ 是以 2π 为周期, 在 $[-\pi,\pi]$ 上平方可积的函数, 则 $f(x)$ 的 Fourier 级数的部分和 $S_n(x)$ 在 $[-\pi,\pi]$ 上平方平均收敛于 $f(x)$, 即

$$\lim_{n\to\infty}\int_{-\pi}^{\pi}|f(x)-S_n(x)|^2\mathrm{d}x=0.$$

推论 12.4.3(Parseval 等式)　若 $f(x)$ 是以 2π 为周期, 在 $[-\pi,\pi]$ 上平方可积的函数, 则

$$\frac{a_0^2}{2}+\sum_{n=1}^{\infty}(a_n^2+b_n^2)=\frac{1}{\pi}\int_{-\pi}^{\pi}|f(x)|^2\mathrm{d}x.$$

推论 12.4.4　如果 $f(x)$ 和 $g(x)$ 在 $[-\pi,\pi]$ 上连续, 并且它们的 Fourier 级数相同, 则 $f(x)\equiv g(x)$.

例 5　求函数

$$f(x)=\begin{cases}1,&|x|<1,\\0,&1\leqslant|x|<\pi\end{cases}$$

以 2π 为周期的 Fourier 系数, 并由此求级数 $\displaystyle\sum_{n=1}^{\infty}\frac{\sin^2 n}{n^2}$ 之和.

证明　由于 $f(x)$ 为偶函数, 所以 $b_n=0(n=1,2,\cdots)$. 又有

$$a_0=\frac{2}{\pi}\int_0^{\pi}f(x)\mathrm{d}x=\frac{2}{\pi}\int_0^1\mathrm{d}x=\frac{2}{\pi}$$

且

$$a_n=\frac{2}{\pi}\int_0^{\pi}f(x)\cos nx\mathrm{d}x=\frac{2}{\pi}\int_0^1\cos nx\mathrm{d}x=\frac{2\sin n}{n\pi},\quad n=1,2,\cdots.$$

由于 $f(x)$ 在 $[-\pi,\pi]$ 上平方可积, 所以 Parseval 等式成立. 于是, 由 Parseval 等式知

$$\frac{2}{\pi}=\frac{2}{\pi^2}+\frac{4}{\pi^2}\sum_{n=1}^{\infty}\frac{\sin^2 n}{n^2},$$

即

$$\sum_{n=1}^{\infty} \frac{\sin^2 n}{n^2} = \frac{\pi - 1}{2}. \qquad \Box$$

思考题

1. 函数 $f(x)$ 能在 $[-\pi, \pi]$ 上展开成 Fourier 级数, 函数 $f(x)$ 是否必是 $\mathbb{R}$ 上的周期函数?

2. Dirichlet 核是怎样定义的, 它有什么特性?

3. 任何一个收敛的三角级数一定是某个函数的 Fourier 级数吗? 说明理由.

习 题 12.4

1. 将下列函数以 2π 为周期展开成 Fourier 级数.

  (1) $f(x) = x^2$, $x \in [0, 2\pi)$;   (2) $f(x) = \dfrac{\pi - x}{2}$, $x \in [0, 2\pi)$;

  (3) $f(x) = x \cos x$, $x \in [-\pi, \pi)$;   (4) $f(x) = \begin{cases} -\dfrac{\pi}{4}, & x \in [-\pi, 0), \\ \dfrac{\pi}{4}, & x \in [0, \pi). \end{cases}$

2. 设 $f(x)$ 为 $[-\pi, \pi]$ 上连续函数. 若 $f(x)$ 的 Fourier 级数在 $[-\pi, \pi]$ 上一致收敛于 $f(x)$, 证明 Parseval 等式

$$\frac{1}{\pi} \int_{-\pi}^{\pi} |f(x)|^2 \mathrm{d}x = \frac{a_0^2}{2} + \sum_{n=1}^{\infty} (a_n^2 + b_n^2)$$

成立, 其中 a_n, b_n 为 $f(x)$ 的 Fourier 系数.

---

3. 证明若三角级数

$$\frac{a_0}{2} + \sum_{n=1}^{\infty} (a_n \cos nx + b_n \sin nx)$$

中的系数 a_n, b_n 满足

$$\max\{|n^3 a_n|, |n^3 b_n|\} \leqslant M,$$

M 为常数, 则上述三角级数收敛且其和具有连续的导函数.

4. 设 $f(x)$ 以 2π 为周期, 在 $(0, 2\pi)$ 内单调递减且有界, 求证 $b_n \geqslant 0 (n > 0)$.

5. 设 $f(x)$ 以 2π 为周期, 在 $(0, 2\pi)$ 内导数 $f'(x)$ 单调递增有界, 求证 $a_n \geqslant 0 (n > 0)$.

6. 设 $f(x)$ 以 2π 为周期且具有二阶连续的导数, 证明 $f(x)$ 的 Fourier 级数在 $(-\infty, +\infty)$ 内一致收敛于 f.

小 结

本章主要讨论幂级数与 Fourier 级数的性质、运算及其收敛性问题.

1. 幂级数的性质和运算

(1) Abel 第一定理 (定理 12.1.1). 由此定理可知幂级数 $\sum\limits_{n=0}^{\infty} a_n x^n$ 的收敛域是以原点为中心的区间. 若区间长度为 $2R$, 则称 R 为收敛半径.

(2) 求收敛半径 R 的公式. 对幂级数 $\sum\limits_{n=0}^{\infty} a_n x^n$, 若

$$\lim_{n\to\infty} \left| \frac{a_{n+1}}{a_n} \right| = \rho \quad 或 \quad \lim_{n\to\infty} \sqrt[n]{|a_n|} = \rho,$$

则 $R = \dfrac{1}{\rho}$ (这里约定 $\rho = 0$ 时, 定义 $\dfrac{1}{\rho} = +\infty$; $\rho = +\infty$ 时, 定义 $\dfrac{1}{\rho} = 0$).

(3) 和函数的分析性质.

(i) 内闭一致收敛性 (Abel 第二定理, 定理 12.1.5)：幂级数在其收敛域的任一闭子区间上一致收敛;

(ii) 和函数的连续性、逐项求导、逐项积分：幂级数的和函数在其收敛域上连续; 在其收敛域上可逐项积分和逐项求导.

(4) 幂级数的运算. 设 $\sum\limits_{n=0}^{\infty} a_n x^n$ 与 $\sum\limits_{n=0}^{\infty} b_n x^n$ 为两个幂级数, 于是有

(i) 若此两幂级数在 $x = 0$ 的某邻域内相等, 则它们同次幂项的系数相等, 即

$$a_n = b_n, \quad n = 1, 2, \cdots ;$$

(ii) 若此两幂级数的收敛半径分别是 R_a 和 R_b, 则有

$$\lambda \sum_{n=0}^{\infty} a_n x^n = \sum_{n=0}^{\infty} \lambda a_n x^n, \quad |x| < R_a,$$

$$\sum_{n=0}^{\infty} a_n x^n \pm \sum_{n=0}^{\infty} b_n x^n = \sum_{n=0}^{\infty} (a_n \pm b_n) x^n, \quad |x| < \min\{R_a, R_b\}$$

和

$$\left(\sum_{n=0}^{\infty} a_n x^n \right) \left(\sum_{n=0}^{\infty} b_n x^n \right) = \sum_{n=0}^{\infty} c_n x^n, \quad |x| < \min\{R_a, R_b\},$$

其中 λ 为常数, $c_n = \sum\limits_{k=0}^{n} a_k b_{n-k}$.

(5) 函数 $f(x)$ 在 x_0 处具有任意阶导数, 则 $f(x)$ 在区间 $(x_0 - R, x_0 + R)$ 内等于其 Taylor 级数的和函数的充分必要条件是

$$\lim_{n\to\infty} R_n(x) = 0, \quad x \in (x_0 - R, x_0 + R),$$

其中 $R_n(x)$ 是 $f(x)$ 在 x_0 处的 Taylor 公式的余项.

(6) 牢记几个常见的初等函数 (如 e^x, $\sin x$, $\cos x$, $(1+x)^\alpha$, $\ln(1+x)$) 的幂级数展开式, 以及掌握利用直接法和间接法求某些初等函数的幂级数展开式.

2. Fourier 级数的性质

(1) 周期为 2π 或 $2l$ 的函数 $f(x)$ 的 Fourier 系数的计算公式, 以及偶函数和奇函数的 Fourier 级数.

(2) Fourier 级数的收敛定理 (定理 12.4.1).

*(3) Fourier 级数收敛定理的证明与 Fourier 级数的性质.

复 习 题

1. 设 $a_1 = a_2 = 1$, $a_{n+1} = a_n + a_{n-1}(n = 2, 3, \cdots)$. 证明当 $|x| < \dfrac{1}{2}$ 时, 幂级数 $\sum\limits_{n=1}^{\infty} a_n x^{n-1}$ 收敛.

2. 证明 (1) 幂级数 $S(x) = 1 + \sum\limits_{n=1}^{\infty} \dfrac{(2n-1)!!}{(2n)!!} x^n$ 的收敛半径 $R = 1$, 收敛域是 $[-1, 1)$;

(2) $2S'(x) - 2xS'(x) = S(x)$, $S(x) = \dfrac{1}{\sqrt{1-x}}$, $x \in [-1, 1)$;

(3) $1 + \sum\limits_{n=1}^{\infty} (-1)^n \dfrac{(2n-1)!!}{(2n)!!} = \dfrac{1}{\sqrt{2}}$.

3. 试将 $f(x) = \ln x$ 按 $\dfrac{x-1}{x+1}$ 的幂展开成幂级数.

4. 设 $f(x)$ 在 $(-\infty, +\infty)$ 上无穷次可导且满足

(1) 存在 $M > 0$, 使得 $|f^{(k)}(x)| \leqslant M$, $\forall x \in (-\infty, +\infty)$, $k = 0, 1, 2, \cdots$;

(2) $f\left(\dfrac{1}{2^n}\right) = 0$, $n = 1, 2, \cdots$.

证明 $f(x) \equiv 0$, $\forall x \in (-\infty, +\infty)$.

5. (Tauber 定理) 设在 $(-1, 1)$ 内有

$$f(x) = \sum_{n=0}^{\infty} a_n x^n, \quad \lim_{n \to \infty} n a_n = 0.$$

如果 $\lim\limits_{x \to 1-0} f(x) = S$, 证明 $\sum\limits_{n=0}^{\infty} a_n$ 收敛且其和为 S.

6. 设函数 $f(x)$ 在 $[0, 2]$ 上连续且 $f(x) > 0$. 令 $M_n = \displaystyle\int_0^2 x^n f(x)\mathrm{d}x$. 试求幂级数 $\sum\limits_{n=0}^{\infty} \dfrac{x^n}{M_n}$ 的收敛域.

7. 试用 $\sin x$ 与 $\arcsin x$ 的 Taylor 展开式证明:

$$\sin x + \arcsin x > 2x + \frac{1}{12}x^5, \quad x \in (0, 1].$$

8. 设 $f(x) = 10 - x(5 < x < 15), f(x + 10) = f(x)$, 试求 $f(x)$ 的 Fourier 级数.

9. 设展开式
$$x = 2 \sum_{n=1}^{\infty} (-1)^{n-1} \frac{\sin nx}{n}, \quad -\pi < x < \pi.$$

(1) 用逐项积分法求 x^2, x^3 在 $(-\pi, \pi)$ 内的 Fourier 展开式;

(2) 求级数 $\sum_{n=1}^{\infty} (-1)^{n-1} \dfrac{1}{n^4}$ 与 $\sum_{n=1}^{\infty} \dfrac{1}{n^4}$ 的和.

10. (1) 在 $(-\pi, \pi)$ 内, 求 $f(x) = \mathrm{e}^x$ 的 Fourier 展开式;

(2) 求级数 $\sum_{n=1}^{\infty} \dfrac{1}{1 + n^2}$ 的和.

---

11. 求下列极限:

(1) $\lim\limits_{n \to \infty} \int_0^{\pi} \sqrt{x} \sin^2 nx \mathrm{d}x$;　　(2) $\lim\limits_{\lambda \to +\infty} \int_0^1 \dfrac{\cos^2 \lambda x}{1 + x} \mathrm{d}x$.

12. 设 $f(x)$ 是 $[0, 2\pi]$ 上单调函数. 证明 $a_k = O\left(\dfrac{1}{k}\right), b_k = O\left(\dfrac{1}{k}\right)$, 其中 a_k, b_k 是 $f(x)$ 在 $[0, 2\pi]$ 上 Fourier 系数.

13. 设 $f(x)$ 及其所有导数在 $[0, R]$ 上非负, 证明 $f(x)$ 的 Taylor 级数在 $[0, R)$ 上收敛于 $f(x)$, 即
$$\sum_{n=0}^{\infty} \frac{f^{(n)}(0)}{n!} x^n = f(x), \quad 0 \leqslant x < R.$$

14. 设 $f(x)$ 是 $\mathbb{R}$ 上以 2π 为周期的连续函数, 其 Fourier 系数全为 0, 证明 $f(x) \equiv 0$, $x \in \mathbb{R}$.

15. 证明若 $f(x), g(x)$ 均为 $[-\pi, \pi]$ 上可积函数, 并且它们的 Fourier 级数在 $[-\pi, \pi]$ 上分别一致收敛于 $f(x)$ 和 $g(x)$, 则
$$\frac{1}{\pi} \int_{-\pi}^{\pi} f(x) g(x) \mathrm{d}x = \frac{a_0 \alpha_0}{2} + \sum_{n=1}^{\infty} (a_n \alpha_n + b_n \beta_n),$$

其中 a_n, b_n 为 $f(x)$ 的 Fourier 系数, α_n, β_n 为 g 的 Fourier 系数.

习题答案或提示

第 7 章 不 定 积 分

习题 7.1

1. (1) $\frac{1}{6}x^6 + \frac{1}{2}x^4 + 8x + C$; (2) $\frac{1}{4}\sin 2x - \frac{1}{8}\sin 4x + C$; (3) $\frac{1}{2}x + \frac{1}{4}\sin 2x + C$;

(4) $\frac{1}{3}x^3 - x + 4\arctan x + C$; (5) $-\cot x - x + C$; (6) $-\frac{1}{4}\sin 2x - \frac{3}{2}x - \cot x + C$;

(7) $\frac{3}{5}x^{\frac{5}{3}} - 3x^{\frac{2}{3}} + C$; (8) $\ln|x| - \arctan x + C$; (9) $\frac{4}{7}x^{\frac{7}{4}} + C$; (10) $\frac{5^x e^x}{1+\ln 5} + C$;

(11) $\frac{4^x}{\ln 4} + \frac{2^{x+1}3^{-x}}{\ln 2 - \ln 3} - \frac{9^{-x}}{\ln 9} + C$; (12) $x + \frac{1}{2}\cos 2x + C$.

2. $y = \frac{1}{3}e^{3x} + \frac{2}{3}$.

3. $C + \begin{cases} e^x, & x \leqslant 0, \\ x^2 + x + 1, & x > 0. \end{cases}$

习题 7.2

1. (1) $-\ln|\cos x| + C$; (2) $-\ln|\csc x + \cot x| + C$; (3) $\ln|\sin x| + C$; (4) $\frac{1}{2}\ln|\tan x| + C$;

(5) $-\frac{1}{2}\cos 2x + C$; (6) $\frac{1}{4}\ln|4x+5| + C$; (7) $\frac{1}{2}\left(x - \frac{1}{2}\sin 2x\right) + C$; (8) $\ln|\ln x + 3| + C$;

(9) $-\frac{1}{3}\cos x^3 + C$; (10) $-\cot\frac{x}{2} + C$; (11) $\frac{1}{3}\ln|3+x^3| + C$; (12) $\sqrt{x^2+1} + C$; (13) $\frac{1}{2}\cos x -$

$\frac{1}{10}\cos 5x + C$; (14) $\ln|\tan x| - \frac{1}{2\sin^2 x} + C$; (15) $4\sqrt{1+\sqrt{x}} + C$; (16) $\arccos(e^{-x}) + C$.

2. (1) $\frac{6}{7}(x-1)^{\frac{7}{6}} - \frac{6}{5}(x-1)^{\frac{5}{6}} + 2\sqrt{x-1} - 6(x-1)^{\frac{1}{6}} + 6\arctan(x-1)^{\frac{1}{6}} + C$;

(2) $\frac{x}{a^2\sqrt{a^2+x^2}} + C$; (3) $\ln|x+1+\sqrt{x^2+2x-1}| + C$; (4) $\arcsin\frac{x}{|a|} + C$; (5) $2\sin\sqrt{x} + C$;

(6) $2\arcsin\frac{x+1}{2} + \frac{1}{2}(x+1)\sqrt{3-2x-x^2} + C$; (7) $\frac{1}{2}(x-1)^2 + 3(x-1) + 3\ln|x-1| - \frac{6}{x-1} + C$;

(8) $x + 4\sqrt{x-1} + 4\ln|\sqrt{x-1} - 1| + C$.

3. (1) $-x\cos x + \sin x + C$; (2) $\frac{1}{3}x^3\arctan x - \frac{1}{6}x^2 + \frac{1}{6}\ln(1+x^2) + C$; (3) $\frac{x^2}{2}\left(\ln^2 x - \ln x + \right.$

$\left.\frac{1}{2}\right) + C$; (4) $2\sqrt{x+1}\arcsin x + 4\sqrt{1-x} + C$; (5) $\frac{1}{13}e^{2x}(2\cos 3x + 3\sin 3x) + C$; (6) $\frac{x}{2}[\sin(\ln x) -$

$\cos(\ln x)] + C$; (7) $\frac{x^2}{4} + \frac{x\sin 2x}{4} + \frac{1}{8}\cos 2x + C$; (8) $\frac{2}{3}x^{\frac{3}{2}}\left(\ln^2 x - \frac{4}{3}\ln x + \frac{8}{9}\right) + C$; (9)

$(1 - \sqrt{3-2x})e^{\sqrt{3-2x}} + C$; (10) $3(\sqrt[3]{x}\sin\sqrt[3]{x} + \cos\sqrt[3]{x}) + C$.

4. (1) $I_n = \frac{x^2}{2}\ln^n x - \frac{n}{2}I_{n-1}$ ($n \geqslant 1$), $I_0 = \frac{x^2}{2} + C$; (2) $J_n = -x^n e^{-x} + nJ_{n-1}$ ($n \geqslant$

1), $J_0 = -e^{-x} + C$; (3) $K_n = \frac{1}{1+n^2}[e^x\cos^n x + ne^x\cos^{n-1} x\sin x + n(n-1)K_{n-2}]$ ($n \geqslant$

2), $K_0 = e^x + C$, $K_1 = \frac{1}{2}e^x(\cos x + \sin x) + C$; (4) $L_n = x(\arccos x)^n - n\sqrt{1-x^2}(\arccos x)^{n-1} -$

$n(n-1)L_{n-2}$ $(n \geqslant 2), L_0 = x + C, L_1 = x\arccos x - \sqrt{1-x^2} + C.$

5. (1) $\dfrac{x^2}{8}(4\ln^5 x - 10\ln^4 x + 20\ln^3 x - 30\ln^2 x + 30\ln x - 15) + C$; (2) $-(x^4 + 4x^3 + 12x^2 + 24x + 24)e^{-x} + C$; (3) $\dfrac{e^x}{10}(\cos^3 x + 3\cos^2 x \sin x + 3\sin x + 3\cos x) + C$; (4) $x(\arccos x)^3 - 3\sqrt{1-x^2}(\arccos x)^2 - 6x\arccos x + 6\sqrt{1-x^2} + C.$

习题 7.3

1. (1) $\dfrac{1}{5}x^5 - \dfrac{1}{4}x^4 + \dfrac{1}{3}x^3 - \dfrac{1}{2}x^2 + x - \ln|x+1| + C$; (2) $\dfrac{1}{2}\ln|x-1| - \dfrac{1}{4}\ln(1+x^2) - \dfrac{1}{2}\arctan x + C$; (3) $\ln|x+2| + \dfrac{4}{x+2} - \dfrac{1}{2(x+2)^2} - \dfrac{11}{3(x+2)^3} + C$; (4) $\dfrac{\sqrt{2}}{8}\ln\left|\dfrac{x^2 + \sqrt{2}x + 1}{x^2 - \sqrt{2}x + 1}\right| + \dfrac{\sqrt{2}-2}{4}\arctan(\sqrt{2}x + 1) + \dfrac{\sqrt{2}+2}{4}\arctan(\sqrt{2}x - 1) + C$; (5) $\dfrac{1+x}{2(x^2+1)} + \dfrac{1}{2}\arctan x + C$; (6) $-\dfrac{1}{3}\ln|1-x| + \dfrac{1}{6}\ln|x^2+x+1| + \dfrac{\sqrt{3}}{3}\arctan\dfrac{2x+1}{\sqrt{3}} + C$; (7) $-\ln|x| - \dfrac{1}{2x^2} + \dfrac{1}{2}\ln(1+x^2) + C$; (8) $\dfrac{1}{4}\ln\left|\dfrac{1+x}{1-x}\right| - \dfrac{1}{2}\arctan x + C.$

2. (1) $\dfrac{1}{4}\ln\left|\dfrac{3\tan\frac{x}{2} + 1}{\tan\frac{x}{2} + 3}\right| + C$; (2) $\dfrac{1}{\sqrt{2}}\arctan\dfrac{\tan x}{\sqrt{2}} + C$; (3) $\dfrac{1}{2}x - \dfrac{1}{2}\ln|\cos x - \sin x| + C$; (4) $\dfrac{\sin x - \cos x}{2} + \dfrac{\sqrt{2}}{4}\ln\left|\dfrac{\tan\frac{x}{2} - 1 - \sqrt{2}}{\tan\frac{x}{2} - 1 + \sqrt{2}}\right| + C.$

3. (1) $\dfrac{1}{\sqrt{2}}\ln\left|\dfrac{\sqrt{x^2+x+2} - x - \sqrt{2}}{\sqrt{x^2+x+2} - x + \sqrt{2}}\right| + C$; (2) $\ln|2x - 1 + 2\sqrt{x^2 - x}| + C$; (3) $-\dfrac{1}{2}\cdot$
$\ln\left|\left(\dfrac{1-x}{1+x}\right)^{4/3} + \left(\dfrac{1-x}{1+x}\right)^{2/3} + 1\right| + \ln\left|1 - \left(\dfrac{1-x}{1+x}\right)^{2/3}\right| - \sqrt{3}\arctan\left[\dfrac{1}{\sqrt{3}} - \dfrac{2}{\sqrt{3}}\left(\dfrac{1-x}{1+x}\right)^{1/3}\right] - \sqrt{3}\arctan\left[\dfrac{1}{\sqrt{3}} + \dfrac{2}{\sqrt{3}}\left(\dfrac{1-x}{1+x}\right)^{1/3}\right] + C$; (4) $\dfrac{2x-1}{4}\sqrt{x^2 - x + 1} + \dfrac{3}{8}\ln\left|\sqrt{x^2 - x + 1} + x - \dfrac{1}{2}\right| + C.$

复习题

1. 利用原函数的定义和分部积分法.

2. 利用变量代换.

3. 利用原函数的定义.

4. 利用原函数的定义和结论: 连续函数存在原函数.

5. (1) $\dfrac{1}{32}\sin 4x + \dfrac{1}{4}\sin 2x + \dfrac{3}{8}x + C$; (2) $\dfrac{3}{5}x^{\frac{5}{3}} + \dfrac{3}{4}x^{\frac{4}{3}} + \dfrac{6}{7}x^{\frac{7}{6}} + x + \dfrac{6}{5}x^{\frac{5}{6}} - \dfrac{3}{2}x^{\frac{2}{3}} + 2x^{\frac{1}{2}} - 3x^{\frac{1}{3}} + 6x^{\frac{1}{6}} - 6\ln|x^{\frac{1}{6}} + 1| + C$; (3) $2\sqrt{\tan x} + C$; (4) $-\cot x \ln\cos x - x + C$; (5) $2\sin\sqrt{x} - 2\sqrt{x}\cos\sqrt{x} + C$; (6) $-\dfrac{3}{2}x^{\frac{2}{3}} - 3x^{\frac{1}{3}} - 3\ln|\sqrt[3]{x} - 1| + C$; (7) $-\dfrac{1}{3}\cot^3 x - \cot x + C$; (8) $-\dfrac{e^{-x}}{1+x^2} + C$; (9) $-\dfrac{1}{x+1} + \dfrac{1}{3(1+x)^3} + C$; (10) $\dfrac{1}{4}x^4 - \dfrac{1}{2}x^2 + \dfrac{1}{2}\ln(1+x^2) + C$;
(11) $-\dfrac{1}{76}(x+1)^{-76} + \dfrac{3}{77}(x+1)^{-77} - \dfrac{3}{78}(x+1)^{-78} + \dfrac{1}{79}(x+1)^{-79} + C$; (12) $\dfrac{1}{x-2} + \ln\left|\dfrac{x-2}{x+1}\right| +$

C; (13) $(1+x)\arctan\sqrt{x}-\sqrt{x}+C$; (14) $-\dfrac{\arccos x}{x}+\ln\left|\dfrac{\sqrt{1-x^2}+1}{x}\right|+C$; (15) $x\ln\ln x+C$;

(16) $\dfrac{1}{2}\tan x\sec x+\dfrac{1}{2}\ln|\sec x+\tan x|+C$; (17) $\dfrac{1}{2}\tan x\csc x-\dfrac{1}{2}\ln|\csc x+\cot x|+C$;

(18) $\dfrac{1}{10}\ln\dfrac{x^{10}}{x^{10}+1}+C$; (19) $x+\ln\left|\dfrac{x}{1+xe^x}\right|+C$; (20) $\sqrt{x^2+1}\ln(x+\sqrt{x^2+1})-x+C$;

(21) $-2\cos^{-\frac{1}{2}}x+\dfrac{2}{5}\cos^{-\frac{5}{2}}x+C$; (22) $I_n=\dfrac{1}{n-1}\tan^{n-1}x-I_{n-2}\ (n\geqslant 2), I_0=x+C,$
$I_1=-\ln|\cos x|+C$.

  6. $f(x)=-x^3-3x^2+9x+11$.

第 8 章 定 积 分

习题 8.1

1. (1) $\dfrac{8}{3}$; (2) e^2-e.

2. $f(x)=x^2+\dfrac{8}{3}$.

3. (1) 利用不可积的定义; (2) 利用可积的必要条件.

4. 利用定积分的定义.

5. 利用推论 8.1.2 的证明方法.

6. 用反证法和推论 8.1.2.

7. 求被积函数在积分区间的最大值和最小值, 利用推论 8.1.2.

习题 8.2

1. (1) $-2x\sin x^6$; (2) $2xe^{x^4}-e^{x^2}$.

2. 令 $F(x)=\displaystyle\int_a^x[f(t)-g(t)]\mathrm{d}t(x\in[a,b])$, 用 Rolle 中值定理.

3. 0.

4. (1) $\dfrac{2}{3}$; (2) $\dfrac{\pi}{6}$; (3) 1; (4) $\dfrac{e^2-1}{2e}$.

5. 从 $F(b)-F(a)=\displaystyle\sum_{k=1}^n[F(x_k)-F(x_{k-1})]$ 出发, 利用 Lagrange 中值定理和 $f(x)$ 的可积性.

习题 8.3

1. 利用换元法.

2. 对 $\displaystyle\int_T^{a+T}f(x)\mathrm{d}x$ 作换元 $t=x-T$.

3. (1) $\dfrac{4}{99}-\dfrac{2}{49}+\dfrac{1}{97}-2^{-97}\left(\dfrac{1}{99}-\dfrac{1}{49}+\dfrac{1}{97}\right)$; (2) 2π; (3) $\dfrac{2}{3}$; (4) $\dfrac{\pi}{4}$; (5) $2\sqrt{2}$; (6) $\dfrac{\pi}{8}\ln 2$.

4. (1) $\ln(1+\sqrt{2})-\sqrt{2}+1$; (2) $\dfrac{\pi}{12}-\dfrac{1}{6}+\dfrac{1}{6}\ln 2$; (3) $\dfrac{1}{2}e^{\frac{\pi}{2}}-\dfrac{1}{2}$; (4) $\dfrac{e}{2}(\sin 1+\cos 1)-\dfrac{1}{2}$;

(5) $\dfrac{e^2+1}{4}$; (6) $\dfrac{e^2-3e^{-2}+2}{4}$.

5. (1) $\ln \dfrac{3}{2}$; (2) $\dfrac{\pi}{4}$; (3) 0; (4) $\dfrac{1}{k+1}$.

6. 对 $\displaystyle\int_{\frac{\pi}{2}}^{\pi} x f(\sin x)\mathrm{d}x$ 作变量代换 $t = \pi - x$; $\dfrac{8\pi}{15}$.

7. (1) $(-1)^n \cdot \dfrac{n!}{(m+1)^{n+1}}$; (2) $\dfrac{m!n!}{(m+n+1)!}$; (3) $I_n = \dfrac{1}{2n-1} - I_{n-1}, n \geqslant 1,\ I_0 = \dfrac{\pi}{4}$;

(4) $J_{m,n} = \dfrac{n-1}{m+n} J_{m,n-2} = \dfrac{m-1}{m+n} J_{m-2,n}$.

习题 8.4

1. $1,\ -3; 1,\ -3$, 不可积.

2. 利用可积准则 II.

3. 利用可积准则 II.

4. 利用可积准则 II.

5. 利用可积的充分条件.

6. 利用上和、下和及上下确界的定义.

7. 利用可积准则 II 与 III.

习题 8.5

1. 利用推广的积分第一中值定理.

2. 利用推广的积分第一中值定理.

3. 利用推广的积分第一中值定理.

4. 利用 Cauchy 中值定理.

5. 利用积分第二中值定理.

6. 利用积分第二中值定理的推论.

复习题

1. $f(x) = x^2 - \dfrac{4}{3}x + \dfrac{2}{3}$.

2. 证明 $xf(x) \equiv$ 常数.

3. (1) $\dfrac{3}{8}$; (2) 0.

4. $F'(x) = 2x \displaystyle\int_a^x f(t)\mathrm{d}t - 2\int_a^x tf(t)\mathrm{d}t$.

5. 略

6. 用反证法.

7. 4.

8. 利用可积准则 I 和 II.

9. 利用可积的 ε-δ 定义.

10. 略

11. 利用数列极限的 ε-N 定义.

12. 略

13. 利用积分第一中值定理和 Rolle 中值定理.

14. 利用可积准则 II 和 Schwarz 不等式, 或者利用可积准则 III.

15. 利用下凸函数的性质和积分的单调性.

16. 利用积分第一中值定理可得存在 x_1, 使 $f(x_1) = 0$, 然后用反证法.

17. 利用 $\forall t \in \mathbb{R}$, $\int_a^b [f(x) + tg(x)]^2 \mathrm{d}x \geqslant 0$ 及判别式.

18. 利用推广的积分第二中值定理.

19. (1) 利用 Schwarz 不等式证明 $\forall x \in [a, b]$, $f^2(x) \leqslant (x - a) \int_a^b [f'(t)]^2 \mathrm{d}t$.

(2) 利用 Schwarz 不等式和 $M = f(x_1)$, 其中, $x_1 \in [a, b]$.

20. 利用分部积分法.

21. 利用可积准则 II 和区间套定理证明 $f(x)$ 存在连续点, 利用稠密性定义.

22. 利用题 21 的结论.

23. 利用定理 8.5.2 的证明方法及题 21 的结果.

第 9 章 定积分应用和反常积分

习题 9.2

1. (1) $2\pi + \dfrac{4}{3}, 6\pi - \dfrac{4}{3}$; (2) $\dfrac{3}{2} - \ln 2$; (3) $\mathrm{e} + \mathrm{e}^{-1} - 2$; (4) $b - a$.

2. 36.

3. $\dfrac{3}{8}\pi a^2$.

4. a^2.

5. $\dfrac{3}{2}\pi a^2$.

6. $\dfrac{13}{6}$.

7. $\dfrac{16}{3}p^2$.

8. (1) $\dfrac{5\pi}{4}$; (2) $\dfrac{\pi}{6} + \dfrac{1}{2} - \dfrac{\sqrt{3}}{2}$.

习题 9.3

1. $\dfrac{\pi}{2}R^2 h$.

2. $\dfrac{16}{3}a^3$.

3. $\dfrac{4}{3}\pi abc$.

4. $V_x = \dfrac{4}{3}\pi ab^2$, $V_y = \dfrac{4}{3}\pi a^2 b$.

5. 略

6. $\dfrac{32}{105}\pi a^3$.

7. $\dfrac{8}{3}\pi a^3$.

8. 任取 $[x, x+\Delta x] \subset [a,b]$, 考虑 $[x, x+\Delta x]$ 对应的曲边梯形绕 y 轴旋转一周所得立体体积.

习题 9.4

1. $\dfrac{\mathrm{e}^a - \mathrm{e}^{-a}}{2}$.

2. (1) $\dfrac{2}{27}(13\sqrt{13} - 8)$; (2) $2 - \sqrt{2} + \ln(1+\sqrt{2}) - \dfrac{1}{2}\ln 3$; (3) $6a$; (4) $2a\pi^2$; (5) $\dfrac{3}{2}\pi$; (6) $8a$.

习题 9.5

1. (1) $2\pi[\sqrt{2} + \ln(\sqrt{2}+1)]$; (2) $\dfrac{12}{5}\pi a^2$; (3) 当 $a=b$ 时, $S_x = 4\pi a^2$; 当 $a < b$ 时, $S_x = 2\pi b^2 + \dfrac{2\pi a^2 b}{\sqrt{b^2-a^2}}\ln\left(\dfrac{b+\sqrt{b^2-a^2}}{a}\right)$; 当 $a > b$ 时, $S_x = 2\pi b^2 + \dfrac{2\pi a^2 b}{\sqrt{a^2-b^2}}\arcsin\dfrac{\sqrt{a^2-b^2}}{a}$; (4) $4\pi^2 br,\ 4\pi^2 ar$.

2. (1) $\dfrac{32}{5}\pi a^2$; (2) $4(2-\sqrt{2})\pi$.

习题 9.6

1. $1.103 \times 10^8 \pi \mathrm{J}$.

2. $1.568 \times 10^5 \pi \mathrm{N}$.

3. $\left(\dfrac{4a}{3\pi}, \dfrac{4b}{3\pi}\right)$.

4. $\dfrac{ka^2}{3}$.

5. $\dfrac{2\pi r^2 \sqrt{h}}{5a\sqrt{2g}}$.

习题 9.7

1. (1) 收敛, $\dfrac{1}{2}$; (2) 收敛, $\dfrac{1}{a}$; (3) 收敛, $\dfrac{b}{a^2+b^2}$; (4) 收敛, π; (5) 收敛, 1; (6) 发散; (7) 发散; (8) 收敛, $\dfrac{\pi}{2}$; (9) 收敛, π; (10) 发散.

2. 例如, $f(x) = \dfrac{1}{\sqrt{x-a}}$.

3. 用反证法. 假定 $A \neq 0$, 则 $A > 0$ 或 $A < 0$.

4. 例如, $f(x) = \begin{cases} 2^{n+1}\cdot(x-n), & n \leqslant x \leqslant n + \dfrac{1}{2^{n+1}}, \\ 2 + 2^{n+1}\cdot(n-x), & n + \dfrac{1}{2^{n+1}} \leqslant x \leqslant n + \dfrac{1}{2^n}, \quad n = 0,1,2,\cdots, \\ 0, & n + \dfrac{1}{2^n} \leqslant x \leqslant n+1, \end{cases}$

$f(x)$ 在 $[0, +\infty)$ 上连续, $\displaystyle\int_0^{+\infty} f(x)$ 收敛, 但是 $\lim\limits_{x \to +\infty} f(x)$ 不存在.

习题 9.8

1. (1) 发散; (2) 收敛; (3) 发散; (4) 收敛; (5) 收敛; (6) 当 $|p| < 1$ 时收敛, 当 $|p| \geqslant 1$ 时发散; (7) 当 $p < 3$ 时收敛, 当 $p \geqslant 3$ 时发散; (8) 当 $p - q > 1, q \geqslant 0$ 时收敛, 当 $p = 0, q \geqslant 0$ 或 $0 < p \leqslant q + 1, q \geqslant 0$ 时发散.

2. (1) 条件收敛; (2) 当 $0 < \alpha < 1$ 时绝对收敛, 当 $1 \leqslant \alpha < 2$ 时条件收敛, 当 $\alpha \geqslant 2$ 时发散.

3. (1) 利用比较定理; (2) $\displaystyle\int_a^{+\infty} [f(x) - g(x)]^2 \mathrm{d}x$ 收敛, 所有关于 f^2, g^2 及 fg 的线性组合的无穷积分都收敛.

4. 略

5. (1) 绝对收敛; (2) 条件收敛; (3) 绝对收敛; (4) 当 $\alpha > -1$ 时绝对收敛, 当 $\alpha \leqslant -1$ 时发散.

复习题

1. $A = \sqrt{3}ab - \dfrac{1}{3}\pi ab, V = \sqrt{3}\pi a^2 b.$

2. $4ab \arcsin \dfrac{b}{\sqrt{a^2 + b^2}} (a > b > 0).$

3. $\dfrac{16}{35}.$

$4 \sim 5.$ 略

6. (1) 发散; (2) 条件收敛; (3) 发散; (4) 绝对收敛; (5) 当 $m < 1, n < 1$ 时绝对收敛, 否则发散; (6) 当 $0 < p \leqslant 1$ 时条件收敛, 当 $1 < p < 2$ 时绝对收敛, 当 $p \leqslant 0$ 或 $p \geqslant 2$ 时发散.

7. 利用 Cauchy 判别法.

8. 不妨设 $f(x)$ 递减, 首先证明 $f(x) \geqslant 0$, 然后用 Cauchy 收敛准则.

9. (1)~(4) 错; (5) 对, 如 $f(x) = \cos \pi x.$

10. 当 $\displaystyle\sum_{j=1}^{n} p_j > 1, 0 < p_k < 1, k = 1, 2, \cdots, n$ 时收敛, 否则发散.

第 10 章　数 项 级 数

习题 10.1

1. (1) $\dfrac{1}{2}$; (2) 1; (3) $1 - \sqrt{2}$; (4) 1.

2. $a_1 = 1, a_n = \dfrac{1}{n} - \dfrac{1}{n - 1}, n \geqslant 2.$

3. 利用级数收敛的必要条件.

4. 利用级数收敛的定义或者性质.

5. 利用级数收敛的定义.

6. 利用 Cauchy 收敛准则及其否定形式. (1) 收敛; (2) 发散.

7. 利用级数收敛的定义.

8. 利用数列极限的保号性和 Cauchy 收敛准则的否定形式.

9. 利用 Cauchy 收敛准则; 不一定, 如 $\sum \dfrac{1}{n}$ 与 $\sum \dfrac{-1}{n}$ 都发散, 但是 $\sum \dfrac{1}{n^2}$ 收敛.

10. 利用级数收敛的定义.

习题 10.2

1. (1) $p > 1$ 时收敛, $0 < p \leqslant 1$ 时发散; (2) $p > 1$ 时收敛, $0 < p \leqslant 1$ 时发散; (3) $p > 1$ 时收敛, $0 < p \leqslant 1$ 时发散; (4) (1) $\sigma > 1$ 时收敛, $0 < \sigma \leqslant 1$ 时发散.

2. (1), (3), (5), (6) 收敛, (2), (4) 发散.

3. (1), (2), (4) 收敛, (3) 发散.

4. 略

5. 利用比值法的证明方法.

6. 利用比较判别法.

7. 求出 a_n 的表达式, 利用比较判别法.

8. 反之不成立. 例如, $\sum \dfrac{1}{n}$ 发散, 但是 $\sum \dfrac{1}{n^2}$ 收敛.

$9 \sim 10.$ 略

11. (1) 发散; (2) 收敛; (3) 收敛; (4) $0 < a < \dfrac{1}{e}$ 时收敛, $a > \dfrac{1}{e}$ 时发散.

习题 10.3

1. (1) 条件收敛; (2) 发散; (3) 条件收敛; (4) 发散; (5) 条件收敛; (6) 绝对收敛.

2. (1) 当 $0 < x < 1$ 时收敛, 当 $x \geqslant 1$ 时发散; (2) 收敛; (3) 收敛; (4) 收敛.

3. 利用正项级数的比较判别法.

4. 收敛.

5. 利用 Leibniz 判别法.

6. 利用 Leibniz 判别法.

习题 10.4

1. 略

2. 用反证法.

3. (1) $\displaystyle\sum_{n=0}^{\infty} x^{2n}$; (2) -1.

$4 \sim 5.$ 略

复习题

1. (1) $\sin 1 - \dfrac{\sin 2}{2}$; (2) $-\dfrac{1}{3}$; (3) $\dfrac{1}{18}$; (4) $\dfrac{a+1}{(a-1)^2}$.

2. 利用级数收敛的定义.

3. 利用 Cauchy 收敛准则.

4. 利用 Abel 变换.

5. $a_n \geqslant 0$, 注意对任意的 $m \in \mathbb{N}_+$, 存在 $n_0 > m$, 使 $a_{n_0} \leqslant \dfrac{1}{2} a_m$, 证明 $m a_m \leqslant 2M$.

6. 加绝对值; 不能.

7. 注意 $\{na_{n+1}\}$ 递减.

8. 利用 Cauchy 收敛准则的否定形式.

9. 利用 Abel 判别法.

10. 利用 Cauchy 收敛准则的否定形式.

11. 利用 Cauchy 收敛准则的否定形式.

12. (1) 用反证法; (2) 利用级数收敛的定义.

13. 利用 Cauchy 收敛准则的否定形式.

14. 利用 Abel 变换和 Cauchy 收敛准则.

15. 利用比较判别法.

16. 利用 Abel 变换.

第 11 章　函数项级数

习题 11.1

1. (1) 一致收敛; (2) 一致收敛, 不一致收敛; (3) 不一致收敛; (4) 不一致收敛, 一致收敛; (5) 不一致收敛; (6) 不一致收敛; (7) 不一致收敛.

2. 利用一致收敛的定义.

3. 利用一致收敛的定义.

4. 利用一致收敛的定义或者余项定理.

5. 利用一致收敛的定义或者余项定理.

6. 利用一致收敛的 Cauchy 准则和分割.

习题 11.2

1. (1) $\alpha < 1$; (2) $\alpha < 2$; (3) $\alpha < 0$.

2. 略

3. (1) 有定理 11.2.1, 11.2.3 的结论, 没有定理 11.2.4 的结论; (2) 有定理 11.2.1, 11.2.3 的结论, 没有定理 11.2.4 的结论.

4. 利用一致收敛的 Cauchy 准则和数列的 Cauchy 收敛准则.

5. 证明 $g'(x) = g(x)$ 和 $G(x) = \mathrm{e}^{-x}g(x) \equiv c$.

习题 11.3

1. (1)∼(4) 均收敛.

2. (1)∼(6) 均一致收敛.

3. 利用一致收敛的定义.

4. 利用一致收敛的 Cauchy 准则.

5. 利用一致收敛的 Abel 判别法.

6. 利用一致收敛的 Cauchy 准则.

7. 利用一致收敛的 Dirichlet 判别法和一致收敛的 Cauchy 准则的否定形式.

8. 利用余项定理.

习题 11.4

1. 利用连续性定理.

2. 利用逐项积分定理.

3. $\dfrac{1}{2}$.

4. $\displaystyle\sum_{n=1}^{\infty}\dfrac{1-(-1)^n}{n^4}$.

5. 略

6. $\dfrac{3}{4}$.

复习题

1. 设 $|f_0(x)| \leqslant M$, 证明 $|f_n(x)| \leqslant M\dfrac{x^n}{n!}$.

2. 利用 $f'(x)$ 在 $[\alpha,\beta]$ 上一致连续, Lagrange 中值定理和一致收敛的定义.

3. 利用一致收敛的定义.

4. 利用一致收敛的定义.

5. $f_n(x) = x^{1-\frac{1}{2^{n+1}}}$ 在 $[0,1]$ 上一致收敛.

6. 利用连续性定理.

7. 收敛域为 $(-1,1)$, 和函数在 $(-1,1)$ 内连续.

8. 利用 Abel 判别法和连续性定理.

9. 利用余项定理.

10. 利用 Abel 变换和一致收敛的 Cauchy 准则.

11. 利用一致收敛的 Dirichlet 判别法.

12. 利用一致收敛的 Dirichlet 判别法.

第 12 章   幂级数与 Fourier 级数

习题 12.1

1. (1) $R=\dfrac{1}{3}$, $\left(-\dfrac{1}{3},\dfrac{1}{3}\right)$; (2) $R=1$, $[-1,1)$; (3) $R=\dfrac{1}{4}$, $\left[-\dfrac{1}{4},\dfrac{1}{4}\right)$; (4) $R=+\infty$, $(-\infty,+\infty)$;

(5) $R=1$, $(-2,0)$; (6) $R=\dfrac{1}{5}$, $\left[\dfrac{9}{5},\dfrac{11}{5}\right]$; (7) $R=1$, $(-1,1)$; (8) $R=1$, $[-1,1]$.

2. 逐项求导.

3. (1) $-\ln(1-x), x \in [-1,1)$; (2) $\dfrac{x+x^3}{(1-x^2)^2}$, $x \in (-1,1)$; (3) $\dfrac{2x}{(1-x)^3}$, $x \in (-1,1)$;

(4) $-\dfrac{x^2-2x+1}{2x^4}\ln(1-x) + \dfrac{3}{4x^2} - \dfrac{1}{2x^3}$, $x \in [-1,0) \cup (0,1]$.

4. (1) $\dfrac{3}{32}$; (2) $\ln 2$; (3) 2; (4) $\dfrac{3}{2}$.

5. 利用逐项积分定理和右端点的左连续性.

6. 证明部分和有上界.

7. 首先证明导函数恒为零, 然后积分.

习题 12.2

1. (1) $\sum\limits_{n=1}^{\infty} (-1)^{n-1} \dfrac{3^{2n-1}}{(2n-1)!} x^{2n-1}, x \in (-\infty, +\infty)$; (2) $-\dfrac{1}{3} \sum\limits_{n=0}^{\infty} \left[\dfrac{1}{2^{n+1}} + (-1)^n \right] x^n, x \in$

$(-1,1)$; (3) $\sum\limits_{n=1}^{\infty} (-1)^{n-1} \dfrac{3 - 3^{2n-1}}{4 \cdot (2n-1)!} x^{2n-1}, x \in (-\infty, +\infty)$; (4) $\sum\limits_{n=0}^{\infty} \dfrac{3^n \cdot (2n-1)!!}{2^n \cdot n!} x^{n+1}, x \in$

$\left[-\dfrac{1}{3}, \dfrac{1}{3} \right)$; (5) $-\dfrac{\pi}{4} - \sum\limits_{n=0}^{\infty} \dfrac{(-1)^n}{3^{2n+1} \cdot (2n+1)} x^{2n+1}, x \in (-3,3)$; (6) $x + \sum\limits_{n=1}^{\infty} (-1)^{n-1} \dfrac{2}{4n^2 - 1} x^{2n+1}$,

$x \in [-1,1]$; (7) $\sum\limits_{n=0}^{\infty} a_n x^n, x \in (-1,1)$, 其中当 $n = 2k$ 时 $a_n = 1$, 当 $n = 2k+1$ 时

$a_n = 1 + (-1)^k, k = 0, 1, \cdots$; (8) $\sum\limits_{n=1}^{\infty} \dfrac{(-1)^{n+1}}{2n \cdot (2n)!} x^{2n}$.

2. (1) $\ln 6 - \sum\limits_{n=0}^{\infty} \dfrac{1}{n+1} \left(\dfrac{1}{2^{n+1}} + \dfrac{1}{3^{n+1}} \right) (x-2)^{n+1}$; (2) $\sum\limits_{n=0}^{\infty} \dfrac{(-1)^n}{2^{n+1}} (x-2)^n$.

3. 用定理 12.2.4 的方法.

4. 利用 $f(x) = (1+x)^{-\frac{1}{2}}$ 的幂级数展开式. $\dfrac{1}{\sqrt{2}}$.

5. 先将 $x^{-x} = \mathrm{e}^{-x \ln x}$ 展开为函数项级数, 然后逐项积分.

习题 12.3

1. (1) $\dfrac{3}{8} + \dfrac{1}{2} \cos 2x + \dfrac{1}{8} \cos 4x$; (2) $\dfrac{3}{4} \sin x - \dfrac{1}{4} \sin 3x$; (3) $\dfrac{2}{\pi} - \dfrac{4}{\pi} \sum\limits_{n=1}^{\infty} \dfrac{1}{4n^2 - 1} \cos 2nx$;

(4) $\dfrac{4}{\pi} \sum\limits_{n=0}^{\infty} (-1)^n \dfrac{1}{2n+1} \cos(2n+1)x$.

2. (1) $2 \sum\limits_{n=1}^{\infty} (-1)^{n-1} \dfrac{1}{n} \sin nx$; (2) $\dfrac{4}{3} \pi^2 + 4 \sum\limits_{n=1}^{\infty} \left(\dfrac{1}{n^2} \cos nx - \dfrac{\pi}{n} \sin nx \right)$; (3) $\dfrac{\pi}{4} - \dfrac{2}{\pi} \times$

$\sum\limits_{n=1}^{\infty} \dfrac{1}{(2n-1)^2} \cos(2n-1)x + \sum\limits_{n=1}^{\infty} (-1)^{n-1} \dfrac{3}{n} \sin nx$; (4) $-\dfrac{\pi}{4} + \dfrac{2}{\pi} \sum\limits_{n=1}^{\infty} \dfrac{1}{(2n-1)^2} \cos(2n-1)x +$

$\sum\limits_{n=1}^{\infty} \dfrac{(-1)^{n-1}}{n} \sin nx$.

3. (1) $\sum\limits_{n=1}^{\infty} (-1)^{n-1} \dfrac{1}{n} \sin 2nx$; (2) $\sum\limits_{n=1}^{\infty} \left[\dfrac{2}{n^2 \pi} \sin \dfrac{n\pi}{2} + \dfrac{(-1)^{n-1}}{n} \right] \sin 2nx$.

4. (1) $\dfrac{\pi^2}{6} + \sum\limits_{n=1}^{\infty} \dfrac{2[(-1)^{n-1} - 1]}{n^2} \cos nx$; (2) $\dfrac{\mathrm{e}^\pi - 1}{\pi} + \sum\limits_{n=1}^{\infty} \dfrac{2}{(n^2 + 1)\pi} [(-1)^n \mathrm{e}^\pi - 1] \cos nx$.

5. (1) 先按照 $f(x) + f(\pi - x) = 0$ 延拓到 $[0, \pi]$, 然后进行偶延拓; (2) 先按照 $f(x) + f(\pi - x) = 0$ 延拓到 $[0, \pi]$, 然后进行奇延拓.

习题 12.4

1. (1) $x^2 = \dfrac{4}{3}\pi^2 + \sum\limits_{n=1}^{\infty}\left(\dfrac{4}{n^2}\cos nx - \dfrac{4\pi}{n}\sin nx\right), x \in (0, 2\pi)$; (2) $\dfrac{\pi - x}{2} = \sum\limits_{n=1}^{\infty}\dfrac{\sin nx}{n}, x \in$

$(0, 2\pi)$; (3) $x\cos x = -\dfrac{1}{2}\sin x + \sum\limits_{n=2}^{\infty}(-1)^n\dfrac{2n}{n^2-1}\sin nx, x \in (-\pi, \pi)$; (4) $f(x) = \sum\limits_{n=1}^{\infty}$

$\dfrac{\sin(2n-1)x}{2n-1}, \; x \in (-\pi, 0) \cup (0, \pi)$.

2. 利用逐项积分定理.

3. 略

4. 利用积分第二中值定理.

5. 略

6. 证明 $\sum\limits_{n=1}^{\infty}(|a_n| + |b_n|)$ 收敛.

复习题

1. 注意 $a_{n+1} \leqslant 2a_n$, $\left|\dfrac{a_{n+1}x^n}{a_n x^{n-1}}\right| \leqslant 2|x| < 1$.

2. 利用逐项求导与逐项积分定理.

3. 令 $t = \dfrac{x-1}{x+1}$.

4. 利用函数的 Taylor 展开式, 证明 $f^{(n)}(0) = 0, n = 0, 1, \cdots$.

5. 注意 $\lim\limits_{n\to\infty} f\left(1 - \dfrac{1}{n}\right) = s, \; (1 - x^k) \leqslant k(1-x), x \in (0, 1)$.

6. $(-2, 2)$.

7. 略

8. $\sum\limits_{n=1}^{\infty}(-1)^n\dfrac{10}{n\pi}\sin\dfrac{n\pi x}{5}$.

9. (1) $x^2 = \dfrac{\pi^2}{3} + 4\sum\limits_{n=1}^{\infty}\dfrac{(-1)^n}{n^2}\cos nx, x^3 = \sum\limits_{n=1}^{\infty}\left[12 \cdot \dfrac{(-1)^n}{n^3} + 2\pi^2 \cdot \dfrac{(-1)^{n-1}}{n}\right]\sin nx$;

(2) $\dfrac{7\pi^4}{720}, \dfrac{\pi^4}{90}$.

10. (1) $\dfrac{e^\pi - e^{-\pi}}{2\pi} + \sum\limits_{n=1}^{\infty}(-1)^n\dfrac{e^\pi - e^{-\pi}}{(n^2+1)\pi}(\cos nx - n\sin nx)$; (2) $\dfrac{(\pi-1)e^{2\pi} + \pi + 1}{2(e^{2\pi}-1)}$.

11. (1) 利用 Riemann 引理, $\dfrac{1}{3}\pi^{3/2}$; (2) 利用 Riemann 引理, $\dfrac{1}{2}\ln 2$.

12. 利用第二积分中值定理.

13. 利用带积分型余项的 Taylor 公式.

14. 利用 Parseval 等式.

15. 略

参 考 文 献

[1] 菲赫金哥尔茨. 微积分学教程 (第二、三卷). 8 版. 余家荣, 吴亲仁译. 北京: 高等教育出版社, 2006.

[2] 邓东皋, 尹小玲. 数学分析简明教程 (上、下册). 北京: 高等教育出版社, 1999.

[3] 华东师范大学数学系. 数学分析 (上、下册). 3 版. 北京: 高等教育出版社, 2001.

[4] 刘玉琏, 傅沛仁. 数学分析讲义 (上、下册). 3 版. 北京: 高等教育出版社, 1993.

[5] 周民强. 数学分析 (第一、二册). 上海: 上海科学技术出版社, 2003.

[6] 肖正昌, 区泽明, 钟燕平等. 数学分析 (上、下册). 广州: 广东科技出版社, 1999.

[7] 常庚哲, 史济怀. 数学分析教程 (上册). 北京: 高等教育出版社, 2003.

[8] 谭小江, 彭立中. 数学分析 (第三册). 北京: 高等教育出版社, 2006.

附录 不定积分表

一、含有 $a + bx(b \neq 0)$ 的不定积分

1. $\displaystyle\int \frac{x}{(a+bx)^n}\mathrm{d}x = \frac{1}{b^2}\left[\frac{a}{(n-1)(a+bx)^{n-1}} - \frac{1}{(n-2)(a+bx)^{n-2}}\right] + C, n \geqslant 3.$

2. $\displaystyle\int \frac{x}{(a+bx)^2}\mathrm{d}x = \frac{1}{b^2}\left(\frac{a}{a+bx} + \ln|a+bx|\right) + C.$

3. $\displaystyle\int \frac{x^2\mathrm{d}x}{(a+bx)^n} = \frac{1}{b^3(a+bx)^{n-1}}\left[-\frac{a^2}{n-1} + \frac{2a(a+bx)}{(n-2)} - \frac{(a+bx)^2}{n-3}\right] + C, n \geqslant 4.$

4. $\displaystyle\int \frac{x^2\mathrm{d}x}{(a+bx)^3} = \frac{1}{b^3}\left[-\frac{a^2}{2(a+bx)^2} + \frac{2a}{a+bx} + \ln|a+bx|\right] + C.$

二、含有 $a^2 \pm x^2(a \neq 0)$ 的不定积分

5. $\displaystyle\int \frac{\mathrm{d}x}{(a^2 \pm x^2)^n} = \frac{1}{2(n-1)a^2}\left[\frac{x}{(a^2 \pm x^2)^{n-1}} + \int \frac{(2n-3)\mathrm{d}x}{(a^2 \pm x^2)^{n-1}}\right] + C, n \geqslant 2.$

6. $\displaystyle\int \frac{\mathrm{d}x}{a^2 + x^2} = \frac{1}{a}\arctan\frac{x}{a} + C.$

7. $\displaystyle\int \frac{\mathrm{d}x}{a^2 - x^2} = \frac{1}{2a}\ln\left|\frac{x+a}{x-a}\right| + C.$

三、含有 $\sqrt{a+bx}(b \neq 0)$ 的不定积分

8. $\displaystyle\int x^n\sqrt{a+bx}\mathrm{d}x = \frac{2}{b(2n+3)}\left[x^n(a+bx)^{3/2} - na\int x^{n-1}\sqrt{a+bx}\mathrm{d}x\right] + C.$

9. $\displaystyle\int \frac{\mathrm{d}x}{x^n\sqrt{a+bx}} = \frac{-1}{a(n-1)}\left[\frac{\sqrt{a+bx}}{x^{n-1}} + \frac{b(2n-3)}{2}\int \frac{\mathrm{d}x}{x^{n-1}\sqrt{a+bx}}\right] + C, n \geqslant 2.$

10. $\displaystyle\int \frac{\mathrm{d}x}{x\sqrt{a+bx}} = \frac{1}{\sqrt{a}}\ln\left|\frac{\sqrt{a+bx}-\sqrt{a}}{\sqrt{a+bx}+\sqrt{a}}\right| + C, a > 0.$

11. $\displaystyle\int \frac{\mathrm{d}x}{x\sqrt{a+bx}} = \frac{1}{\sqrt{-a}}\arctan\sqrt{\frac{a+bx}{-a}} + C, a < 0.$

12. $\displaystyle\int \frac{\sqrt{a+bx}}{x^n}\mathrm{d}x = \frac{-1}{a(n-1)}\left[\frac{(a+bx)^{3/2}}{x^{n-1}} + \frac{(2n-5)b}{2}\int \frac{\sqrt{a+bx}\mathrm{d}x}{x^{n-1}}\right] + C, n \geqslant 2.$

13. $\displaystyle\int \frac{\sqrt{a+bx}}{x}\mathrm{d}x = 2\sqrt{a+bx} + a\int \frac{\mathrm{d}x}{x\sqrt{a+bx}}.$

14. $\displaystyle\int \frac{x^n}{\sqrt{a+bx}}\mathrm{d}x = \frac{2}{b(2n+1)}\left[x^n(a+bx)^{1/2} - na\int \frac{x^{n-1}}{\sqrt{a+bx}}\mathrm{d}x\right] + C, n \geqslant 2.$

15. $\displaystyle\int \frac{x}{\sqrt{a+bx}}\mathrm{d}x = \frac{-2(2a-bx)}{3b^2}\sqrt{a+bx} + C.$

四、含有 $\sqrt{a^2-x^2}(a>0)$ 的不定积分

16. $\displaystyle\int \sqrt{a^2-x^2}\mathrm{d}x = \frac{1}{2}\left(x\sqrt{a^2-x^2} + a^2\arcsin\frac{x}{a}\right) + C.$

17. $\displaystyle\int \frac{\mathrm{d}x}{\sqrt{a^2-x^2}} = \arcsin\frac{x}{a} + C.$

18. $\displaystyle\int x\sqrt{a^2-x^2}\mathrm{d}x = -\frac{1}{3}(a^2-x^2)^{3/2} + C.$

19. $\displaystyle\int \frac{\mathrm{d}x}{x\sqrt{a^2-x^2}} = -\frac{1}{a}\ln\left|\frac{a+\sqrt{a^2-x^2}}{x}\right| + C.$

20. $\displaystyle\int x^2\sqrt{a^2-x^2}\mathrm{d}x = \frac{1}{8}\left[x(2x^2-a^2)\sqrt{a^2-x^2} + a^4\arcsin\frac{x}{a}\right] + C.$

21. $\displaystyle\int \frac{\mathrm{d}x}{x^2\sqrt{a^2-x^2}} = -\frac{\sqrt{a^2-x^2}}{a^2x} + C.$

22. $\displaystyle\int \frac{\mathrm{d}x}{(a^2-x^2)^{3/2}} = \frac{x}{a^2\sqrt{a^2-x^2}} + C.$

23. $\displaystyle\int \frac{x\mathrm{d}x}{\sqrt{a^2-x^2}} = -\sqrt{a^2-x^2} + C.$

24. $\displaystyle\int \frac{x^2\mathrm{d}x}{\sqrt{a^2-x^2}} = \frac{1}{2}\left(-x\sqrt{a^2-x^2} + a^2\arcsin\frac{x}{a}\right) + C.$

五、含有 $\sqrt{x^2\pm a^2}(a>0)$ 的不定积分

25. $\displaystyle\int \sqrt{x^2\pm a^2}\mathrm{d}x = \frac{1}{2}\left(x\sqrt{x^2\pm a^2} \pm a^2\ln|x+\sqrt{x^2\pm a^2}|\right) + C.$

26. $\displaystyle\int \frac{\mathrm{d}x}{\sqrt{x^2\pm a^2}} = \ln|x+\sqrt{x^2\pm a^2}| + C.$

27. $\displaystyle\int x\sqrt{x^2\pm a^2}\mathrm{d}x = \frac{1}{3}(x^2\pm a^2)^{3/2} + C.$

28. $\displaystyle\int \frac{\mathrm{d}x}{x\sqrt{x^2-a^2}} = \frac{\mathrm{sgn}\,x}{a}\arccos\frac{a}{x} + C.$

29. $\displaystyle\int \frac{\mathrm{d}x}{x\sqrt{x^2+a^2}} = -\frac{1}{a}\ln\left|\frac{a+\sqrt{x^2+a^2}}{x}\right| + C.$

30. $\displaystyle\int x^2\sqrt{x^2\pm a^2}\mathrm{d}x = \frac{1}{8}\left[x(2x^2\pm a^2)\sqrt{x^2\pm a^2} - a^4\ln|x+\sqrt{x^2\pm a^2}|\right] + C.$

31. $\displaystyle\int \frac{\mathrm{d}x}{x^2\sqrt{x^2 \pm a^2}} = \mp\frac{\sqrt{x^2 \pm a^2}}{a^2 x} + C.$

32. $\displaystyle\int \frac{\mathrm{d}x}{(x^2 \pm a^2)^{3/2}} = \frac{\pm x}{a^2\sqrt{x^2 \pm a^2}} + C.$

六、含有三角函数的不定积分

33. $\displaystyle\int \sin^n x\,\mathrm{d}x = \frac{1}{n}\left[-\sin^{n-1} x \cos x + (n-1)\int \sin^{n-2} x\,\mathrm{d}x \right].$

34. $\displaystyle\int \cos^n x\,\mathrm{d}x = \frac{1}{n}\left[\cos^{n-1} x \sin x + (n-1)\int \cos^{n-2} x\,\mathrm{d}x \right].$

35. $\displaystyle\int x^n \sin x\,\mathrm{d}x = -x^n \cos x + n\int x^{n-1}\cos x\,\mathrm{d}x.$

36. $\displaystyle\int x^n \cos x\,\mathrm{d}x = x^n \sin x - n\int x^{n-1}\sin x\,\mathrm{d}x.$

37. $\displaystyle\int \tan^n x\,\mathrm{d}x = \frac{\tan^{n-1} x}{n-1} - \int \tan^{n-2} x\,\mathrm{d}x, n \geqslant 2.$

38. $\displaystyle\int \cot^n x\,\mathrm{d}x = -\frac{\cot^{n-1} x}{n-1} - \int \cot^{n-2} x\,\mathrm{d}x, n \geqslant 2.$

39. $\displaystyle\int \sec^n x\,\mathrm{d}x = \frac{\sec^{n-2} x \tan x}{n-1} + \frac{n-2}{n-1}\int \sec^{n-2} x\,\mathrm{d}x, n \geqslant 2.$

40. $\displaystyle\int \csc^n x\,\mathrm{d}x = -\frac{\csc^{n-2} x \cot x}{n-1} + \frac{n-2}{n-1}\int \csc^{n-2} x\,\mathrm{d}x, n \geqslant 2.$

七、含有反三角函数的不定积分

41. $\displaystyle\int x\arcsin x\,\mathrm{d}x = \frac{1}{4}\left[x\sqrt{1-x^2} + (2x^2-1)\arcsin x \right] + C.$

42. $\displaystyle\int x\arccos x\,\mathrm{d}x = \frac{1}{4}\left[-x\sqrt{1-x^2} + (2x^2-1)\arccos x \right] + C.$

43. $\displaystyle\int x\arctan x\,\mathrm{d}x = \frac{1}{2}\left[(1+x^2)\arctan x - x \right] + C.$

44. $\displaystyle\int x\operatorname{arccot}x\,\mathrm{d}x = \frac{1}{2}\left[(1+x^2)\operatorname{arccot} x + x \right] + C.$

八、含有对数函数的不定积分

45. $\displaystyle\int x^n \ln x\,\mathrm{d}x = \frac{x^{n+1}}{(n+1)^2}[(n+1)\ln x - 1] + C, n \neq -1.$

46. $\displaystyle\int \frac{\ln x}{\sqrt{x}}\,\mathrm{d}x = 4\sqrt{x}(\ln\sqrt{x} - 1) + C.$

47. $\displaystyle\int \ln^n x\mathrm{d}x = x(\ln x)^n - n\int (\ln x)^{n-1}\mathrm{d}x.$

48. $\displaystyle\int \ln(x + \sqrt{1+x^2})\mathrm{d}x = x\ln(x + \sqrt{1+x^2}) - \sqrt{1+x^2} + C.$

49. $\displaystyle\int \sin(\ln x)\mathrm{d}x = \frac{x}{2}[\sin(\ln x) - \cos(\ln x)] + C.$

50. $\displaystyle\int \cos(\ln x)\mathrm{d}x = \frac{x}{2}[\sin(\ln x) + \cos(\ln x)] + C.$

索　引